高职高专物业管理专业规划教材

建 筑 工 程 概 论

（第二版）

全国房地产行业培训中心　组织编写

段莉秋　主编

杜国城　郝宝林　主审

中国建筑工业出版社

图书在版编目(CIP)数据

建筑工程概论/段莉秋主编. —2版. —北京：中国建筑
工业出版社，2012.8
（高职高专物业管理专业规划教材）
ISBN 978-7-112-14632-1

I. ①建… II. ①段… III. ①建筑工程-概论 IV. ①TU

中国版本图书馆 CIP 数据核字(2012)第 202640 号

　　本书是在第一版的基础上，根据物业管理、房地产经营与估价等相关专业对
本课程的要求以及最新的国家标准规范修订而成。本书主要内容包括：投影的基
本知识，点、直线、平面的投影，形体的投影、剖面图和截面图，轴测投影图，
识读工程图的一般知识，建筑施工图，结构施工图，材料的基本性质，胶凝材料，
砂浆与混凝土，砌筑材料，金属材料，木材，防水及保温隔热材料，建筑装饰材
料，民用房屋建筑构造基本知识概述，基础构造，墙体构造，楼板及楼地面构造，
楼梯构造，屋顶构造，门窗构造，建筑结构构件之间的相互关系，变形缝，建筑
物的防火要求，房产测量基本知识，房产测量，房产图绘制。为便于学生学习，
每篇都有学习目标，每章后有本章小结和思考题及练习题。

　　本书可作为高等职业教育物业管理专业以及房地产经营与估价等相关专业的
教材，也可供物业管理企业培训使用。

＊　　　＊　　　＊

责任编辑：王　跃　张　晶　吉万旺
责任设计：李志立
责任校对：肖　剑　陈晶晶

高职高专物业管理专业规划教材

建 筑 工 程 概 论

（第二版）

全国房地产行业培训中心　组织编写

段莉秋　主编

杜国城　郝宝林　主审

＊

中国建筑工业出版社出版、发行(北京西郊百万庄)
各地新华书店、建筑书店经销
北 京 天 成 排 版 公 司 制 版
北京市密东印刷有限公司印刷

＊

开本：787×1092 毫米　1/16　印张：19¾　字数：488 千字
2012 年 12 月第二版　2016 年 8 月第十八次印刷

定价：**39.00** 元
ISBN 978-7-112-14632-1
(22698)

《高职高专物业管理专业规划教材》
编委会名单

序　言

　　《高职高专物业管理专业规划教材》是天津国土资源和房屋职业学院暨全国房地产行业培训中心骨干教师主编、中国建筑工业出版社出版的我国第一套高职高专物业管理专业规划教材，当时的出版填补了该领域空白。本套教材共有 11 本，有 5 本被列入普通高等教育土建学科专业"十二五"规划教材。

　　本套教材紧紧围绕高等职业教育改革发展目标，以行业需求为导向，遵循校企合作原则，以培养物业管理优秀高端技能型专门人才为出发点，确定编写大纲及具体内容，并由理论功底扎实，具有实践能力的"双师型"教师和企业实践指导教师共同编写。参加教材编写的人员汇集了学院和企业的优秀专业人才，他们中既有从事多年教学、科研和企业实践的老教授，也有风华正茂的中青年教师和来自实习基地的实践教师。因此，此套教材既能满足理论教学，又能满足实践教学需要，体现了职业教育适应性、实用性的特点，除能满足高等职业教育物业管理专业的学历教育外，还可用于物业管理行业的职业培训。

　　十余年来，本套教材被各大院校和专业人员广泛使用，为物业管理知识普及和专业教育做出了巨大贡献，并于 2009 年获得普通高等教育天津市级教学成果二等奖。

　　此次第二版修订，围绕高等职业教育物业管理专业和课程建设需要，以"工作过程"、"项目导向"和"任务驱动"为主线，补充了大量的相关知识，充分体现了优秀高端技能型专门人才培养规律和高职教育特点，保持了教材的实用性和前瞻性。

　　希望本套教材的出版，能为促进物业管理行业健康发展和职业院校教学质量提高做出贡献，也希望天津国土资源和房屋职业学院的教师们与时俱进、钻研探索，为国家和社会培养更多的合格人才，编写出更多、更好的优秀教材。

天津市国土资源和房屋管理局副局长

天津市历史风貌建筑保护专家咨询委员会主任

路红

2012 年 9 月 10 日

第二版前言

本书第一版于 2004 年 8 月出版以来，随着时间的推移，高职高专物业管理与房地产专业课程体系与教学内容不断变化，亟需对本书进行修订。本书的修订是在第一版的基础上进行的，修订后的教材力求体现原有教材的特色，根据物业管理、房地产经营与估价等相关专业对本课程的要求，以及最新的现行标准规范修订而成。修改了原教材中与现行规范不一致或疏漏的内容，并规范了一些专业名词、术语的解释。在第一版模块的基础上，调整了一些相关的内容，并增加了现代建筑简介、钢筋混凝土结构平面图平法标注读图及一些建筑材料等内容，删减了黏土类的材料。

《建筑工程概论》一书对于在校的相关专业学生来说，通过系统学习，可以为后续专业课程的学习提供专业基础知识，同时对于在职的从事与建筑工程相关工作的有关人员，通过学习，奠定坚实的理论基础。为了方便教学以及学生学习，各篇编有教学目标，各章编有章后小结、思考题及练习题。

参加编写、修订人员：第一、二、三、四篇由段莉秋完成，第五篇由井云完成。由于编者的学识水平有限，在编写、修订过程中难免还会有不妥之处，敬请各位同仁及读者提出宝贵意见。

本书在编写、修订过程中参阅了有关书籍（见书后参考文献），在此特向有关的作者表示衷心的感谢。

本书由前高职高专教育土建类专业教学指导委员会秘书长兼土建施工类专业指导分委员会主任，现任上海城市管理学院特聘教授、中国建设教育协会专家委员会副主任杜国城教授以及天津市建工工程总承包有限公司副总工程师郝宝林正高级工程师主审。在此，深表感谢。

编者

2012 年 2 月

第 一 版 前 言

  《建筑工程概论》涉及的内容比较广泛，是一门综合性与实践性很强的学科，属于专业技术基础课，主要介绍投影原理基本知识；房屋建筑工程图识图基本知识；建筑材料的基本性能及使用要求；民用房屋建筑的基本构造；房产测量的内容、方法及相关的技术要求。

  本书力求能给学生传授专业基础理论、基础知识和基本技能，同时又着力于理论联系实际，书中列举了大量的图样和工程实例，并在每章后面附有思考题及练习题，以帮助学生消化、理解基本原理。通过系统的学习，为物业管理、房地产开发、房地产经营管理等各专业学生以及从事与建筑工程相关工作的有关人员，奠定坚实的理论基础。

  本书是结合国家最新颁布的规范及相关的法规政策而编写的。参加编写人员：第一、二、三、四篇由段莉秋编写，第五篇由井云编写。由于编者的学识水平有限，在编写过程中难免会出现缺点错误等不足之处，敬请各位同仁及读者提出宝贵意见。

  本书在编写过程中参阅了有关书籍（见后面参考文献），在此特向有关的作者表示衷心的感谢。

  本书由天津大学建筑工程学院土木工程系博士生导师王铁成教授主审，在此一并表示感谢。

编者

2004.4

目　录

第一篇　投影原理基本知识

第四篇　民用房屋建筑构造基本知识

第五篇　房　产　测　量

第一篇 投影原理基本知识

学习目标： 通过本篇内容的学习，使学生了解投影基本内容，熟悉点、线、面的投影，掌握形体的投影规律，培养学生空间想象能力。

第一章 投影的基本知识

第一节 投影的概念及其分类

一、投影的概念

人们经常看到的图画一般都是立体的，它与看到形体（在制图中，人们只研究物体所占空间的形状和大小，而不去涉及物体的材料、重量以及其物理性质，把物体所占空间的立体图形称作为形体）所得到的印象比较一致，有近大远小、近高远矮的感觉，很容易看懂，见图 1-1-1 所示。但这种立体图没有准确地反映出建筑形体的真实形状与尺寸大小，从而不能全面地表达设计意图，也就不能满足施工的要求。怎样才能把一个形体（形体都有三个向度——长度、宽度和高度）在一张只有长度和宽度（或长度和高度、或宽度和高度）的图纸上，准确而全面地表达出其形状与大小？可以采用投影的方法。

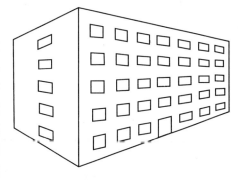

图 1-1-1　建筑物的立体图形

何谓投影？投影来源于生活。在日常生活中，人们经常看到"影子"这一自然现象。而影子是如何形成的呢？形体被光（阳光或灯光）照射时，就会在某一个面（墙面或地面）上留下影子。而且影子的形状和大小会随着光线方向的改变而变化，因此，在一定条件下，影子是可以反映出形体的大小和外形的。但是，人们看到的影子实际上是黑乎乎的一片，见图 1-1-2(a)所示，它并不能确切地反映出形体的真实面貌。怎么才能将形体的真实面貌反映出来呢？要想利用"影子"这种现象，还应人为地加以改进。如果假设光线按规定的方向并能穿透过形体，使形体上各棱线及内部情况都能反映出来，这样就比较真实了，见图 1-1-2(b)所示。

在画法几何中，用一组假想的光线将形体的形状投影到一个平面上去，称作为投影法。

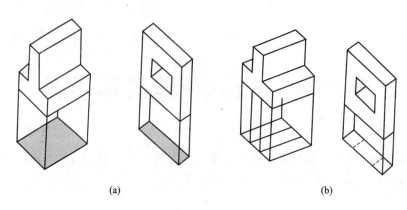

(a)　　　　　　　　　　　　　　(b)

图 1-1-2　"影子"与"投影"

将发光的光源称作为投影中心，光线称作为投影线，承受影子的平面称作为投影面，投影面上的影子称作为投影。所以，形成投影的三要素是：形体、投影线、投影面。缺一不能成为投影，如阴天的时候就不会出现"影子"。

二、投影的分类

前述，影子的形状和大小会随着光线方向的改变而变化。所以，投影一般可分为以下两大类：

（一）中心投影

当投影中心距离形体比较近时，可以认为投影线是由一点呈放射状发射出来的，即所有投影线均相交于一点，如灯光的光线，这种投影称作为中心投影，见图 1-1-3（a）所示。这种作图方法称作为中心投影法。

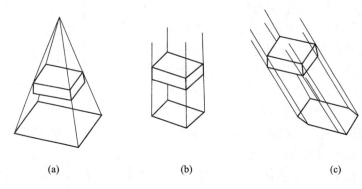

(a)　　　　　　　　(b)　　　　　　　　(c)

图 1-1-3　投影的类型

（二）平行投影

当投影中心距离形体无限远，如太阳为发光的光源，此时可以认为投影线呈相互平行状发射出来，这种投影称作为平行投影，见图 1-1-3（b）、（c）所示。这种作图方法称作为平行投影法。

平行投影按其投影线与投影面的位置关系又可分为两种：

1. 正投影

当投影线垂直于投影面时所得到的投影，称作为正投影，见图 1-1-3（b）所示。

2. 斜投影

当投影线倾斜于投影面时所得到的投影称作为斜投影，见图 1-1-3(c) 所示。

综上所述，投影可归纳为：

$$投影\begin{cases}中心投影\\平行投影\begin{cases}正投影\\斜投影\end{cases}\end{cases}$$

各种投影在工程中的应用，按中心投影法绘制出的投影图，称作为透视投影图，见图 1-1-1 所示，这种投影图具有立体感，比较逼真，但不能反映出形体的真实形状和大小。用平行投影法可以绘制出轴测投影图，见图 1-1-2 所示的立体图形，这种图也具有十足的立体感，有时还能反映出形体某个侧面的真实形状和大小，但不能全部反映。这两种投影图在施工图中一般作为辅助图样。应用最多的是正投影法，该方法将形体的主要侧面分别平行于投影面进行投影，这种投影图称作为正投影图，有单面投影、两面投影、三面投影……，这种图能反映出形体各个侧面的真实形状和大小，见图 1-1-2(b) 所示，但缺乏立体感。一般建筑工程图纸都是根据正投影法绘制出来的，故正投影法为该部分的重点内容，在后面各章节中所描述的投影除特别说明外均指正投影法。

第二节　正投影的特性

前述，制图中常用的方法是正投影法。正投影法有以下特性：

一、显实性

当空间直线或平面与投影面相互平行时，其投影反映出原直线的实长或原平面的实形，见图 1-1-4(a) 所示，即 $ab=AB$，$\triangle abc=\triangle ABC$，这种投影特性称作为显实性，也可称作为度量性。具有显实性的投影能真实反映出形体上线的实际长短以及面的实际形状和大小。

二、积聚性

当空间直线或平面与投影面相互垂直时，其投影为一点或一条直线，见图 1-1-4(b) 所示，CB 的投影为 $c(b)$，$\triangle ABC$ 的投影为 $ac(b)$，这种投影的特性称作为积聚性。具有积聚性的投影能清楚地反映出形体上线和面的确切位置。

三、定比性

当空间直线上有一点，将其分成两段时，两线段的长度之比等于其投影上该二线段的长度之比，见图 1-1-4(c) 所示，即 $ac:cb=AC:CB$，这种投影的特性称作为定比性。

四、平行性

空间相互平行的两直线，其投影仍然保持平行，见图 1-1-4(d) 所示，即 $AB/\!/CD$，则有 $ab/\!/cd$，这种投影特性称作为平行性。

五、一般性

当空间直线或平面与投影面倾斜时，其直线的投影缩短、平面的投影缩小，见图 1-1-4(e) 所示，即 $ab<AB$，$\triangle abc<\triangle ABC$。

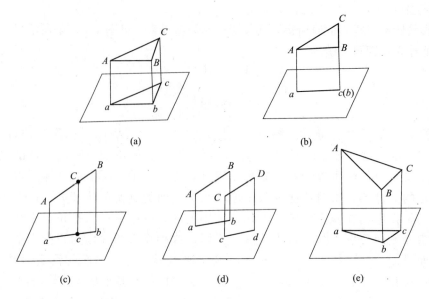

图 1-1-4 正投影特性

第三节 三 面 正 投 影 图

一、形体的长、宽、高

任何一个形体都具有三个向度，即长度、宽度、高度。如何确定一个形体的长度、宽度和高度？一般规定：沿形体左右方向之间的垂直距离作为长度，沿前后方向之间的垂直距离作为宽度，沿上下方向之间的垂直距离作为高度，见图 1-1-5 所示。

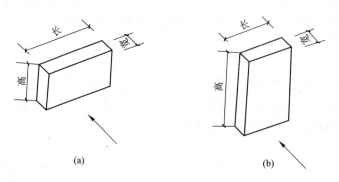

图 1-1-5 形体的长、宽、高的确定

二、三投影面体系的形成

一个正投影只能准确地表达出形体一个侧面的形状和大小，这是因为一个平面只反映出两个方向的尺度。对于形状简单的形体，一个或两个投影就能说明其空间的形状，见图 1-1-6 所示。而大多数形体各个侧面的形状和大小往往有所不同，仅通过一个或两个投影通常不能完全准确地确定其在空间的唯一形状，尽管形体的两面投影中就能反映出其三个向度，即长度、宽度、高度，如图 1-1-7（a）所示，但它可能是长方体，见

图 1-1-7(b)所示；可能是横放的圆柱体，见图 1-1-7(c)所示；也可能是横放的三棱柱体，见图 1-1-7(d)所示，等等，这时只有作出第三投影才能确定形体在空间的唯一形状。如第三投影是矩形则为图 1-1-7(b)，第三投影是圆则为图 1-1-7(c)，第三投影是三角形则为图 1-1-7(d)。

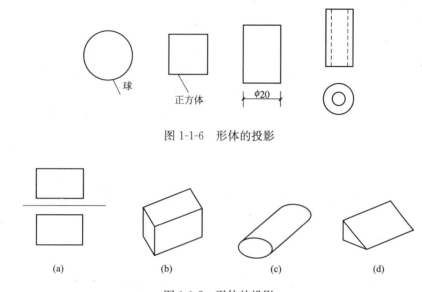

图 1-1-6　形体的投影

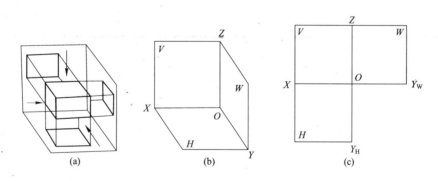

图 1-1-7　形体的投影

一般情况下有了三面投影，一个唯一的形体便能完全地表达出来。

为了全面地表达出形体的形状和大小，工程上一般选用三面投影图，就是在形体的下面放置一个水平面，在形体的后面、右侧面各放一个竖直面，且两两垂直相交，见图 1-1-8(a)所示，由此形成三投影面体系，见图 1-1-8(b) 所示。

图 1-1-8　三投影面体系的形成与展开

在三个投影面中，正立着的投影面称作为正立投影面，以 V 表示，简称 V 投影面或 V 面；形体在 V 面上的投影称作为正面投影，简称 V 投影。水平放置的投影面称作为水平投影面，以 H 表示，简称 H 投影面或 H 面；形体在 H 面上的投影称作为水平投影，简称 H 投影。侧立着的投影面称作为侧立投影面，以 W 表示，简称 W 投影面或 W 面；形体在 W 面上的投影称作为侧面投影，简称 W 投影。三个投影面的相交线称作为投影轴，其中：V 面与 H 面的交线——X 轴，H 面与 W 面的交线——Y 轴，V 面与 W 面的交线——Z 轴。三条轴垂直相交于一点，称作为原点，以 O 表示，见图 1-1-8(c) 所示，称作为三投影面体系。

三、三投影面体系的展开

三投影面体系为空间体系，对于初学者来说读起图来较为困难，见图 1-1-9(a) 所示。如何把空间体系表现在一个平面上？即如何展开？一般规定：V 面不动，使 H 面绕 OX 轴向下旋转 $90°$，W 面绕 OZ 轴向右旋转 $90°$，这样 H、W 面就都与 V 面同在一个平面上了。这时，OY 轴被分为两条，一条随 H 面旋转 $90°$ 而竖直，即与 OZ 轴在同一条竖直线上，标注为 Y_H；另一条随 W 面旋转 $90°$ 而水平，即与 OX 轴在同一条水平方向线上，标注为 Y_W，以示区别，见图 1-1-8(c) 所示。V 投影、H 投影、W 投影所组成的投影图，称作为三面投影图。

四、三面投影图的特性

由于三面投影图是对形体从三个不同方向投影而成，即：V 投影是从前向后进行的投影，H 投影是从上向下进行的投影，W 投影是从左向右进行的投影，所以反映出形体三个不同侧面的形状，因而它们是有区别的。但是这三个投影图又是由一个形体投影而得，所以它们又有必然的相互联系。读图时必须加以注意，以便全面而准确地分析出形体的形状。三面投影图有如下特性：

（一）V 投影反映出形体的长度和高度，亦即反映出形体的左右、上下的关系，以及前后重合的关系；H 投影反映出形体的长度和宽度，亦即反映出形体的左右、前后的关系，以及上下重合的关系；W 投影反映出形体的高度和宽度，亦即反映出形体的上下、前后的关系，以及左右重合的关系，见图 1-1-9 所示。

（二）V、H 两个投影均反映出形体的长度，展开后这两个投影图同在一竖直方向线上，形成长度左右对齐，即同一个形体上的同一个长度是相等的，这种关系称作为"长对正"；V、W 两个投影均反映出形体的高度，展开后这两个投影图同在一水平方向线上，形成高度上下拉齐，即同一个形体上的同一个高度是相等的，这种关系称作为"高平齐"；H、W 两个投影均反映出形体的宽度，由于展开后的 Y 轴被分成 Y_H 而竖直、Y_W 而水平，同一个形体上的同一个宽度是相等的，这种关系称作为"宽相等"，见图 1-1-9(b) 所示。

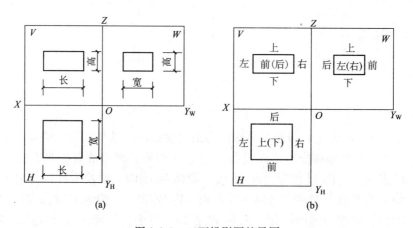

图 1-1-9　三面投影图的异同

　　"长对正、高平齐、宽相等"称作为投影关系,是读图、作图时的依据,相当重要,必须熟记。两个投影中的长度均为水平方向线,两个投影中的高度均为竖直方向线,而两个投影中的宽度一个为竖直方向线,另一个为水平方向线,有一个 90° 的转向,一般是利用从原点向右下方引出 45° 斜线协助转向来完成。

　　在实际工程图中,往往可以遇到同一形状的形体由于对投影面所处的相对位置不同而使投影不同,见图 1-1-10 所示。但是,只要对三面投影的形成与展开有了深刻地理解,同样可以做出正确的判断来。

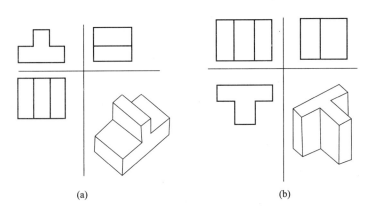

图 1-1-10 同一形体不同的投影

五、三面正投影图的作图方法

　　由于投影面的边框线与投影图无关,作图时可以不必画出投影面的边框线,仅画出十字相交线即可。作图一般有下列几步:

　　(一)画出十字相交线(横平竖直),来表示投影轴,见图 1-1-11(a)所示。

　　(二)先画出一个投影,如先画 V 投影,根据"投影关系",将 V 投影和 H 投影相关的长度部分用竖直方向线对正,从而保证"长对正";V 投影和 W 投影相关的高度用水平方向线拉齐,从而保证"高平齐",见图 1-1-11(b)所示。

　　(三)再画出另一个投影,如 H 投影,见图 1-1-11(c)所示。

　　(四)最后画 W 投影,从原点作一条右下斜的 45° 线,然后在 H 投影上向右引水平方向线,与 45° 斜线相交后再向上引竖直方向线,将 H 投影中的宽度反映到 W 投影当中去,从而保证"宽相等",见图 1-1-11(d)所示。

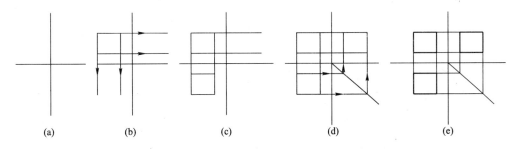

图 1-1-11 作图步骤示意图

（五）检查无误后，加深图形线，即完成作图，见图 1-1-11(e)所示。

这里规定：图形线用粗实线表示，作图线用细实线表示，投影轴用中粗实线表示。

六、投影图中的符号

为了区分三个投影图，一般规定：空间的点用大写英文字母 A、B、C、D……表示，而投影图用相应的小写字母表示，H 投影为 a、b、c、d……；V 投影为 a'、b'、c'、d'……；W 投影为 a''、b''、c''、d''……，见图 1-1-12 所示。

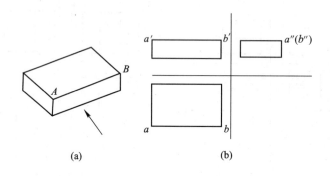

图 1-1-12　符号标注方法

本 章 小 结

在画法几何中，用一组假想的光线将形体的形状投影到一个平面上去，称作为投影法。形成投影的三要素是：形体、投影线、投影面。

投影的分类：中心投影、正投影、斜投影。

正投影有以下特性：显实性、积聚性、定比性、平行性、一般性。

形体的长、宽、高：沿形体左右方向之间的垂直距离作为长度，沿前后方向之间的垂直距离作为宽度，沿上下方向之间的垂直距离作为高度。V 投影反映：长度和高度，左右、上下；H 投影反映：长度和宽度，左右、前后；W 投影反映：高度和宽度，上下、前后。

投影关系：长对正、高平齐、宽相等。

投影规定：空间的点用大写英文字母表示，投影图用相应的小写字母表示，V 投影字母右上角加 $'$，W 投影字母右上角加 $''$，H 投影不加标志。

思考题及练习题

1-1-1　什么是投影？形成投影的三要素是什么？

1-1-2　投影的类型有哪几种？

1-1-3　什么是中心投影、平行投影？你能区分出正投影和斜投影吗？

1-1-4　正投影有哪些特性？

1-1-5　三投影面体系是如何形成与展开的？"投影关系"是什么？

1-1-6　根据图 1-1-13 中的立体图画出其三面投影图，并标出各点的投影。

①长方体
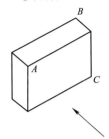

②正四棱台体
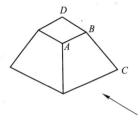

③正三棱柱体
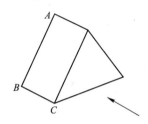

④正六棱柱体
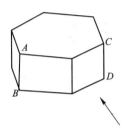

⑤正三棱锥体
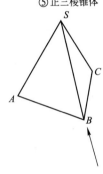

⑥圆柱体
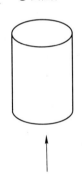

图 1-1-13　思考题及练习题 1-1-6 图

第二章　点、直线、平面的投影

任何形体都可以看成是由面围成，而面是由线所组成，线则是由点运动而成。学习点、直线、平面的投影是为了更好地理解形体的投影，所以必须熟练掌握点、直线、平面的投影规律。

第一节　点的三面投影

一、点的投影特性

点是组成形体的最基本元素，是直线、平面投影的基础。点的投影很简单，就是通过这个点的投影线与投影面的交点。点的投影仍然为一点，见图 1-2-1 所示。

点的投影应符合"投影关系"。图 1-2-2 所示的是点 A 的三面投影图的空间和展开后的图形。从展开图中可以看出：V 投影 a' 和 H 投影 a 的连线与 OX 轴垂直相交于 a_x 点，相当于"投影关系"中的"长对正"；V 投影 a' 和 W 投影 a'' 的连线与 OZ 轴垂直相交于 a_z 点，相当于"投影关系"中的"高平齐"；对于 H 投影 a 和 W 投影 a''，则可以从图 1-2-2 (a)中看：$Aa'a_xa$ 是一个矩形，有 a_xa 平行且等于 $a'A$；同理，$Aa'a_za''$ 也是一个矩形，有 $a''a_z$ 平行且等于 Aa'，所以 $a_xa=a'A=a_za''$，相当于"投影关系"中的"宽相等"。通过分析，可以得出空间一点的三面投影特性：

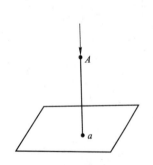

图 1-2-1　点的投影的形成

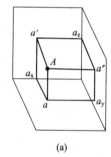

图 1-2-2　点的三面投影

（一）一点的 V 投影和 H 投影必在同一竖直方向连线上（长对正）。

（二）一点的 V 投影和 W 投影必在同一水平方向连线上（高平齐）。

（三）一点的 H 投影到 OX 轴的距离等于该点的 W 投影到 OZ 轴的距离，都反映了该点到 V 面的距离（宽相等）。

运用点的投影特性，在投影中若已知某一点的两个投影，可以很方便地找到该点的第三个相应的投影。

【例 1-2-1】　已知点 A 的 H 投影 a 和 V 投影 a'，见图 1-2-3(a)所示，求点 A 的 W 投影 a''。

【解】　作题步骤如下：

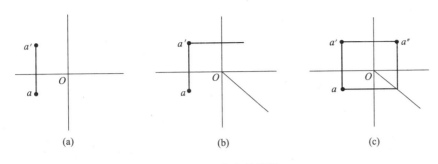

图 1-2-3　求点的投影

① 过 a' 作一水平方向线，a'' 必在这条线上，见图 1-2-3(b)所示。

② 由原点 O 向右下方作一条 45°的斜线，见图 1-2-3(b)所示。

③ 过 a 作一水平方向线与 45°斜线相交于一点，再过该点向上引一条竖直方向线与过 a' 作的水平方向线相交于一点，该点即为所求，见图 1-2-3(c)所示。

二、投影面上点的投影

在投影面上的点，由于其中一个向度为零，如 W 面上的点的长度方向为零，即 $X=0$；V 面上的点的宽度方向为零，即 $Y=0$；H 面上的点的高度方向为零，即 $Z=0$，则投影面上点的三面投影必然有两个投影位于投影轴上，见图 1-2-4 所示。

反之，一点只要有一个投影落在投影轴上，则该点必是在投影面上，且必然还有一投影落在另一投影轴上。点究竟落在哪个投影面上，要看该点的哪个方向的坐标为零而定。

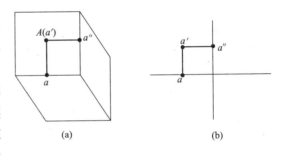

图 1-2-4　投影面上点的投影

三、两点的空间位置

(一)空间两点的相对位置

空间两点的相对位置是指空间两点左右、前后、上下的位置关系，这在它们的三面投影中可以反映出来，前面已述，见图 1-1-9 所示。

图 1-2-5 所示空间两点 A、B 的三面投影。在 V 投影中：a' 比 b' 高，a' 在 b' 的左方，说明点 A 在点 B 的左上方。在 H 投影中：a 在 b 的后方，说明点 A 在点 B 之后。归纳起来，点 A 是在点 B 的左后上方，或点 B 在点 A 的右前下方。

(二)空间两点的特殊位置

空间两点的特殊位置就是指空间两点正好处在同一条垂直于某一个投影面的直线上，它们在该投影面上的投影重合为一点，这样的两个点的投影称作为重影点。重影点涉及可见性的问题，见图 1-2-6 所示，由 H、W 投影可知 b、a 在同一条竖直方向线上，b''、a'' 在同一条水平方向线上，亦即点 B 在 A 的正前方。在 V 投影中，两点重合在一起，因为点 B 在前，点 A 在后，在前点者可见——b' 为可见，在后点者不可见——a' 不可见。为了区分点的可见性，规定不可见点加括号表示。

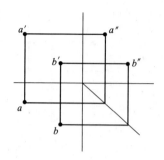

图 1-2-5 两点的相对位置

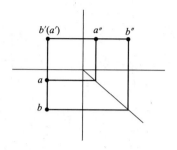

图 1-2-6 两点的特殊位置

第二节 直线的三面投影

一、直线与投影面的相对位置关系

直线是由无数个点组成，所以直线的投影即为直线上各个点的投影。由直线的概念可知其两端是可以无限延伸的，而形体是有一定范围的，故而以线段的投影来说明直线的投影。线段的投影就是其两个端点投影的连线。空间直线与投影面位置的不同其投影也各异，在三投影面体系中，直线的三个投影也是看其对各投影面的相对位置如何而定。直线按其空间位置——即对各投影面的相对位置，可分为三种：

（一）一般位置直线——对三个投影面均倾斜的直线，简称一般线，见图 1-2-7（a）所示。

（二）投影面垂直线——垂直于某一个投影面的直线，简称垂直线，见图 1-2-8 中的立体图所示。

（三）投影面平行线——平行于某一个投影面同时倾斜于另外两个投影面的直线，简称平行线，见图 1-2-9 中立体图所示。

二、直线的投影及特性

（一）一般线

作一般线的三面投影可分别作出其两个端点的三面投影，然后将各对在同一投影面上的投影连接起来，即得三面投影，见图 1-2-7（b）所示。由于一般线对三个投影面均倾斜，则对三个投影面的倾斜角度分别规定为：H 投影面的倾角——α；V 投影面的倾角——β；W 投影面的倾角——γ。

投影特性为：三个投影均为斜线，且 $ab<AB$，$a'b'<AB$，$a''b''<AB$；三个投影与相应投影轴的夹角 α、β、γ 都不反映实际角度的大小，见图 1-2-7（b）所示。

识图时，一直线只要其三个投影均为斜线，则它在空间一定是一般线。

（二）垂直线

垂直线根据其所垂直的投影面的不同，又可分为：

1. 铅垂线——水平面垂直线的简称，即垂直于 H 投影面的直线，见图 1-2-8（a）所示。

2. 正垂线——正面垂直线的简称，即垂直于 V 投影面的直线，见图 1-2-8（b）所示。

3. 侧垂线——侧面垂直线的简称，即垂直于 W 投影面的直线，见图 1-2-8（c）所示。

由于垂直线在垂直于某一个投影面时必然平行于另外两个投影面，故其三面投影为：

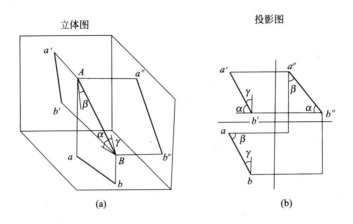

图 1-2-7 一般线的三面投影

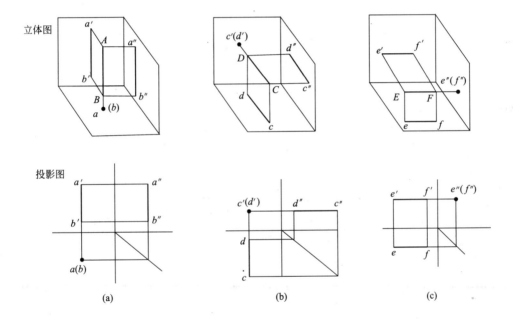

图 1-2-8 垂直线的三面投影

(a)铅垂线；(b)正垂线；(c)侧垂线

垂直于投影面的投影为一点，具有积聚性；另外两个投影为水平方向线或竖直方向线，具有显实性，见图 1-2-8 中的投影图所示。如铅垂线中 ab 积聚为一点，有 $a'b'=a''b''=AB$。

识图时，一直线只要有一个投影积聚为一点，则它必定是投影面的垂直线，且垂直于积聚投影所在的投影面。

（三）平行线

平行线根据其所平行的投影面可分为：

1. 水平线——水平面平行线的简称，即平行于 H 面的同时倾斜于 V、W 面，见图 1-2-9(a)所示。

2. 正平线——正面平行线的简称，即平行于 V 面的同时倾斜于 H、W 面，见图 1-2-9(b)所示。

3. 侧平线——侧面平行线的简称，即平行于 W 面的同时倾斜于 V、H 面，见图 1-2-9（c）所示。

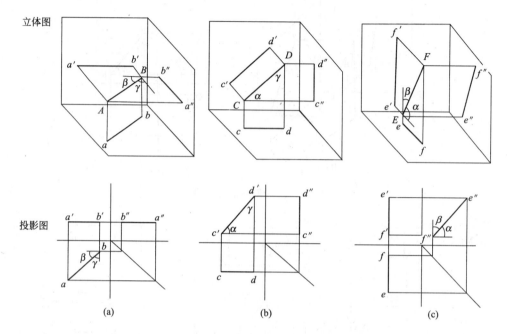

图 1-2-9　平行线的三面投影
(a)水平线；(b)正平线；(c)侧平线

由于平行线在平行于一个投影面的同时倾斜于另外两个投影面，故平行线在其所平行的投影面上的投影为一斜线，具有显实性；与相应投影轴的夹角反映了该直线与投影面倾角的实际大小；在另外两个投影面上的投影为水平方向线或竖直方向线，其长度缩短（一般性），见图 1-2-9 所示。如水平线中：$ab=AB$，β、γ 是实际角度大小，$a'b'<AB$，$a''b''<AB$。

识图时，一直线的三面投影中有一个投影为斜线，而另外两个投影为水平方向线或竖直方向线，则它一定是一条平行线且平行于斜线投影所在的投影面。

垂直线和平行线统称为特殊位置直线，建筑形体上遇到的比较多。

三、直线上的点

前述，直线是由多个点组成，则直线上点的投影必然落在该直线的同面投影上。

【例 1-2-2】 图 1-2-10（a）所示，已知直线 AB 的 V、H 投影 $a'b'$、ab，AB 上有一点 C 的 V 投影 c'，试求 C 点的 H 投影 c。

【解】 由于直线 AB 为侧平线，其 V、H 投影均为竖直方向线。虽然已知直线上点 C 的 V 投影 c'，且知 C 点的 H 投影 c 必定落在由 c' 所引的竖直连线上，但这条连线与 ab 重合，无法找出 c 的确切位置。因此，应先作出 AB 的 W 投影 $a''b''$，然后根据 c' 求出 c''，再求出 c，见图 1-2-10（b）所示。

也可以利用前面所讲的正投影特性中的定比性来求，见图 1-2-10（c）、（d）所示，即在 H 投影中过 a 点（也可过 b 点）作任意一条斜线，分别量取 $a'c'$、$c'b'$ 的长截取在这条斜线上，记为 1、2 点，有 $a1=a'c'$，$12=c'b'$，连接 $b2$，再过 1 点作 $b2$ 的平行线与 ab 相交，

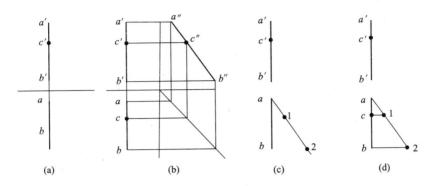

图 1-2-10　直线上点的投影

其交点即为所求 C 点的 H 投影 c。

四、空间两直线的相对位置

空间二直线可能有三种不同的相对位置关系，即相交、平行、交叉，见图 1-2-11 所示，AB 与 CD 平行，DC 与 CG 相交，AE 与 CG 交叉。相交、平行二直线同在一个平面上——共面线，交叉二直线不在同一个平面上——异面线。

（一）相交二直线

因为相交二直线属于共面线，其交点为二直线的共有点。根据直线上点的投影必然落在该直线的同面投影上，则相交二直线的三个投影均呈相交状态，并且交点的投影必定符合点的投影规律，见图 1-2-12(a) 所示，否则不是相交二直线，见图 1-2-12(b) 所示。需注意一点，当相交二直线中有一条为平行线时一定要画出其第三投影来判断它们在空间是否相交，图 1-2-12(c) 所示为交叉二直线。

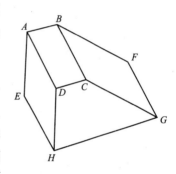

图 1-2-11　两直线的相对位置

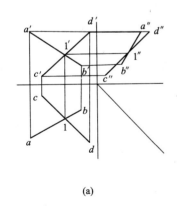 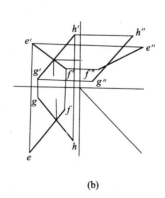 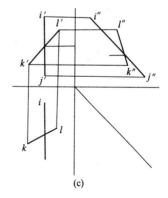

(a)　　　　　　　　(b)　　　　　　　　(c)

图 1-2-12　相交二直线的判断
(a)相交；(b)交叉；(c)交叉

（二）平行二直线

由正投影特性中的平行性可知，空间相互平行的二直线，其同面投影必然平行，则平行二直线的三个投影均呈平行状态，见图 1-2-13(a)所示。当平行二直线都是某个投影面的平行线时，则要画出它们的第三投影来判断其空间是否平行，图 1-2-13(b)所示为平行二直线，而图 1-2-13(c)所示则是交叉二直线。

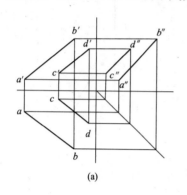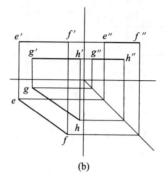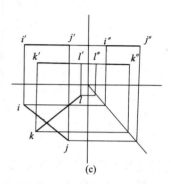

图 1-2-13　平行二直线的判断
(a)平行；(b)平行；(c)交叉

（三）交叉二直线

交叉二直线属于异面线，既不相交也不平行。虽然交叉二直线的三个投影有时也都呈相交状态，但投影中的交点不符合点的投影规律，这是因为投影中的交点实际上是两条直线上两个点的重合投影，见图 1-2-12(b)所示。虽然交叉二直线的同面投影也可能呈平行状态，但不可能三个投影同时都平行，见图 1-2-13(c)所示。

第三节　平面的三面投影

一、平面对投影面的相对位置

平面是广阔无边的，通常用一个平面图形来表示一个平面，如三角形、四边形、五边形等。平面相对于投影面的位置也有三种情况：

（一）一般位置平面——对于三个投影面都倾斜的平面，简称一般面，见图 1-2-14(a)所示。

（二）投影面平行面——平行于某一个投影面的平面，简称平行面，见图 1-2-15 中的立体图所示。

（三）投影面垂直面——垂直于某一个投影面同时倾斜于另外两个投影面的平面，简称垂直面，见图 1-2-16 中的立体图所示。

二、平面的投影及其特性

（一）一般面

由于一般面均倾斜于三个投影面，故三个投影都反映出空间平面的原几何形状，但比它本身实形小（一般性），即 $\triangle s' < \triangle S$；$\triangle s < \triangle S$；$\triangle s'' < \triangle S$，平面 S 对 H、V、W 面的倾角 α、β、γ 也不反映实际倾角的大小，见图 1-2-14(b)所示。

识图时，如果一个平面的三面投影都是平面图形，那么它在空间一定是一般面。

（二）平行面

平行面又可分为：

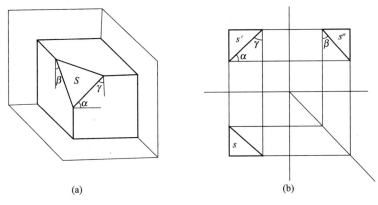

(a)   (b)

图 1-2-14 一般面的三面投影

1. 水平面——水平面平行面的简称，即平行于 H 投影面，见图 1-2-15(a)所示；
2. 正平面——正面平行面的简称，即平行于 V 投影面，见图 1-2-15(b)所示；
3. 侧平面——侧面平行面的简称，即平行于 W 投影面，见图 1-2-15(c)所示。

平行面在它所平行的投影面上的投影，为一平面图形，具有显实性；又因为它同时垂直于另外两个投影面，其投影具有积聚性，积聚为一水平方向线或竖直方向线，见图 1-2-15 所示。如水平面中：$\triangle p = \triangle P$。

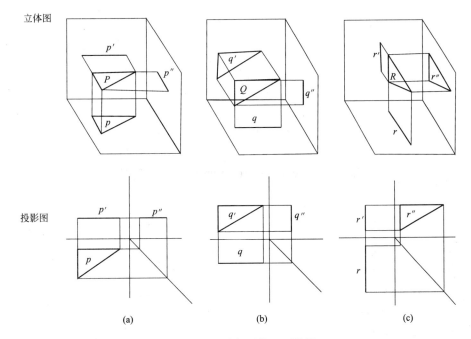

(a)   (b)   (c)

图 1-2-15 平行面的三面投影
(a)水平面；(b)正平面；(c)侧平面

识图时，一个平面有一个投影为平面图形，而另外两个投影积聚为水平方向线或竖直方向线时，它必定为一平行面且平行于平面图形所在的投影面。

（三）垂直面

垂直面也有三种情况：

1. 铅垂面——水平面垂直面的简称，即垂直于 H 投影面而倾斜于 V、W 投影面，见图 1-2-16(a)所示；

2. 正垂面——正面垂直面的简称，即垂直于 V 投影面而倾斜于 H、W 投影面，见图 1-2-16(b)所示；

3. 侧垂面——侧面垂直面的简称，即垂直于 W 投影面而倾斜于 V、H 投影面，见图 1-2-16(c)所示。

垂直面在所垂直的投影面上的投影为一条斜线，具有积聚性，它与投影轴的夹角反映该平面对相应投影面倾角的实际大小；其他投影均为平面图形，且反映空间平面的原几何形状，但不反映实际大小(一般性)，见图 1-2-16 所示。如铅垂面中：H 投影积聚为一条斜线，β、γ 为实角，$\triangle m' < \triangle M$，$\triangle m'' < \triangle M$。

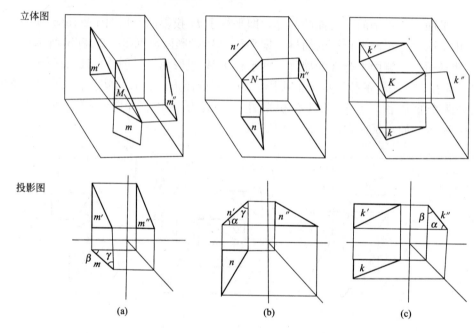

图 1-2-16 垂直面的三面投影
(a)铅垂面；(b)正垂面；(c)侧垂面

识图时，一个平面只要有一个投影积聚为一条斜线，则它在空间一定是垂直面，且垂直于积聚投影所在的投影面。

平行面和垂直面统称为特殊位置平面，在建筑形体中比较常见。

三、平面上的点和线

如何判断点或直线是在一个平面上？

(一)平面上的点

一个点如果是在平面内的一条直线上，则该点必在这个平面上。见图 1-2-17(a)所示，AC 是平面 $ABCD$ 上的一条直线，由于 E 点是在 AC 上，那么 E 点就必定在平面 $ABCD$ 上。

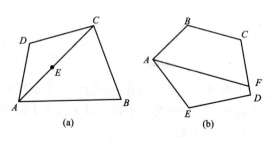

图 1-2-17 平面上的点和线

（二）平面上的直线

1. 一直线如果通过平面上的两个点，则该条直线就在这个平面上。见图 1-2-17(a)所示，A、C 分别为平面四边形 $ABCD$ 上的两个点，若连 A、C，则直线 AC 就在这个平面上。

2. 一直线如果通过平面上的一个点，并且同时平行于该平面上的另一条直线，则该条直线就在这个平面上。见图 1-2-17(b)所示，一平面五边形 $ABCDE$，若过 A 点作 BC 的平行线 AF，则直线 AF 就在这个平面上。

【例 1-2-3】 图 1-2-18(a)所示，已知平面上 D 点的 V 投影 d' 和直线 EF 的 H 投影 ef，试求 D 点的 H 投影 d 及直线 EF 的 V 投影 $e'f'$。

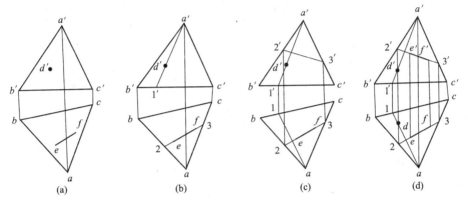

图 1-2-18　求平面上点和线的投影

【解】 利用上述平面上点和线的投影规律，即可求出 D 点的 H 投影 d 和直线 EF 的 V 投影 $e'f'$。其步骤如下：

1. 先求 D 点的 H 投影 d

① 在 V 投影中，连接 $a'd'$ 并延长交 $b'c'$ 于 $1'$ 点，见图 1-2-18(b)所示。

② 过 $1'$ 点向下引竖直方向线交 bc 于 1 点，并连 $1a$，见图 1-2-18(c)所示。

③ 过 d' 点向下引竖直方向线交 $1a$ 于 d 点，即为所求，见图 1-2-18(d)所示。

2. 再求直线 EF 的 V 投影 $e'f'$

① 在 H 投影中延长 ef 分别与 ab、bc 交于 2、3 点，见图 1-2-18(b)所示。

② 分别过 2、3 点向上引竖直方向线，交 $a'b'$ 于 $2'$ 点，交 $b'c'$ 于 $3'$ 点，并连接 $2'3'$，见图 1-2-18(c)所示。

③ 再分别过 e、f 点向上引竖直方向线，与 $2'3'$ 相交于 e'、f'，$e'f'$ 即为所求，见图 1-2-18(d)所示。

本　章　小　结

点的特性：一点的 V 投影和 H 投影必在同一竖直方向连线上（长对正）；一点的 V 投影和 W 投影必在同一水平方向连线上（高平齐）；一点的 H 投影到 OX 轴的距离等于该点的 W 投影到 OZ 轴的距离，都反映了该点到 V 面的距离（宽相等）。

投影面上点的投影必然有两个投影位于投影轴上。

空间两点的相对位置：左右、前后、上下；空间两点的特殊位置：指空间两点正好处在同一条垂直于某一个投影面的直线上，重影点涉及可见性的问题，上可见下不可见；前可见后不可见；左可见右不可见。

直线与投影面的相对位置关系：一般线、垂直线（铅垂线、正垂线、侧垂线）、平行线（水平线、正平线、侧平线）。

一般线的三个投影均为斜线；垂直线的三面投影为一点（具有积聚性）和水平线方向或竖直方向线（具有显实性）；平行线的三面投影为一斜线（具有显实性）和水平方向或竖直方向的直线。

直线上点的投影必然落在该直线的同面投影上。

空间两直线的相对位置：相交、平行、交叉，相交、平行二直线——共面线，交叉二直线——异面线。相交二直线的三个投影均呈相交状态，并且交点的投影必定符合点的投影规律；平行二直线的三个投影均呈平行状态；交叉二直线的三个投影有时也都呈相交状态，但投影中的交点不符合点的投影规律，交叉二直线的同面投影也可能呈平行状态，但不可能三个投影同时都平行。

平面对投影面的相对位置：一般面、平行面（正平面、水平面、侧平面）、垂直面（正垂面、铅垂面、侧垂面）。

一般面的三个投影面均为平面图形；平行面的三面投影为一平面图形（具有显实性）和水平方向线或竖直方向线（具有积聚性）；垂直面的三面投影为一条斜线（具有积聚性）和两个平面图形。

平面上的点：一个点如果是在平面内的一条直线上，则该点必在这个平面上。

平面上的直线：一直线如果通过平面上的两个点，则该条直线就在这个平面上。

一直线如果通过平面上的一个点，并且同时平行于该平面上的另一条直线，则该条直线就在这个平面上。

思考题及练习题

1-2-1 点的投影规律如何？

1-2-2 直线、平面与投影面的相对位置有哪几种？各自的投影特性如何？

1-2-3 如何判断点、直线是否在平面上？

1-2-4 求图 1-2-19 所示各点的第三投影，并说明 A 点与 B 点、C 点与 D 点之间的相对位置关系。

1-2-5 由图 1-2-20 中各直线的投影说明它们与投影面的相对位置关系。

1-2-6 求图 1-2-21 所示直线上点的投影。

1-2-7 求出图 1-2-22 所示直线的第三投影，并判断出它们之间的相对位置关系。

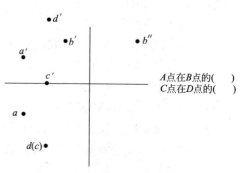

A 点在 B 点的（ ）
C 点在 D 点的（ ）

图 1-2-19 思考题及练习题 1-2-4 图

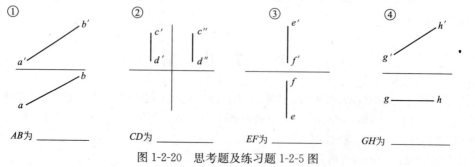

① AB 为 _____

② CD 为 _____

③ EF 为 _____

④ GH 为 _____

图 1-2-20 思考题及练习题 1-2-5 图

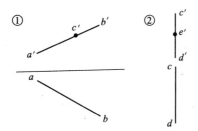

图 1-2-21 思考题及练习题 1-2-6 图

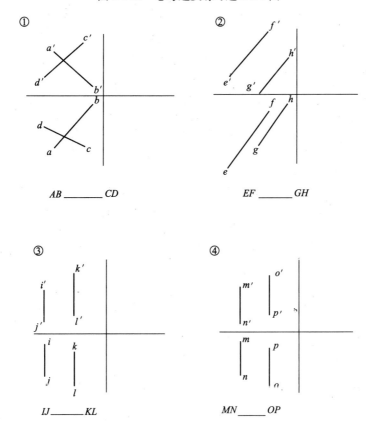

图 1-2-22 思考题及练习题 1-2-7 图

1-2-8 完成图 1-2-23 所示平行四边形的投影。

1-2-9 完成图 1-2-24 所示五边形的投影。

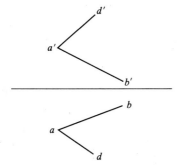

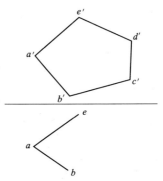

图 1-2-23 思考题及练习题 1-2-8 图　　　图 1-2-24 思考题及练习题 1-2-9 图

1-2-10　由图 1-2-25 中各平面的投影，说明它们与投影面的相对位置关系。

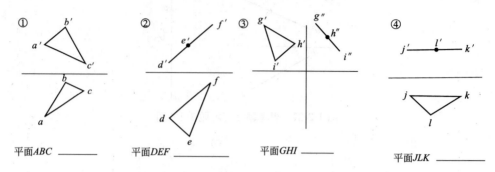

图 1-2-25　思考题及练习题 1-2-10 图

1-2-11　在图 1-2-26 所示平面三角形 ABC 内分别作正平线和水平线。

1-2-12　求图 1-2-27 所示平面上点和线的另一投影。

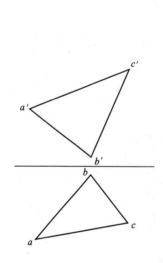

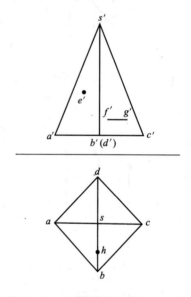

图 1-2-26　思考题及练习题 1-2-11 图　　　　图 1-2-27　思考题及练习题 1-2-12 图

第三章　形体的投影

　　形体是由点、线、面组成。通过上一章的介绍，已经了解到点、线、面的一些投影特性，在此基础上来理解形体的投影就比较容易了。如果对形状比较复杂的形体进行分析，不难看出它们是由一些简单的几何形体叠砌或切割所组成的，见图 1-1-2(a)所示，左边的图可以看成是由两个长方体叠砌而成，右边的图可以认为是在长方体中切割掉一部分而形成。制图上把这些简单的几何形体称作为基本形体。学习识图首先要掌握各种基本形体的投影，从而才能更好地掌握理解较为复杂的组合体的投影。常见的基本形体有平面体和曲面体，见图 1-3-1 所示。

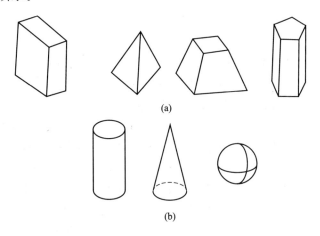

(a)

(b)

图 1-3-1　常见的基本形体

第一节　平面体的投影

　　平面体：指形体表面是由平面围成，见图 1-3-1(a)所示，平面体又有方体和斜面体之分。方体包括长方体和正方体，斜面体包括棱柱体(不包含四棱柱体)、棱锥体和棱台体。

一、方体的投影

　　以长方体为例来分析方体的投影。建筑工程中许多构件都是由长方体组合而成，如 T 形梁、槽形板、台阶等，见图 1-3-2 所示。

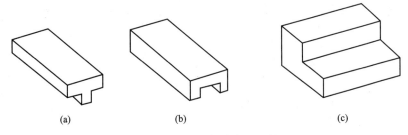

(a)　　　　　　　　　(b)　　　　　　　　　(c)

图 1-3-2　长方体组合的形体

将一个长方体放在三投影面体系当中，并使它的前、后面平行于 V 投影面，上、下面平行于 H 投影面，左、右侧面平行于 W 投影面，此时长方体平行于投影面的侧表面就具有显实性。如此得到的三面投影就能说明长方体的全部形状和大小了，见图 1-3-3 所示。

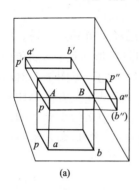
(a)

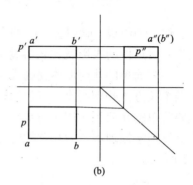
(b)

图 1-3-3 长方体的投影

现在先来分析一下长方体上各侧面的投影。由于长方体是由三组六个平面围成，每组两个平面是相互平行的，而各组之间的平面是相互垂直的。以左侧表面 P 为例：其三面投影展开图见图 1-3-3(b) 所示，H、V 投影均为一竖直方向线，具有积聚性，W 投影为一封闭的平面图形，由前述平面投影特性可知，P 面为一侧平面。同样，右侧表面也为侧平面；前、后侧表面为正平面；上、下侧表面为水平面。所以在此放置位置状态下长方体的各个侧面均为平行面。

再来分析一下长方体上各侧棱的投影情况。长方体上有三组方向——长度、宽度、高度不同的棱线，每一组有四条棱线，它们是相互平行的，而各组棱线之间是相互垂直的。以 AB 棱线为例，其投影展开图见图 1-3-3(b) 所示。V、H 投影为一水平方向线；W 投影为一点，具有积聚性，由前述直线投影特性可知，AB 是一条侧垂线，同理，与 AB 同方向组的另三条侧棱也为侧垂线，其他两个方向组的棱线则为正垂线和铅垂线。所以在此放置位置状态下长方体的各条侧棱线均为垂直线。

长方体上点的投影反映了它在长方体上的实际位置及它到投影面的距离。

通过以上分析可知点、线、面的投影特性在形体的投影图中没有改变。因此，在学习形体投影过程中必须要熟记点、线、面的投影特性，才能比较容易地分析形体的投影。

二、斜面体的投影

斜面体是指带有斜面的平面体，斜面指的是与投影面相倾斜的平面。因此和形体的安放位置有关，如图 1-3-4 所示，横截面为等腰三角形的三棱柱体，图 1-3-4(a) 所示的安放位置时 P、Q 为斜面，而在图 1-3-4(b) 所示的安放位置时则 R、Q 为斜面。形体在安放时应考虑它的稳定性与其工作状态，图 1-3-4(a) 所示的稳定性好于图 1-3-4(b)。对于三棱柱形体来说在房屋建筑中，常见于两坡屋顶的屋面，见图 4-6-2 所示。考虑其工作状态，一般将三棱柱体大面朝下平放，见图 1-3-4(a) 所示。下面对斜面体的投影进行分析，在此仅分析斜面和斜线的投影。因为斜面的确定是和形体的安放位置有关，所以斜面和斜线都是相对于形

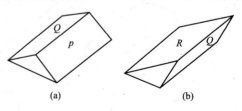
(a)　　　　　(b)

图 1-3-4 斜面的确定

体安放位置而言的。

现将三棱柱体平放在三投影面体系中，使三棱柱体的大面平行于 H 投影面，三棱柱体的两个底面平行于 W 投影面，三条侧棱平行于 V 面，见图 1-3-5 所示。此时有两个斜面，以 P 面为例，斜面 P 的三面投影：V、H 投影均是封闭的平面图形，并反映出 P 面的原几何形状；W 投影是一条斜线，具有积聚性。该斜线与投影轴的夹角则反映出 P 面与相应的投影面的倾斜角度。由平面投影特性可知 P 面为侧垂面，再来看斜面上斜线的投影，以斜线 AB 为例，其三个投影是：V、H 投影为竖直方向线，W 投影为斜线，由直线投影特性可知，斜线 AB 为侧平线。

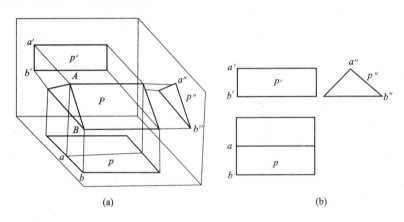

图 1-3-5 斜面体的投影

由于斜面体较方体而言，存在有斜面不确定因素，所以对于斜面体的投影分析要视其实际安放位置来进行。

图 1-3-6 所示为几种常见基本形体的投影。

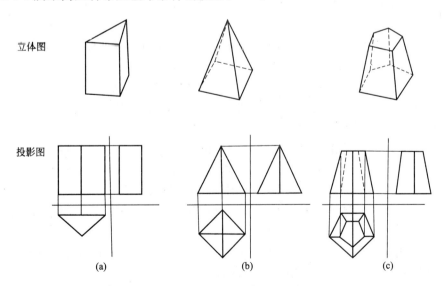

图 1-3-6 几种常见基本平面体的投影

(a)三棱柱体；(b)四棱锥体；(c)五棱台体

第二节　曲面体的投影

曲面体：形体表面是由曲面或曲面与平面围成，见图 1-3-1(b)所示。

建筑工程中有许多构件是由曲面体组成的，如圆形柱子、圆形薄壳基础等，见图 1-3-7 所示。

一、曲线

线是由点运动而成，而曲线则是一个点在运动时方向连续改变所形成的轨迹。曲线可分为平面曲线和空间曲线。平面曲线为曲线上的各个点均在同一个平面上，如圆、椭圆、抛物线、双曲线等。空间曲线为曲线上的各个点不在同一个平面上，如螺旋线。在此仅介绍平面曲线。

曲线的投影可能是曲线，也可能是直线，见图 1-3-8 所示。

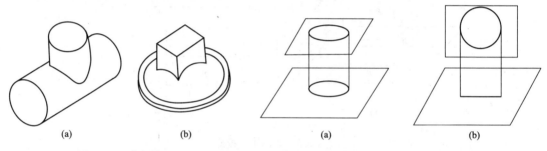

(a)	(b)	(a)	(b)

图 1-3-7　曲面体　　　　　　　　　图 1-3-8　曲线的投影

如图 1-3-8(a)所示：当曲线所在的平面平行于投影面时，其投影为曲线且为曲线实形，具有显实性。

如图 1-3-8(b)所示：当曲线所在的平面垂直于投影面时，其投影为直线，具有积聚性。

二、曲面

前述，曲面体是由曲面或曲面与平面组成，而曲面是由直线或曲线运动而成，但在运动的过程中是受到一定约束的。

图 1-3-9(a)所示的圆柱体，其形成是由两根平行的直线，其中一根不动，另一根绕着它旋转，在旋转的过程中永远保持平行且等距。不动的直线称作为轴线，运动的直线称作为母线。

图 1-3-10(a)所示的圆锥体，其形成是由两根相交的直线，其中一根竖直不动的为轴线，另外一根为母线，围绕轴线旋转，在转动过程中永远保持其夹角大小不变。

图 1-3-11(a)所示的圆台体，其形成是由圆锥体切割去顶角部分，顶面和底面平行。

图 1-3-12(a)所示的球体，其形成是由一根直线为轴线，另一根是半圆形的曲线为母线，绕轴线旋转一周。

母线运动到曲面任一位置时派生出一条线，称为素线。由于曲面体的曲面不存在有棱线，故在投影图中以轮廓线来表明曲面图形的范围。

三、常见基本曲面体的投影

(一) 圆柱体

以轴线垂直于 H 投影面的圆柱体为例，其投影图见图 1-3-9(b)所示。

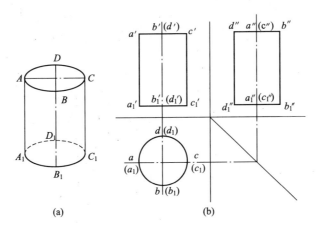

图 1-3-9　圆柱体的三面投影

1. H 投影

由于轴线垂直于 H 投影面，圆柱的顶面和底面平行于 H 投影面，侧表面上所有的素线都垂直于 H 投影面。H 投影为一个圆，这个圆既有显实性——圆柱顶面和底面的实形投影，又有积聚性——圆柱侧表面的积聚投影。故圆柱侧表面上的点、线的投影均落在这个圆上。

2. V、H 投影

V、H 投影均是一个矩形。矩形的上下边分别是圆柱体的上、下底面的积聚投影，V 投影中的左边线 $a'a_1'$、右边线 $c'c_1'$ 是圆柱体的最左、最右轮廓线 AA_1、CC_1 的投影，W 投影中的左边线 $d''d_1''$、右边线 $b''b_1''$ 是圆柱体的最后、最前轮廓线 DD_1、BB_1 的投影。

（二）圆锥体

以轴线垂直于 H 投影面的圆锥体为例，见图 1-3-10 所示。

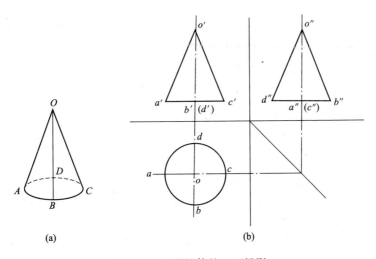

图 1-3-10　圆锥体的三面投影

1. H 投影

因为轴线垂直于 H 投影面，圆锥底面平行于 H 投影面，所以圆锥侧表面上所有的素线都倾斜于 H 投影面。H 投影是一个圆，这个圆具有显实性，是圆锥体底面的实形投影；它还是圆锥侧表面的投影，没有积聚性。故圆锥体侧表面上的点、线的投影均落在这个圆内。

2. V、W 投影

V、W 投影都是等腰三角形。三角形的底边是圆锥体底面的积聚投影，V 投影中的三角形两腰 $o'a'$、$o'c'$ 分别是圆锥体最左、最右轮廓线 OA、OC 的投影，W 投影中的三角形两腰 $o''d''$、$o''b''$ 分别是圆锥体最后、最前轮廓线 OD、OB 的投影。

（三）圆台体

以轴线垂直于 H 投影面的圆台体为例，见图 1-3-11 所示。

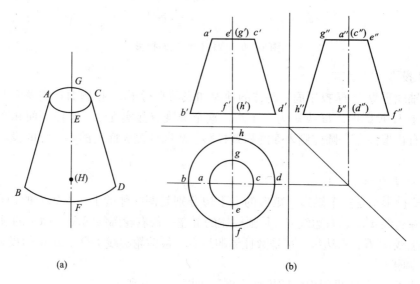

(a)　　　　(b)

图 1-3-11　圆台体的三面投影

1. H 投影

因为轴线垂直于 H 投影面，圆台体的顶面和底面平行于 H 投影面，所以 H 投影是一个圆环，这两个圆具有显实性，内圆是圆台体顶面的实形投影，外圆是圆台体底面的实形投影；环间是圆台体侧表面的投影，没有积聚性。故圆台体侧表面上的点、线的投影均落在大圆内小圆外。

2. V、W 投影

V、W 投影都是等腰梯形。梯形的上底和下底分别是圆台体顶面和底面的积聚投影，V 投影中的梯形两腰 $a'b'$、$c'd'$ 分别是圆台体最左、最右轮廓线 AB、CD 的投影，W 投影中的梯形两腰 $g''h''$、$e''f''$ 分别是圆锥体最后、最前轮廓线 GH、EF 的投影。

（四）球体

对于球体来说，无论向哪个方向进行投影，其投影都是圆，亦即球体的三面投影是三个大小相等的圆，见图 3-1-12(a) 所示。但各圆所代表的球面轮廓线是不同的，H 投影是球体上最前、最后或最左、最右轮廓线的投影；V 投影是球体上最上、最下或最左、最右轮廓线的投影；W 投影是球体上最上、最下或最前、最后轮廓线的投影。

【例 1-3-1】　已知圆柱体的三面投影，并知其侧表面上一点 A 的 V 投影 a'，见

图 3-1-13(a)所示。试求 A 点的其余两个投影 a、a''。

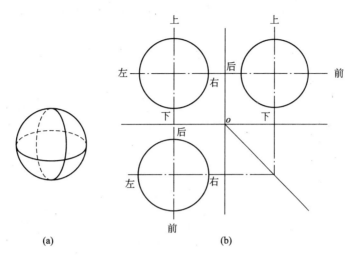

(a)　　　　　　　　(b)

图 1-3-12 球体的三面投影

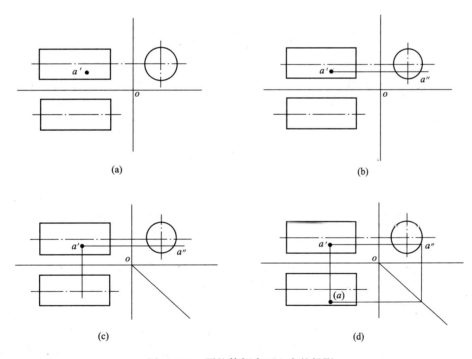

(a)　　　　　　　　　　　　　　　(b)

(c)　　　　　　　　　　　　　　　(d)

图 1-3-13 圆柱体侧表面上点的投影

【解】 作图步骤如下：

① 过 a' 向右引水平方向线与 W 投影中的圆相交。由于圆柱体上圆的投影具有积聚性，所以 a'' 必然落在这个圆上，又因为 a' 为可见，故 a'' 应落在前半圆上，见图 1-3-13(b)所示。

② 过 a' 向下引竖直方向线到 H 投影中，则 A 点的 H 投影 a 必然在这条竖直线上。

③ 再过原点 O 向右下方引 45°斜线，见图 1-3-13(c)所示。

④ 过 a'' 向下引竖直方向线与 45°斜线相交，再过该交点向左引水平方向线与过 a' 所引

的竖直方向线相交，该交点即为所求，且为不可见，见图 1-3-13(d)所示。

上述做题的方法称作为素线法，这是因为过 a' 做的水平方向线即是圆柱体侧表面上的一条素线。

【例 1-3-2】 图 1-3-14(a)所示圆锥侧表面上 B 点的 W 投影 b''，试求 B 点的其他两个投影 b、b'。

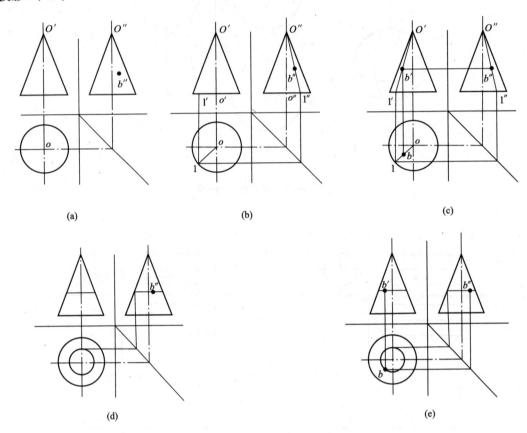

图 1-3-14 圆锥体侧表面上点的投影

【解】 1. 求圆锥侧表面上点的投影也可用素线法，其作图步骤如下：

① 过 B 点作素线 $O1$ 的投影，即 $O1$、$O'1'$、$O'1''$，见图 1-3-14(b)所示。

② 利用"投影关系"由 b'' 即可求出 b、b'，见图 1-3-14(c)所示。

2. 求圆锥侧表面上点的投影还可以利用纬圆法，曲面体的母线上任意一点旋转一周所形成的圆称作为纬圆。用纬圆作辅助线求出曲面体侧表面上点的投影的方法称作为纬圆法。其作图步骤如下：

① 过 B 点作一纬圆，该纬圆平行于圆锥体底面，其 V、W 投影为水平方向线，H 投影是一个与圆锥底面同心的圆，见图 1-3-14(d)所示。

② 根据"投影关系"，由 b'' 即可求得 b、b'，见图 1-3-14(e)所示。

【例 1-3-3】 已知球面上 C 点的 H 投影 c，见图 1-3-15(a)所示。试求 C 点其余两个投影 c'、c''。

【解】 求球面上点的投影应采用纬圆法，其作图步骤如下：

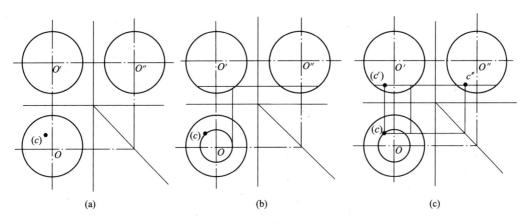

图 1-3-15 球体侧表面上点的投影

① 在 H 投影中，以 O 为圆心 OC 长为半径画一圆，这个圆即是球体上的一个纬圆（平行于 H 投影面），则该纬圆在 V、W 投影中均为水平方向线，且在圆的下方，见图 1-3-15 (b) 所示。

② 根据"投影关系"，由 c 即可求出 c'、c''，且 c' 为不可见点，见图 1-3-15 (c) 所示。

第三节　组　合　体　的　投　影

前面讲过，组合体可以看作是由两个以上（含两个）基本形体连接而成，也可以看作是在一个基本形体上截割一部分或几部分而形成，见图 1-1-2 所示。从而引出两个基本概念，即：

交线：当两个形体连接在一起时，它们之间的表面一般就产生了交线。

截交线：当形体被截割后其表面就产生了截交线。

一、交线

交线是由两个基本形体组合在一起而形成，故交线属于两个形体表面的共有线。

当平面体与平面体相组合时，其交线为直线状态，见图 1-1-2 (a) 所示。

当平面体与曲面体组合时，其交线为平面曲线，见图 1-3-7 (b) 所示。

当曲面体与曲面体相组合时，其交线为空间曲线，见图 1-3-7 (a) 所示。

二、截交线

假想用一个平面去截割形体时，这个平面与形体表面之间就产生了交线，称作为截交线；截交线所围成的图形称作为截面；截割形体的平面称作为截平面。

形体被截平面所截割时，其截面一般为封闭的平面图形。

当截平面截割的是平面体时，其截交线为封闭的平面多边形折线，见图 1-3-16 (a) 所示。当截平面截割的是曲面体时，其截交线的形式多为封闭的平面曲线，有时也为封闭的平面折线，或为平面曲线与平面直线的组合，这就要看截平面与曲面体所处的相对位置而定。比如：截平面截割圆柱体时一般有三种情况，圆、椭圆、矩形，见图 1-3-16 (a) 所示；截平面截割圆锥体时一般有五种情况，圆、椭圆、抛物线、双曲线、三角形，见图 1-3-16 (b) 所示；而截平面截割球体时，无论截平面与球体的相对位置如何，其截交线都是圆。

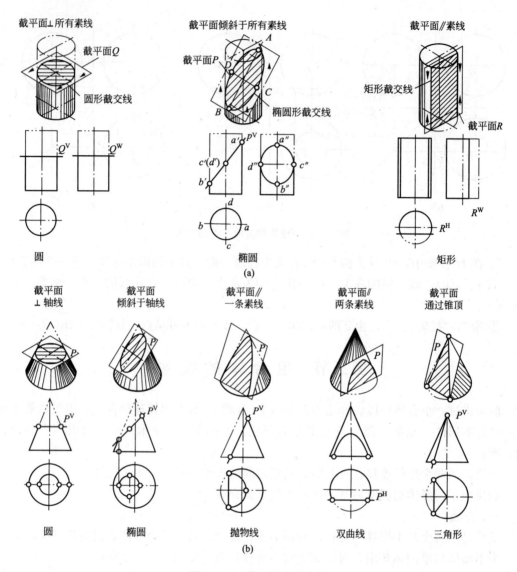

图 1-3-16　曲面体的截交线

(a)圆柱体；(b)圆锥体

【例 1-3-4】　如图 1-3-17(a)、(b)所示，三棱锥体 $S-ABC$ 被截平面 P 所截割，试求截交线的 H 投影。

【解】　由图 1-3-17(b)中的 V 投影可知，截平面 P 为正垂面，且与三棱锥的三条侧棱均相交，其截交线所围成的图形——截面应为三角形，该截面的 V 投影与截平面 P 的 V 投影重合为同一斜线，这条斜线与三条侧棱的交点即为三角形的三个顶点。其作图步骤如下：

①　在 V 投影中分别过 d'、e'、f' 点向下作竖直方向线，与 H 投影中的三条棱线 sa、sb、sc 相交于 d、e、f 点，见图 1-3-17(c)所示。

②　在 H 投影中依次连接 de、ef、fd，加深图形线，即完成，见图 1-3-17(d)所示。

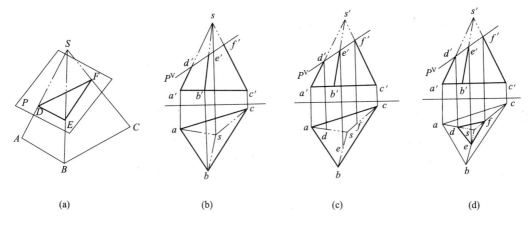

图 1-3-17 求三棱锥体的截交线

三、平面组合体的投影

前边介绍了常见的基本形体的投影，在进行组合体的投影时，首先分析一下该组合体是由哪几个基本形体组成，然后再将这些基本形体的投影综合在一起。

在进行组合体投影时，需要注意一点的是两个基本体相组合时它们之间是否一定有交线？见图 1-3-18 所示的梁柱连接。

图 1-3-18(a)所示的梁柱之间就形成了交线。但是，当两个基本形体的两个侧面在组合时连接成为一个平面时，这个平面之间就没有交线，见图 1-3-18(b)所示。

【**例 1-3-5**】 根据图 1-3-19(a)所示的立体图，试绘出其三面投影图。

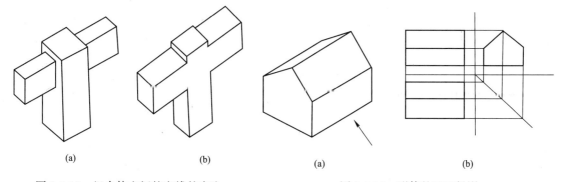

图 1-3-18 组合体之间的交线的产生　　　　图 1-3-19 形体的三面投影

【**解**】 该形体可以看作是由一个长方体和一个三棱柱体相撺而组合，这个长方体和三棱柱体是等长等宽。结合前边讲的基本体的投影，从而可以得出该组合体的三面投影，见图 1-3-19(b)所示。V 投影为一五边形，中间没有交线，这是因为两个形体左、右侧面在组合时连接成一个平面。

在多数情况下都是读投影图来想象其空间的立体形状，且应是唯一的。还是以图 1-3-19(b)所示为例，为了便于分析，在 W 投影中加上一条虚线，见图 1-3-20(a)所示。由 V、W 投影可以看出是由等长等宽的上下两部分组成，分开来考虑，再结合 H 投影，得到图 1-3-20(b)、(c)所示。图 1-3-20(b)为一横放三棱柱的投影，图 1-3-20(c)为一长方体的投影，综合起来就是等长等宽的三棱柱与长方体的组合。这种分析的方法称作为形体分析法。

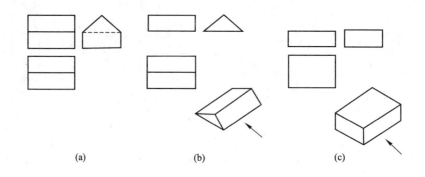

图 1-3-20 由投影想象

本 章 小 结

形体可以是由一些简单的几何形体叠砌或切割所组成的，常见的基本形体有平面体和曲面体。

平面体：棱柱、棱锥、棱台；曲面体：圆柱、圆锥、圆台、球。

棱柱体的三面投影：两个矩形(其内含有 N 个矩形，N：1、2、……)、
      一个多边形(N 边形，N：3、4、……)；

棱锥体的三面投影：两个三角形(其内含有 N 个三角形，N：1、2、……)、
      一个多边形(其内含有 N 个三角形，N：3、4、……)；

棱台体的三面投影：两个梯形(其内含有 N 个梯形，N：1、2、……)、
      一个多边环形(其内含有 N 个梯形，N：3、4、……)；

圆柱体的三面投影：两个矩形、一个圆；

圆锥体的三面投影：两个三角形、一个圆；

圆台体的三面投影：两个梯形、一个圆环；

圆球体的三面投影均为圆。

交线：当两个形体连接在一起时，它们之间的表面一般就产生了交线，其形状可为直线状态、平面曲线、空间曲线。

截交线：当形体被截割后其表面就产生了截交线，其形状可为封闭平面折线、封闭的平面曲线或为平面曲线与平面直线的组合。

思考题及练习题

1-3-1 常见的基本形体有哪些？

1-3-2 曲线的投影一定是曲线吗？

1-3-3 组合体是如何形成的？

1-3-4 什么是交线、截交线？其特性是什么？

1-3-5 当两个形体组合时它们之间一定有交线吗？

1-3-6 根据图 1-3-21 所示立体图画出其三面投影图。

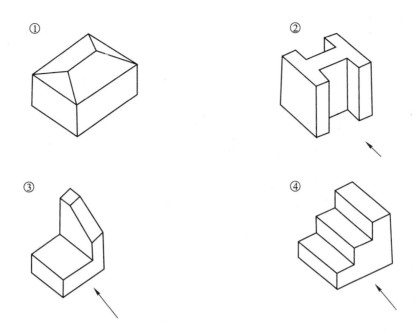

图 1-3-21 思考题及练习题 1-3-6 图

1-3-7 根据图 1-3-22 所示补绘第三投影。

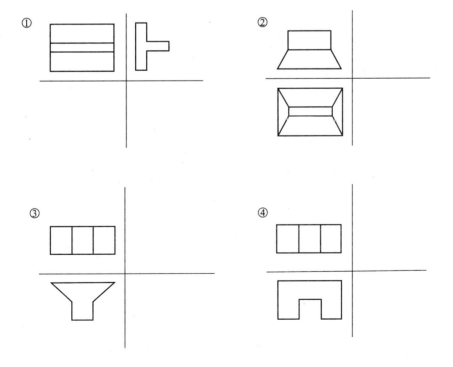

图 1-3-22 思考题及练习题 1-3-7 图(一)

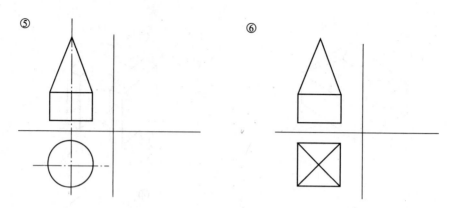

图 1-3-22 思考题及练习题 1-3-7 图(二)

1-3-8 完成图 1-3-23 所示曲面体侧表面上点和线的投影。

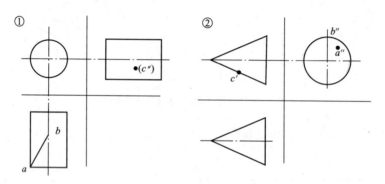

图 1-3-23 思考题及练习题 1-3-8 图

1-3-9 求图 1-3-24 所示的棱锥体被截平面截割后的投影。

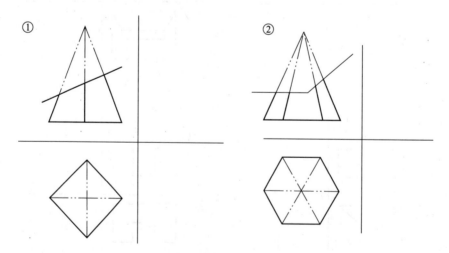

图 1-3-24 思考题及练习题 1-3-9 图

第四章　剖面图和截面图

由第三章的介绍可知，大多数建筑形体的组成都是组合体，组合形状各异，有的可以直观看到，有的则被遮挡而不可见。比如，房屋建筑中内部有很多空间，内墙、楼板、楼梯等都是被外墙和屋顶包裹着，若对其进行投影画出投影图时，这些不可见的地方就得用虚线画出（制图标准规定：可见的部分用实线画出，不可见的部分用虚线画出），由此会形成图面虚、实线横纵交错，且标注尺寸不方便，读起图来比较困难。所以为了能在投影图中直接表示出形体的内部形状，就需要将形体剖开，从而就涉及剖、截面图的概念。

第一节　剖　　面　　图

一、剖面图的形成

用一个假想的剖切平面在形体的适当部位将其剖切开，并将剖切平面与其中一部分形体移开，向剩余部分进行投影，所得到的投影图称作为剖面图。剖切平面一般平行于投影面。如图 1-4-1(a)所示一空心柱，其 V、W 投影中不可见的孔洞部分用虚线表示，见图 1-4-1(b)所示。假想用一个剖切平面经过孔洞地方剖切开，移去一部分向另一部分进行投影，见图 1-4-1(c)所示，从而不可见的部分就显露出来成为可见，亦即虚线处可用实线来代替，V 投影就可以画成图 1-4-1(d)所示的形式。

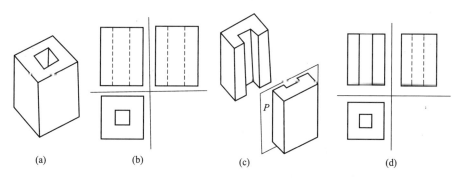

(a) 　　　　　(b) 　　　　　(c) 　　　　　(d)

图 1-4-1　剖面图的形成

剖切平面应尽量通过形体上孔、洞等部位。为了区分剖到与未剖到部分，一般规定：剖到的地方用粗实线表示，亦即截交线所围成的图形——截面用粗实线表示，而未剖到但可以看到的地方用细实线表示。也可在剖到部分的投影图形上画上等间距、同方向的 45°细实线以示区别，或画上材料的图例以表示所用的材料。但应该注意一点的是，由于剖切是假想的，所以只有在画剖面图时才假想地将形体切去一部分，而在画另一个投影图时则应该按照完整的形体画出，见图 1-4-1(d)所示。

二、剖面图的形式

剖面图根据形体的构造特点和表现要求，有以下几种形式：

（一）全剖面图

假想用一个剖切平面将形体全部剖开后所得到的剖面图，称作为全剖面图，见图 1-4-1(d)所示。这种剖面图适用于形体不对称时，或其外部形状比较简单而内部构造较为复杂。

（二）半剖面图

当形体左右或前后对称而外部形状又比较复杂时，可将形体剖开一半，画出半个外形投影图和半个剖面图，将其合并成一个图形，同时表示出形体的外形和内部构造，从而减少了绘图工作量，这种剖面图称作为半剖面图，两图之间以对称中心线为分界线，见图 1-4-2 所示。

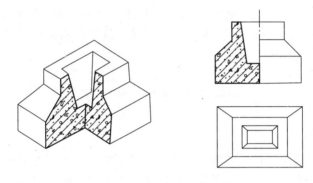

图 1-4-2 半剖面图形成

（三）局部剖面图

当形体的外形比较复杂，此时的投影图应该表达出大部分形体的外形，而内部仅通过局部剖开就能够表达清楚的情况下，可以对形体采用局部剖开的办法，称作为局部剖面图。剖面图与投影图之间以细波浪线作为分界线，见图 1-4-3 所示，从该图中既可以看到独立基础的外形又可以看到基底的配筋情况。

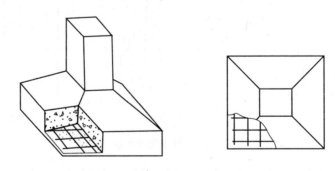

图 1-4-3 局部剖面图形成

楼板、屋顶、墙体的构造层次均可以采用局部剖面图来表示。

（四）阶梯剖面图

当一个剖切平面如果不能将形体上需要显露的内部一次剖出时，则可以把该剖切平面折叠成两个相互平行的平面将形体剖切开，然后画出其剖面图，这种剖面图称作为阶梯剖面图，见图 1-4-4 所示，既可以剖到门洞口又可以剖到窗洞口。

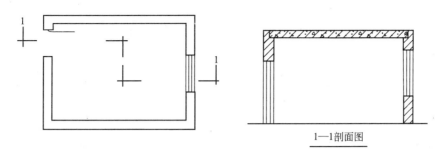

图 1-4-4 阶梯剖面图的形成

三、剖面图的标注方法

《房屋建筑制图统一标准》（GB/T 50001）规定了剖面图如何进行标注，为的是识图方便。用剖切符号来表示，剖切符号由剖切位置线及剖视方向线组成，均应以短粗实线绘制。剖切符号应符合下列规定：

（一）剖切位置线（剖切平面一般是垂直于投影面的，所以剖切平面聚积成为一条直线，为了不穿越图形线，剖切平面的剖切位置用两短粗实线表示）的长度宜为 6～10mm，剖视方向线应垂直于剖切位置线，长度宜为 4～6mm。绘制时，剖切符号不应与其他图线相接触。

（二）剖切符号的编号宜采用粗阿拉伯数字，按剖切顺序由左至右、由下向上连续编排，并应注写在剖视方向线的端部。

（三）需要转折的剖切位置线，应在转角的外侧加注与该符号相同的编号，一般以转折一次为限。

（四）剖切符号应注在 ±0.000 标高的平面图或首层平面图上。

（五）相应剖面图的编号写在其下方，以"1-1 剖面图"、"2-2 剖面图"……表示。

以上的标注方法见图 1-4-4、图 1-4-5 所示。

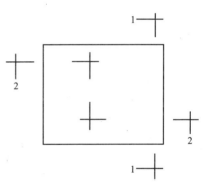

图 1-4-5 剖面图的标注

第二节 截 面 图

一、截面图的形成

由前面讲过的截交线的概念可知，截交线所围成的平面图形称作为截面，如果把这个截面投影到与它相平行的投影面上所得到的投影图，称作为截面图。截面图与剖面图一样，也是用来表示形体内部的形状。

二、截面图的形式

截面图的表示形式一般有以下三种：

（一）移出截面

这种截面图的形式就是把截面图画在投影图的外侧，见图 1-4-6 所示。

（二）重合截面

重合截面的形式是将截面图直接画在投影图的轮廓线范围之内，即假想用一个剖切平面将形体截开后，将截面旋转 90°，见图 1-4-7 所示。

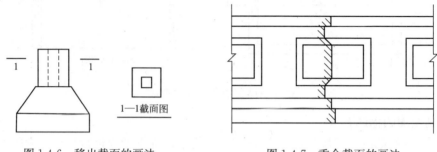

图 1-4-6　移出截面的画法　　　　　　图 1-4-7　重合截面的画法

（三）中断截面

这种截面图适用于较长而且只有单一截面的杆件，亦即将截面图画在杆件的断开处，见图 1-4-8 所示。

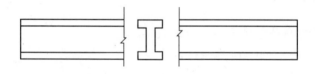

图 1-4-8　中断截面的画法

三、截面图的标注方法

《房屋建筑制图统一标准》GB/T 50001 规定的截面图的标注方法如下：

（一）剖切符号应只用剖切位置线表示，并应以粗实线绘制，长度宜为 6～10mm。

（二）剖切符号的编写宜采用阿拉伯数字，按顺序连续编写，并应注写在剖切位置线的一侧，编号所在的一侧应为该截面的剖视方向。

（三）相应截面图的编号写在其下方，以"1—1 截面图"、"2—2 截面图"……或"1—1"、"2—2"……表示。

第三节　剖面图与截面图的异同

一、相同之处

由剖面图与截面图的形成可知，剖面图与截面图均是假想用剖切平面沿形体孔洞的地方将其剖切开，其作用都是表示形体内部的情况，亦即将不可见之处变为可见的。

二、不同之处

以图 1-4-9 所示来说明。

（一）表示方法的不同

截面图只画出形体被剖开以后截面的投影，即为面的投影，见图 1-4-9（b）所示；剖面图则要画出形体被剖开后整个余下部分的投影，即为体的投影，见图 1-4-9（a）所示。

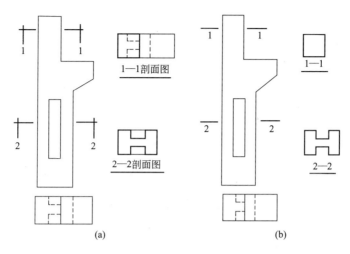

图 1-4-9 剖、截面图的对比

(a)剖面图；(b)截面图

（二）剖切符号标注方法的不同（前边已述）。

（三）剖面图中剖切平面可以转折一次，而截面图中剖切平面则不能转折。

三、二者之关系

被剖开的形体必有一个截面，故剖面图中包含有截面图，但截面图一般单独画出。

本 章 小 结

剖面图：用一个假想的剖切平面在形体的适当部位将其剖切开，并将剖切平面与其中一部分形体移开，向剩余部分进行投影，所得到的投影图。

剖面图的形式：全剖面图、半剖面图、局部剖面图、阶梯剖面图。

截面图：截交线所围成的平面图形称为截面，如果把这个截面投影到与它相平行的投影面上所得到的投影图。

截面图的形式：移出截面、重合截面、中断截面。

剖面图与截面图的异同：

相同之处：都是表示形体内部的情况，亦即将不可见之处变为可见的。

不同之处：表示方法的不同，截面图为面的投影，剖面图为体的投影；

剖切符号标注方法的不同；

剖面图中剖切平面可以转折一次，而截面图中剖切平面则不能转折。

剖面图与截面图之关系：剖面图中包含有截面图，但截面图一般单独画出。

思考题及练习题

1-4-1 什么是剖面图？什么是截面图？

1-4-2 剖面图和截面图的表达形式各有哪几种？

1-4-3 剖面图和截面图的异同点是什么？

1-4-4 画出图 1-4-10 所示构件指定面的剖面图和截面图。

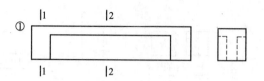

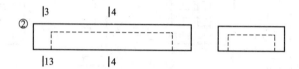

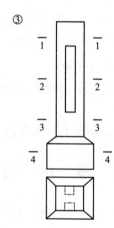

图 1-4-10　思考题及练习题 1-4-4 图

第五章 轴测投影图

第一节 轴测投影图的基本概念及特性

一、轴测投影图

三面正投影图可以比较全面地表示出形体的形状和大小，在设计房屋建筑工程图中被广泛采用。但是这种图缺乏立体感，特别是对初学者来说，甚至有时不易看懂。为了弥补这一缺陷，在实际生产图纸过程中通常画出具有立体感的图形作为辅助图样，用以帮助人们正确地读图，轴测投影图就能体现出立体感。轴测投影图是通过平行投影而形成，即用一组平行投影线将形体连同三个方向的坐标轴(X、Y、Z)一起投影到一个投影面上所得到的投影图，称作为轴测投影图，简称轴测图，见图 1-5-1 所示。

为此规定：

投影面称作为轴测投影面。

空间坐标体系 $O-XYZ$ 在轴测投影面上的投影以 $O_1-X_1Y_1Z_1$ 表示，称作为轴测轴。

轴测轴之间的夹角$\angle X_1O_1Y_1$、$\angle X_1O_1Z_1$、$\angle Y_1O_1Z_1$ 称作为轴间角。

轴测轴上某段长度与原坐标轴上相应长度之比，称作为轴向伸缩系数，记为 $O_1X_1/OX=p$；$O_1Y_1/OY=q$；$O_1Z_1/OZ=r$。

在画图时，一般将 O_1Z_1 轴画成竖直方向，这时 X_1、Y_1 轴与水平方向线成一定的夹角，分别记为 ϕ 和 σ，称作为轴倾角，见图 1-5-2 所示。

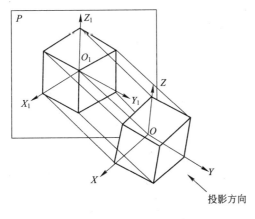

图 1-5-1 轴测投影图的产生

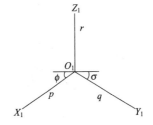

图 1-5-2 轴测投影体系

二、轴测投影的特性

轴测投影是根据平行投影原理作出来的，它必然有如下特性：

（一）空间相互平行的直线，其轴测投影仍然平行。

故，形体上平行于三条坐标轴的线段，在轴测投影上均分别平行于相应的轴测轴。

（二）空间相互平行两线段长度之比，等于它们平行投影的长度之比。

故，形体上平行于坐标轴的线段的轴测投影与线段实长之比，等于相应的轴向伸缩系数。

第二节　轴测投影图的种类

根据投影线与投影面的关系、形体与投影面的关系，轴测投影有以下类型。

一、正轴测投影图

当形体三个方向（长度、宽度、高度）的坐标轴与投影面倾斜，投影线与投影面垂直，这时所形成的轴测投影图称作为正轴测投影图，简称正轴测图，又有正等测图和正二测图。

（一）正等测图

当形体三个坐标轴与轴测投影面倾斜的角度相等时，即三个轴向伸缩系数相等 $p=q=r$，所得到的正轴测图，称作为正等测图。此时取 $p=q=r=1$，$\phi=\sigma=30°$，见图 1-5-3(a) 所示。正等测图是最常用的一种。

（二）正二测图

当形体三条坐标轴中，有两条坐标轴与轴测投影面倾斜角度相同，即选定 $p=r=2q$ 时，所得到的正轴测图称作为正二测图。此时取 $q=0.5$，$p=r=1$，$\phi\approx7°$（可用 1∶8 画出），$\sigma\approx41°$（可用 7∶8 画出），见图 1-5-3(b) 所示。

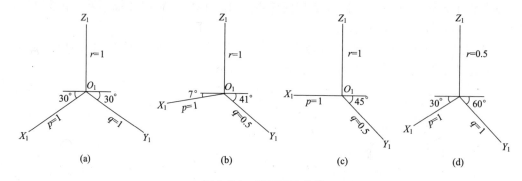

图 1-5-3　轴测图的种类

二、斜轴测图

当形体两个方向的坐标轴与轴测投影面平行，投影线与投影面倾斜，这时所形成的轴测投影图称作为斜轴测投影图，简称斜轴测图。有正面斜轴测图和水平面斜轴测图两种。

（一）正面斜轴测图

形体的正立面平行于轴测投影面，以及以 V 面或 V 面平行面作为轴测投影面，所得到的斜轴测图称作为正面斜轴测图。这时 $\angle X_1O_1Z_1=90°$，$\phi=0$，$\sigma=30°$、$45°$、$60°$，$p=r=1$，$q=1$ 或 0.5，见图 1-5-3(c) 所示。这种图反映出形体的正面的实形。

（二）水平面斜轴测

以 H 面或 H 面的平行面作为轴测投影面，所得到的斜轴测图，称作为水平面斜轴测图，这时 $\angle X_1O_1Y_1=90°$，$\phi=30°$，$\sigma=30°$、$45°$、$60°$，$p=q=1$，$r=1$ 或 0.5，见图 1-5-3

(d)所示。这种图适用于画一幢房屋的水平剖面图或建筑群体鸟瞰图。

第三节 轴测投影图的作图方法

轴测投影图类型的选择直接影响到轴测图的效果。在根据三面投影图画轴测图时，首先应了解所画形体的形状和特点，然后选择合适的角度，利用轴测投影的特点，把形体的轴测图画出来。一般步骤如下：

1. 选择合适的轴测轴，确定形体的方位。观察形体的方位一般有四种情况，见图 1-5-4 所示。

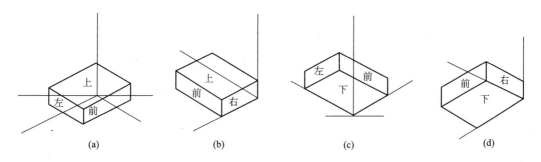

图 1-5-4 形体方位的选择

图 1-5-4(a)所示，由上、前、左方向下、后、右方投影；

图 1-5-4(b)所示，由上、前、右方向下、后、左方投影；

图 1-5-4(c)所示，由左、前、下方向右、后、上方投影；

图 1-5-4(d)所示，由右、前、下方向左、后、上访投影。

2. 先画出某一个坐标面的轴测投影，然后再画出另一个方向的线段，组合成一个整体。

3. 凡是与坐标轴平行的线段的长度，可直接从正投影图中量取，并乘上相应的轴向伸缩系数；倾斜线段由两个端点来确定。

4. 加深加粗可见的图形线，完成轴测图。

【例 1-5-1】 根据图 1-5-5(a)所示的投影图，画出其正轴测图。

【解】 作图步骤：

① 选择轴测轴，见图 1-5-5(b)所示；

② 画出 H 投影的轴测图，见图 1-5-5(c)所示；

③ 再画出其高度，见图 1-5-5(d)所示；

④ 检查无误，加深可见图形线，见图 1-5-5(e)所示。

图 1-5-5(f)为正二测图，由两种画法结果可比较出，正二测图较正等测效果好，避免了有的地方被遮挡，亦即图上尽可能地将空洞部位能看透。

【例 1-5-2】 根据图 1-5-6(a)所示的投影图，画出其正轴测图。

【解】 图 1-5-6(b)所示为正等测图，图 1-5-6(c)所示为正二测图。由两种作法结果显示出，正二测效果好于正等测，避免了转角处的交线形成一条直线。

【例 1-5-3】 根据图 1-5-7(a)所示的投影图，画出其轴测图。

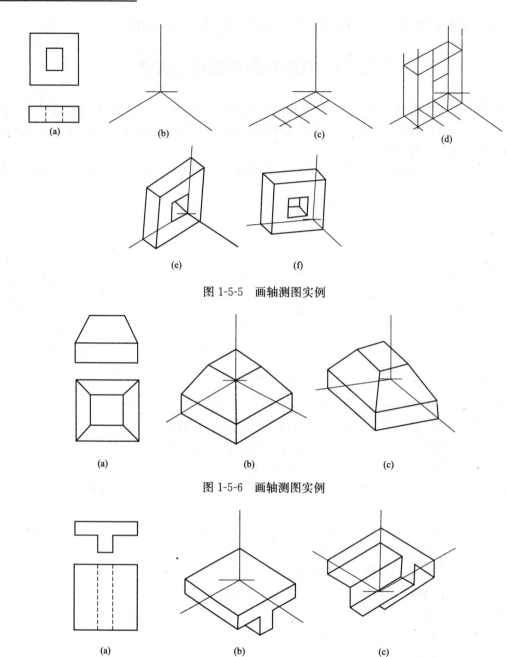

图 1-5-5　画轴测图实例

图 1-5-6　画轴测图实例

图 1-5-7　画轴测图实例

【解】　图 1-5-7(b)所示投影的方向是由左、前、上向右、后、下；图 1-5-7(c)所示投影方向是由左、前、下向右、后、上。比较两种作图结果，图 1-5-7(c)投影方向的选取比图 1-5-7(a)的效果好，可以看到梁与板之间的交线。

本　章　小　结

轴测投影图是通过平行投影而形成，即用一组平行投影线将形体连同三个方向的坐标轴（X、Y、Z）

一起投影到一个投影面上所得到的投影图。

轴测投影的特性：空间相互平行的直线，其轴测投影仍然平行；

空间相互平行两线段长度之比，等于它们平行投影的长度之比。

轴测投影图的种类：正轴测投影图（正等测图、正二测图）、斜轴测投影（正面斜轴测图、水平面斜轴测）。

思考题及练习题

1-5-1 什么是轴测投影图？有哪几种类型？

1-5-2 轴测投影图的特性是什么？

1-5-3 如何画轴测投影图？

1-5-4 根据图 1-5-8 所示补绘第三投影图，并画出其轴测投影图。

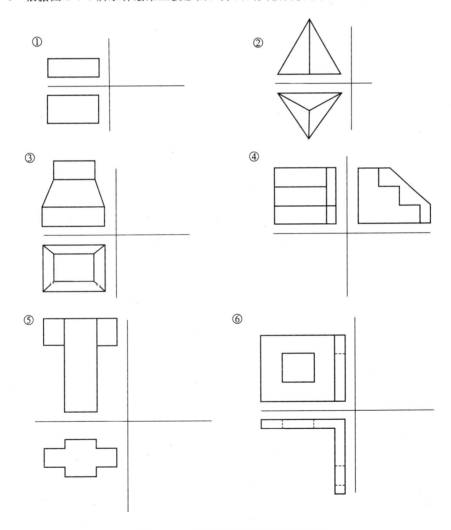

图 1-5-8 思考题及练习题 1-5-4 图

第二篇　房屋建筑工程图识图基本知识

学习目标：通过该篇内容的学习，使学生熟悉房屋建筑工程图的设计知识，掌握建筑施工图及结构施工图的识读方法，培养学生识图能力。

第一章　识读工程图的一般知识

在第一篇中介绍了投影原理的基本知识，房屋建筑工程图是根据投影原理绘制出来的。在掌握了投影原理基本知识的基础上，识读房屋建筑工程图就比较容易理解了。虽然房屋建筑工程图是根据投影原理绘制的，但它是按照国家有关部门颁布的有关制图标准及方法来完成的，所以在接触房屋建筑工程图之前，有必要了解一下有关的制图标准及方法，以便更好地读懂房屋建筑工程图。

第一节　制图的基本知识

一、制图工具

绘制工程图的工具有很多，现介绍几种常用的工具。

（一）图板

图板是木质的，呈长方形，见图 2-1-1(a)所示。图板是用来铺帖图纸的，要求其板面平整，工作边要笔直。图板的规格大小不同，可根据需要来选定。

（二）丁字尺

丁字尺是由尺头和尺身相互垂直构成的，见图 2-1-1(b)所示。丁字尺是用于画水平方向线的，使用时将尺头紧靠住图板的工作边，水平方向的线由左向右画。

（三）三角板

一副三角板包括两块，见图 2-1-1(c)所示。三角板是配合丁字尺来完成图面上所有竖直方向的线，画线时由下至上。另外还可以画出相应的角度(15°、30°、45°、60°、75°)及斜线。

（四）铅笔

铅笔一般应选用绘图铅笔。铅笔有软硬芯之分，以字母 H、B 表示。H 表示硬芯铅，硬度的不同分别有 H~6H，随数字增大而铅芯越硬，一般用于打底稿、画细线。B 表示软芯铅，亦有 B~6B，数字越大表明铅芯越软，一般用于加粗线型使用。HB 属于中性铅芯，不软不硬，一般用于注写文字等用。削笔也有一定的要求，见图 2-1-1(d)所示。

（五）比例尺

比例尺是用来放大或缩小线段长度的尺子。在现实生活中，建筑物的形体是非常大的，由于画图所用的图纸幅面大小有一定的标准尺寸，所以在画房屋建筑工程图时不可能按照它的原大去画，也是不现实的，故用比例尺来协助完成。比例尺有三棱柱状和直尺状，图 2-1-1 (e)所示三棱柱状，有六种比例，分别为 1∶100、1∶200、1∶250、1∶400、1∶500 及 1∶600。

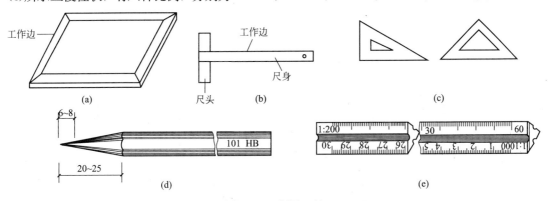

图 2-1-1　制图工具

(a)图板；(b)丁字尺；(c)三角板；(d)铅笔；(e)比例尺

二、制图标准

工程图可以比喻成是工程技术界的共同语言。为了使房屋建筑工程图达到基本统一，便于工程交流，国家有关部门颁布了《房屋建筑制图统一标准》GB/T 50001，对房屋建筑工程图的表达方法、图纸规格、图样画法等作了统一规定。

(一)图纸幅面

图纸幅面是指图纸宽度与长度组成的图面，简称图幅，其规格有五种，见表 2-1-1 所示。

幅面及图框尺寸(mm)　　　　　　　　　　　　表 2-1-1

尺寸代号 ＼ 幅面代号	A0	A1	A2	A3	A4
$b \times l$	841×1189	594×841	420×594	297×420	210×297
c	10			5	
a	25				

注：表中 b 为幅面短边尺寸，l 为幅面长边尺寸，c 为图框线与幅面线间宽度，a 为图框线与装订边间宽度。

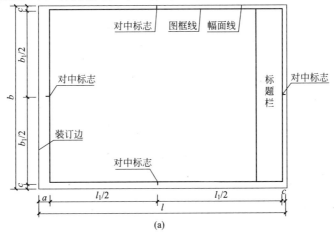

图 2-1-2　图纸幅面(一)

(a)横式幅面(一)

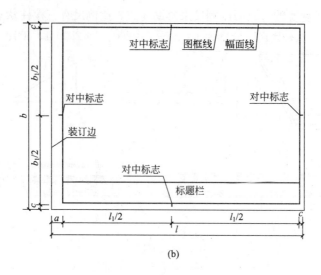

(b)

图 2-1-2 图纸幅面(二)

(b)横式幅面(二)

图纸的短边不应加长，A0~A3 幅面长边尺寸可加长，但应符合表 2-1-2 的规定。

图纸长边加长尺寸(mm)　　　　　　　　　　　　　　　　表 2-1-2

幅面尺寸	长边尺寸	长边加长后的尺寸		
A0	1189	1486(A0+1/4 l) 1932(A0+5/8 l) 2378(A0+ l)	1635(A0+3/8 l) 2080(A0+3/4 l)	1783(A0+1/2 l) 2230(A0+7/8 l)
A1	841	1051(A1+1/4 l) 1682(A1+ l)	1261(A1+1/2 l) 1892(A1+5/4 l)	1471(A1+3/4 l) 2102(A1+3/2 l)
A2	594	743(A2+1/4 l) 1189(A2+ l) 1635(A2+7/4 l) 2080(A2+5/2 l)	891(A2+1/2 l) 1338(A2+5/4 l) 1783(A2+2 l)	1041(A2+3/4 l) 1486(A2+3/2 l) 1932(A2+9/4 l)
A3	420	630(A3+1/2 l) 1261(A3+2 l) 1892(A3+7/2 l)	841(A3+ l) 1471(A3+5/2 l)	1051(A3+3/2 l) 1682(A3+3 l)

一个工程设计中，每个专业所使用的图纸，一般不宜多于两种幅面，不含目录及表格所采用的 A4 幅面。

(二)标题栏

标题栏的内容一般包括工程名称、图纸名称及图号、设计单位名称、会签栏等。其形式规格见图 2-1-3 所示。在实际设计工作中，当图纸设计完成以后，应由有关部门进行审图，审图合格后进行会审签字，会签栏的作用就是各专业负责人签字用的。图 2-1-3(a)用于图 2-1-2(a)，图 2-1-3(b)用于图 2-1-2(b)。

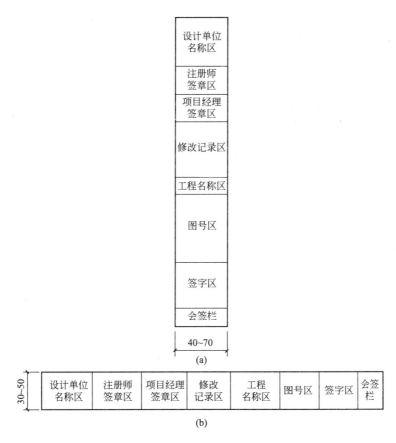

图 2-1-3 标题栏

(a)标题栏(一)；(b)标题栏(二)

(三) 图线

图线是指起点和终点间以任何方式连接的一种几何图形，形状可以是直线或曲线，连续和不连续线。

一套工程图包括多张图纸，由于每张图纸所表示内容的不同，所以绘图时一般采用粗细不同、形式不同的线型加以区分，以使图面清晰，内容主次分明。一些常用图线的形式、规格、线宽等见表 2-1-3 所示。

图 线
表 2-1-3

名称		线 型	线宽	用 途
实线	粗	▬▬▬▬▬▬▬	b	主要可见轮廓线
	中粗	▬▬▬▬▬▬	$0.7b$	可见轮廓线
	中	――――――	$0.5b$	可见轮廓线、尺寸线
	细	――――――	$0.25b$	图例填充线、家具线
虚线	粗	■ ■ ■ ■ ■	b	见各有关专业制图标准
	中粗	▬ ▬ ▬ ▬ ▬	$0.7b$	不可见轮廓线
	中	▬ ▬ ▬ ▬ ▬	$0.5b$	不可见轮廓线、图例线
	细	― ― ― ― ―	$0.25b$	图例填充线、家具线

续表

名称		线　型	线宽	用　途
单点长画线	粗		b	见各有关专业制图标准
	中		$0.5b$	见各有关专业制图标准
	细		$0.25b$	中心线、对称线、轴线等
双点长画线	粗		b	见各有关专业制图标准
	中		$0.5b$	见各有关专业制图标准
	细		$0.25b$	假想轮廓线、成型前原始轮廓线
折断线	细		$0.25b$	断开界线
波浪线	细		$0.25b$	断开界线

图线的宽度 b，宜从 1.4、1.0、0.7、0.5、0.35、0.25、0.18、0.13mm 线宽系列中选取。图线宽度不应小于 0.1mm。每个图样，应根据复杂程度与比例大小，先选定基本线宽 b，再选用表 2-1-4 中相应的线宽组。

线　宽　组　（mm）　　　　　　　　　　　　　　表 2-1-4

线宽比	线宽组			
b	1.4	1.0	0.7	0.5
$0.7b$	1.0	0.7	0.5	0.35
$0.5b$	0.7	0.5	0.35	0.25
$0.25b$	0.35	0.25	0.18	0.13

需注意几点：

1. 相互平行的图例线，其净间隙或线中间隙不宜小于 0.2mm。

2. 虚线、单点长画线或双点长画线的线段长度和间隔，宜各自相等。

3. 单点长画线或双点长画线的两端，不应是点。点画线与点画线交接点或点画线与其他图线交接时，应是线段交接。

4. 虚线与虚线交接或虚线与其他图线交接时，应是线段交接。

5. 图线不得与文字、数字或符号重叠、混淆，不可避免时，应首先保证文字的清晰。

（四）字体

字体是指文字的风格式样，又称书体。

工程图应该是图文并茂，亦即一张完整的工程图除了画出所要表达的图形外，还需要有一些文字说明，如图形尺寸的大小、工程做法等等。为了保证图面整齐、清楚、美观，要求书写的文字、数字或符号等，均应笔画清晰、字体端正、排列整齐；标点符号应清楚正确。

图样及说明中的汉字应采用国家公布的简化字，宜采用长仿宋体或黑体，见图 2-1-4 所示。长仿宋体高宽关系应符合表 2-1-5 的规定，黑体字的宽度与高度应相同。图中的数字、字母一般宜采用斜体且向右倾斜与水平方向线呈 75°，当与汉字混写时需采用正体。

排列整齐字体端正笔划清晰注意起落

字体笔划基本上是横平竖直结构匀称

阿拉伯数字拉丁字母罗马数字和汉字并列书写

时它们的字高比汉字高小

$ABCDEFabcdef1234567890$

建筑物的总面积是$58927m^2$

(a)

排列整齐字体端正笔划清晰注意起落

字体笔划基本上是横平竖直结构匀称

阿拉伯数字拉丁字母罗马数字和汉字并列书写

时它们的字高比汉字高小

$ABCDEFabcdef1234567890$

建筑物的总面积是$58927m^2$

(b)

图 2-1-4　字体

(a)仿宋；(b)黑体

长仿宋体字高宽关系(mm)　　　　　　表 2-1-5

| 字高 | 20 | 14 | 10 | 7 | 5 | 3.5 |
| 字宽 | 14 | 10 | 7 | 5 | 3.5 | 2.5 |

（五）尺寸标注

前述，图纸上除了画出建筑物各部分的形状外，还应标出相应的尺寸以表明其大小，所以尺寸是工程图中必不可缺少的组成部分之一。尺寸的标注是一项极为重要、严谨的工作，必须认真细致、准确无误的标写，否则会给读者带来读图的困难或错误，而影响施工或造成损失。

尺寸标注是由尺寸线、尺寸界线、尺寸起止符号和尺寸数字四个部分组成，见图 2-1-5所示。

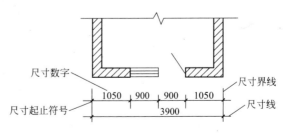

图 2-1-5　尺寸组成

1. 尺寸线

尺寸线是用于标注尺寸的。应用细实线绘制并与被注长度线平行，与图形外轮廓线相距不宜小于 10mm，平行排列的尺寸线的距离宜为 7～10mm，并应保持一致。图样本身的任何图线均不得用作尺寸线。

2. 尺寸界线

尺寸界线用于表示尺寸的范围。应采用细实线绘制，应与被注长度线垂直，其一端应离开图样轮廓线不小于 2mm，另一端宜超出尺寸线 2～3mm。总尺寸（最边端）的尺寸界线应靠近所指部位，中间的分尺寸的尺寸界线可稍短，但其长度应相等。图样轮廓线可用作尺寸界线。

3. 尺寸起止符号

尺寸起止符号表示尺寸的起与止。用中粗斜短线绘制，其倾斜方向应与尺寸界线呈顺时针 45°角，长度宜为 2～3mm。

4. 尺寸数字

尺寸数字表示图形的实际大小。当尺寸线为水平方向线时，其水平尺寸数字标注在尺寸线的上方，由左向右；当尺寸线为竖直方向线时，其尺寸数字由下至上标注在尺寸线的左侧；相互平行的尺寸线，应从被注写的图样轮廓线由近向远整齐排列，较小尺寸应离轮廓线较近，较大尺寸应离轮廓线较远，即以大包小，见图 2-1-5 所示。当所标注尺寸大小不同时，也就是尺寸界线距离有大有小时，数字还应保持大小一致，则标写时应按图 2-1-6 所示。

图样的尺寸应以尺寸数字为准，不得从图上直接量取。其数值仅表示形体的真实大小，而与绘图时所选的比例、图形大小及绘图的准确度无关，见图 2-1-7 所示。

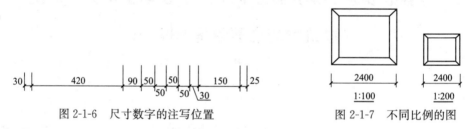

图 2-1-6 尺寸数字的注写位置　　　　　　图 2-1-7 不同比例的图

尺寸数字的方向应按图 2-1-8 所示，其他标注半径、直径、角度的方法见图 2-1-9 所示。

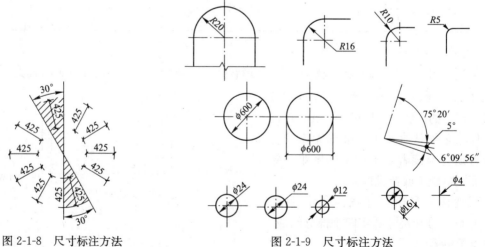

图 2-1-8 尺寸标注方法　　　　　　图 2-1-9 尺寸标注方法

（六）比例

图样的比例，应为图形与实物相对应的线性尺寸之比。

比例的符号应为"："，比例应以阿拉伯数字表示。比例的大小是指其比值的大小，如 1：50 大于 1：100。

比例宜注写在图名的右侧，字的基准线应取平；比例的字高宜比图名的字高小一号或二号，见图 2-1-10 所示。

由于房屋建筑工程实体相对比较大，而图纸的幅面又有限，只有将建筑物形体缩小才能画到图纸上。如建筑物形体的长度是 100m，在图纸上只画出长度为 1m，即以 1m 代替 100m，则表明图形比实物缩小了 100 倍，这个比例称作为 1：100。

平面图 1:100

图 2-1-10　比例

绘图所用的比例，应根据图样的用途与被绘对象的复杂程度，从表 2-1-6 中选用，并优先选用表中常用的比例。

绘图所用的比例　　　　　　　　　　　　　　　　　表 2-1-6

常用比例	1：1、1：2、1：5、1：10、1：20、1：30、1：50、1：100、1：150、1：200、1：500、1：1000、1：2000
可用比例	1：3、1：4、1：6、1：15、1：25、1：40、1：60、1：80、1：250、1：300、1：400、1：600、1：5000、1：10000、1：20000、1：50000、1：100000、1：200000

（七）标高

工程图中除了表示出建筑物的平面尺寸外，还应标出建筑物的高度尺寸，建筑物各部分的高度应用标高来表示。标高是指以某一水平面作为基准面，并作零点（水准原点）起算地面（楼面）至基准面的垂直距离。标高符号应以直角等腰三角形表示，用细实线绘制。在建筑总平面图、平面图、立面图和剖面图等中经常用到。各图上所用的标高符号为：

总平面图上室外地坪标高符号：▼

平面图上楼地面、立面图、剖面图上各部位高度的标高符号：≈3mm ∠45°

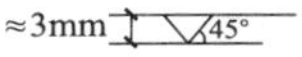

比较各部位的高与低必须是从同一基准面开始，则标高按其基准面选取的不同，可分为绝对标高和相对标高。

我国将青岛黄海平均海平面定为绝对标高的基准面，亦即青岛黄海平均海平面的高度为零，全国各地以此为绝对标高的起算面。绝对标高就是地面上的点到青岛黄海平均海平面之间的垂直距离（也可称作为海拔）。

相对标高一般用于一个单体建筑。相对标高是指建筑物上某一点高出另一点之间的垂直距离。工程上一般将室内首层地面作为相对标高的起算面，亦即将室内首层地面的高度定为零，写作 ±0.000，读作正负零。高于它的为正，正数标高不标注"＋"，低于它的为负，负数标高应标注上"－"号。比如：3.000，说明高出基准面 3m；－0.600，说明比室内首层地面低 0.6m。

绝对标高和相对标高是有一定关系的。如在总平面图上会看到这样的情况：±0.000＝39.625，单纯从数学角度考虑它是不成立的，但它却表明的是绝对标高与相对标高之间的关系，即说明建筑物室内首层地面的高度相当于绝对标高 39.625m。

在图样的同一位置需表示几个不同标高时，标高数字可按图 2-1-11 中所示的形式注写。

对于一个单体建筑物来说，标高又可分为建筑标高和结构标高，见图 2-1-12 所示。

建筑标高：标注在建筑物的装饰面层处（完成面）的标高。

结构标高：标注在建筑物未装修之前各部位的高度。

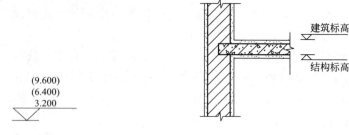

图 2-1-11　多层标高标注　　　　　图 2-1-12　结构标高与建筑标高

（八）尺寸单位

现行规范对工程图上有关的尺寸单位均作了规定，否则读起图来比较困难。比如，图上注写 100，是 100m？还是 100mm？规范规定：总平面图和标高尺寸以米为单位，其他的图纸均以毫米为单位。为了图纸清晰简明，在尺寸数字后不得注写尺寸单位，只标注数字即可。如总平面图上 100 说明是 100m，而在平面图上则说明是 100mm。标高的数字应注写到小数点以后第三位，如 3.285。在总平面图中，可注写到小数点以后第二位。

（九）定位轴线

在工程图中通常将房屋建筑的承重构件所在的位置用规定的线型画出来表示，这种线型称作为定位轴线。定位轴线应以细单点长画线绘制。当有多条定位轴线时，则应对定位轴线进行编号，编号应注写在轴线端部的圆内，以便于建筑物施工时的定位放线以及查阅图纸。轴线的表示方法○——·——，圆应用细实线绘制，直径为 8～10mm。定位轴线圆的圆心应在定位轴线的延长线上或延长线的折线上。定位轴线有三种：

1. 横轴线

平面图上沿建筑物纵向编排的轴线，称作为横轴线，即在平面图上水平方向编号的轴线，用阿拉伯数字从左至右顺序编写，宜标注在图样的下方。

2. 纵轴线

垂直于横轴线方向编号的轴线，称作为纵轴线。一般是沿建筑物的横向排列，用大写的拉丁字母由下至上顺序编注，宜标注在图样的左侧，但不得用 O、I、Z，以免和阿拉伯数字 0、1、2 相混。

3. 附加轴线

在两个主要承重构件（横向或纵向）之间有部分与之相关的承重构件时，以附加轴线标出。其编号以分数形式表示，分母表示前一轴线的编号，分子表示附加轴线的编号。如：$\frac{1}{A}$ 表示纵轴线Ⓐ轴之后第一条附加轴线；又如：$\frac{1}{2}$ 表示横轴线②轴之后第一条附加轴线。

（十）索引符号与详图符号

图样中的某一局部或构件，如需另见详图时，应以索引符号索引，注明该处的详图在什么地方，并在相应画出详图处以详图符号注明该详图，以便施工时查阅方便。索引符号、详图符号的表示方法见图 2-1-13 所示。

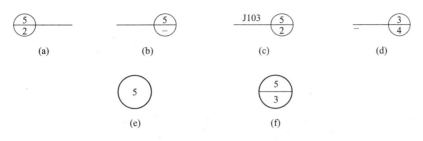

图 2-1-13 索引符号与详图符号

1. 索引符号

索引符号是由直径为 10mm 的圆和水平直径组成，圆及水平直径均应以细实线绘制。索引符号应按下列规定编写：

（1）索引出的详图，如与被索引的图样不在同一张图纸内，应在索引符号上半圆中用阿拉伯数字注明该详图的编号，在索引符号下半圆中用阿拉伯数字注明该详图所在图纸的编号，见图 2-1-13(a)所示。

（2）索引出的详图，如与被索引的图样在同一张图纸内，应在索引符号上半圆中用阿拉伯数字注明该详图的编号，并在下半圆中画一段水平方向细实线，见图 2-1-13(b)所示。

（3）索引出的详图，如采用标准图应在索引符号水平直径的延长线上加注该标准图册的编号，见图 2-1-13(c)所示。

（4）索引符号当用于索引剖视详图时，应在被剖切的部位绘制剖切位置线，并应以引出线引出索引符号，引出线所在的一侧应视为剖视方向，见图 2-1-13(d)所示。

2. 详图符号

详图符号的圆应以直径为 14mm 粗实线绘制。详图符号应按下列规定编写：

（1）详图与被索引的图样在同一张图纸内时，应在详图符号内用阿拉伯数字注明详图编号，见图 2-1-13(e)所示。

（2）详图与被索引的图样不在同一张图纸内时，应用细实线在详图符号内画一水平直径，在上半圆中注明详图的编号，在下半圆中注明被索引的图样所在图纸的编号，见图 2-1-13(f)所示。

3. 引出线

引出线应以细实线绘制，宜采用水平方向的直线，与水平方向呈 30°、45°、60°、90°的直线。索引详图的引出线，应与水平直径线相连接，见图 2-1-14 所示。

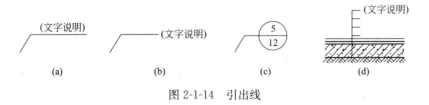

图 2-1-14 引出线

（十一）图例

图例就是一种用来表示建筑材料、建筑构配件、建筑设备等的图形符号。这是由于房屋建筑是按一定的比例缩小画在图纸上的，往往有的地方表示不清楚，从而给识图带来一定的困难，为此规定了一些简明图形符号，称作为图例，方便了识图与绘图。表 2-1-7 给出了一些常用的建筑材料图例，其他有关建筑构配件的图例将在后面各相关章节中介绍。

常用建筑材料图例

表 2-1-7

序号	名称	图例	备注
1	自然土壤		
2	夯实土壤		
3	砂、灰土	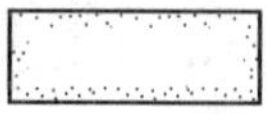	
4	砂砾石、碎砖三合土	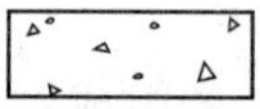	
5	石材	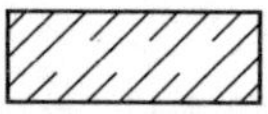	
6	毛石		
7	普通砖	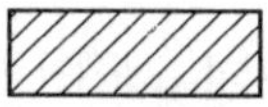	断面较窄不易绘出图例线时，可涂红
8	耐火砖	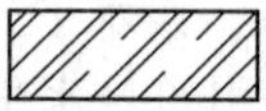	
9	空心砖		指非承重砖砌体
10	饰面砖		
11	焦渣、矿渣	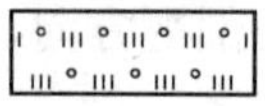	包括与水泥、石灰等混合而成的材料
12	混凝土	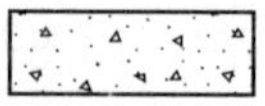	断面图形小，不易画出图例线时，可涂黑
13	钢筋混凝土		
14	多孔材料	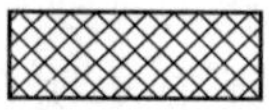	
15	纤维材料		
16	泡沫塑料材料	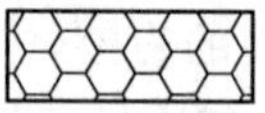	
17	木材	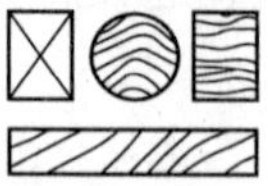	上图为横断面、下图为纵断面
18	胶合板	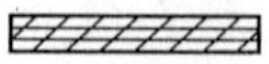	应注明为×层胶合板
19	石膏板	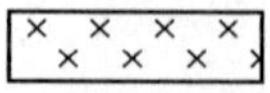	
20	金属	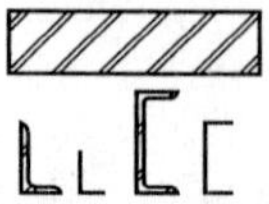	图形小时，可涂黑

续表

序号	名称	图例	备注
21	网状材料	∼∼∼∼∼	应注明具体材料名称
22	液体		应注明具体液体名称
23	玻璃		
24	橡胶		
25	塑料		
26	防水材料		构造层次多或比例大时，采用上图例
27	粉刷		

（十二）指北针

指北针的形状符合图 2-1-15 的规定。其圆的直径宜为 24mm，用细实线绘制；指针尾部的宽度宜为 3mm，指针头部应注"北"或"N"字。

图 2-1-15 指北针

第二节 房屋建筑工程图的组成

一、房屋建筑工程图

在建造某一项工程时，如建造房屋、铺设道路、架设桥梁等，都要根据相关的图样进行施工，这种图样是表达设计意图的。工程上使用的图样称作为工程图。反映和表达房屋建筑工程设计意图的工程图，称作为房屋建筑工程图。在此，仅介绍房屋建筑工程图的识读。

房屋建筑工程图是根据投影原理，一般采用正投影的方法，按照国家有关部门制定的相关标准规范的规定，详细准确地绘制出的图样。其内容包括拟建房屋建筑的结构类型，内外部的形式和大小；结构、构造、装修的做法；各专业设备的布置等。

二、房屋的组成

现代的房屋建筑大多数为多层，甚至是高层、超高层。从组合形式来看是由不同功能的使用房间和交通设施（楼梯、过道等）组成；从本身构造来看，不外乎是由基础、墙、柱、楼板、屋顶、楼梯、门窗等组成；由下向上数为一层（底层或首层）、二层、三层……顶层，见图 4-1-1 所示。

三、房屋建筑工程图的分类

房屋建筑工程图涉及的内容很多，其专业性很强。建造一幢房屋需要确定方案设计，经过设计和施工两个过程。图纸的完成属于设计过程，而图纸在设计过程中一般情况下又分为初步设计和施工图设计两个阶段。前者要提出初步设计方案，即在方案设计文件的基础上进行的深化设计，解决总体、使用功能、建筑用材、工艺、系统、设备选型等工程技术方面的问题，符合环保、节能、防火、人防等技术要求，并提交工程概算，以满足编制施工图设计文件的需要。画出建筑的平面图（说明建筑物内部的平面布置）、立面图（说明建筑物的立面情况）、剖面图（建筑物内部竖向空间情况）以及总体布置图；后者是在已批准的初步设计文件的基础之上进行的深化设计，综合建筑、结构、设备等各工种相互配合、协调等，并把满足工程施工的各项具体要求反映在图纸上，即完善初步设计，得出一套内容具体、全面、正确的设计图纸，以满足设备材料采购、非标准设备制作和施工的需要。这套图纸是直接用来为工程施工服务，是组织和指导施工的重要依据，也可以称其为"施工图"。

房屋建筑工程图根据其所表明的内容和作用的不同，按专业又可分为建筑施工图、结构施工图和设备施工图。

（1）建筑施工图（简称建施图），主要表明建筑物的总体布局、内部布置情况、外部形状、构造作法及内外装修等。

（2）结构施工图（简称结施图），主要表明建筑物承重构件布置情况、构件类型以及构造作法等。

（3）设备施工图（简称设施图），主要表明各专业管道和设备的布置、构造安装作法等情况。这类图纸又有给水排水施工图、采暖通风施工图、电气照明施工图等。

四、房屋建筑工程图的编排顺序

对于一个单体工程来说，图纸有多张。为了识图方便，应将图纸按照一定顺序装订成册。《房屋建筑制图统一标准》对图纸编排顺序作了规定：工程图纸应按专业顺序编排。一般应为建筑、结构、给水排水、采暖通风、电气照明等，在看各专业图纸之前，为了对该工程项目有一个概括的了解，一般在专业图纸之前还应有：图纸目录及设计总说明。图纸目录是说明该项工程都包括哪几个专业工种的图纸，各专业工种图纸的名称、张数、图号等。设置图纸目录的目的是便于查找图纸。设计总说明是主要说明该工程项目的概貌和总的要求，内容一般包括工程的设计依据（如工程的建筑面积、工程造价以及该工程所在地区的水文地质情况等）、设计标准（如建筑使用标准、荷载等级、抗震设计要求等）以及施工要求（如建筑材料要求及施工技术要求等）。

综上所述，一套完整房屋建筑工程图的编排顺序是：图纸目录、设计总说明、建筑施工图、结构施工图、设备施工图。各专业的图纸，应按图纸内容的主次关系、逻辑关系进行分类排列。详见后面各章。

第三节 识图及绘图的一般方法步骤

一、识图的一般方法步骤

一套房屋建筑工程图包括多方面的多张图纸，拿到图纸后如何尽快地读懂图纸的内容呢？

首先查看图纸目录、设计总说明，然后看图样。就是通过查看图纸目录、设计总说明，对于该项工程都包括哪些工种及工程概况有个初步的了解，做到心中有数，然后再去看各施工图纸。在看图纸的时候先看基本图纸（平、立、剖面图），后看详图；先看图样，后看数字标注及文字说明。总的来说，看图是先粗后细，先整体后局部，由外向内，由大到小，并且各图纸之间要经常相互联系地去看。

二、绘图的一般方法步骤

绘图的方法步骤与识图的方法步骤基本一样，由粗到细，从大到小，先画图形后标注数字，先打底稿后加深图形。具体如何绘制施工图将在后面各章节中加以详细介绍。

本 章 小 结

本章主要介绍了下列内容：

制图基本工具的正确使用，图板、丁字尺、三角板、铅笔等。

房屋建筑工程图符合制图标准的规定，应熟知其基本规定，如图纸的规格、线形的应用、字体的规定、尺寸的标注等。

尺寸标注是由尺寸线、尺寸界线、尺寸起止符号和尺寸数字四个部分组成。

比例：图形与实物相对应的线性尺寸之比。如1：100，说明图形尺寸是实物尺寸的1/100。

标高：以某一水平面作为基准面，并作零点（水准原点）起算地面（楼面）至基准面的垂直距离。有绝对标高（青岛黄海平均海平面定为其基准面）和相对标高（室内首层地面作为其起算面）。对于一个单体建筑物来说，标高又可分为建筑标高（标注在建筑物的装饰面层处的标高）和结构标高（标注在建筑物未装修之前各部位的高度）。

尺寸单位的规定：总平面图和标高尺寸以米为单位，其他的图纸均以毫米为单位。

定位轴线类型：横轴线、纵轴线、附加轴线。

索引符号与详图符号：图样中需另见详图时，应以索引符号索引，注明该处的详图在什么地方，并在相应画出详图处以详图符号注明该详图。

图例：是一种用来表示建筑材料、建筑构配件、建筑设备等的图形符号。

房屋建筑工程图：反映和表达房屋建筑工程设计意图的工程图。

房屋建筑工程图的分类：建筑施工图、结构施工图和设备施工图。

房屋建筑工程图的编排顺序：图纸目录、设计总说明、建筑施工图、结构施工图、设备施工图。

识图的一般方法步骤：先粗后细，先整体后局部，由外向内，由大到小，并且各图纸之间要经常相互联系地去看。

绘图的一般方法步骤：由粗到细，从大到小，先画图形后标注数字，先打底稿后加深图形。

思考题及练习题

2-1-1　制图的基本工具有哪些？如何使用？

2-1-2　熟悉一些制图标准。

2-1-3　尺寸标注是由哪几部分组成？尺寸单位如何规定？

2-1-4　什么是标高？绝对标高？相对标高？建筑标高？结构标高？

2-1-5　绝对标高、相对标高的起算面如何取？±0.000＝58.925说明什么？

2-1-6　什么是定位轴线？有哪几种类型？

2-1-7　什么是房屋建筑工程图？若按专业不同如何分类？

2-1-8　一套完整房屋建筑工程图如何排序？

2-1-9　掌握识图与绘图的方法。

2-1-10　线型练习：用A4图纸绘出图2-1-16所示线型。

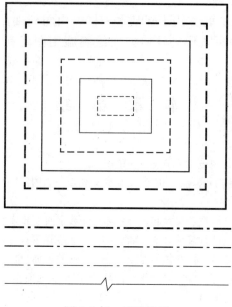

图 2-1-16 线型练习

第二章 建 筑 施 工 图

建筑施工图包括：总平面图、建筑平面图、建筑立面图、建筑剖面图和建筑详图，其中建筑平面图、建筑立面图、建筑剖面图属于基本图纸。

建筑施工图线型规定：《建筑制图标准》GB/T 50104 规范对建施图中的线型作了相应的规定，见表 2-2-1 所示。

图　线　　　　　　　　　　　　　表 2-2-1

名称		线　型	线宽	用　途
实线	粗		b	1. 平、剖面图中被剖切的主要建筑构造(包括构配件)的轮廓线 2. 建筑立面图或室内立面图的外轮廓线 3. 建筑构造详图中被剖切的主要部分的轮廓线 4. 建筑构配件详图中的外轮廓线 5. 平、立、剖面的剖切符号
	中粗		$0.7b$	1. 平、剖面图中被剖切的次要建筑构造(包括构配件)的轮廓线 2. 建筑平、立、剖面图中建筑构配件的轮廓线 3. 建筑构造详图及建筑构配件详图中的一般轮廓线
	中		$0.5b$	小于 $0.7b$ 的图形线、尺寸线、尺寸界线、索引符号、标高符号、详图材料做法引出线、粉刷线、保温层线、地面、墙面的高差分界线等
	细		$0.25b$	图例填充线、家具线、纹样线等
虚线	中粗		$0.7b$	1. 建筑构造详图及建筑构配件不可见的轮廓线 2. 平面图中的起重机(吊车)轮廓线 3. 拟建、扩建建筑物轮廓线
	中		$0.5b$	小于 $0.5b$ 的不可见的轮廓线
	细	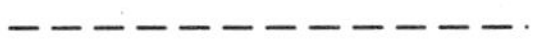	$0.25b$	图例填充线、家具线等
单点长画线	粗		b	起重机(吊车)轨道线
	细		$0.25b$	中心线、对称线、定位轴线
折断线	细		$0.25b$	部分省略表示时的断开界线
波浪线	细		$0.25b$	部分省略表示时的断开界线，曲线形构件断开界线 构造层次的断开界线

图线宽度 b，应按《房屋建筑制图统一标准》GB/T 50001 中"图线"的规定选用。图 2-2-1～图 2-2-3 列举几例图线的应用。

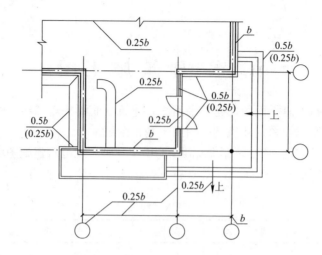

图 2-2-1　平面图图线宽度选用示例

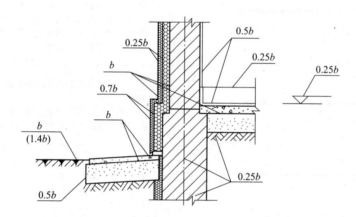

图 2-2-2　墙身剖面图图线宽度选用示例

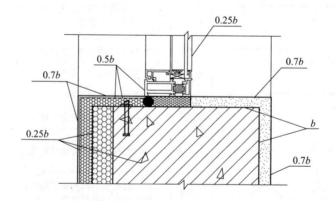

图 2-2-3　详图图线宽度选用示例

第一节 总 平 面 图

一、总平面图的形成及其作用

假想在建筑地段的上空向下观看，并画出它的水平投影图，称作为总平面图。

总平面图主要反映出新建、拟建和原有、拆除房屋的平面形状、位置、朝向以及标高、地形、地貌等情况。图中可布置一个建筑群体、几幢房屋或一两幢房屋的位置。

在施工中，总平面图用于新建房屋的定位、施工放线、土方工程以及施工总平面图的布置。

二、总平面图中常用的图例符号

总平面图中常用的图例符号见表 2-2-2 所示。

常 用 图 例   表 2-2-2

序号	名称	图例	备注	序号	名称	图例	备注
1	新建建筑物	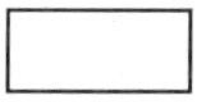	粗实线表示	6	原有道路	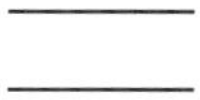	
2	原有建筑物	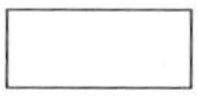	细实线表示	7	计划扩建的道路		
3	计划扩建建筑物		中粗虚线表示	8	拆除的道路	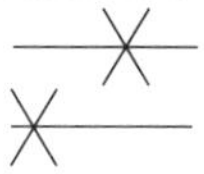	
4	拆除的建筑物	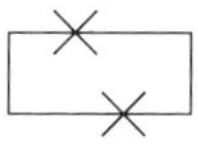	细实线表示	9	室内标高	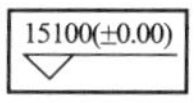 15100(±0.00)	
5	新建的道路			10	室外标高		

三、总平面图的基本内容

总平面图主要表明一个新建工程的总体布置情况，故又称作为总体布置图。

总平面图的基本内容一般包括：

（一）建设区域范围内总体布置情况

包括场地范围，一般可用建筑红线（建筑红线就是规划部门规定的用地范围边界线）表明：新建建筑与原有建筑、拆扩建筑及原有道路等的位置。

（二）新建建筑物的定位

一般是通过新建建筑物周围的原有建筑物来确定，或道路、河流的中心线来确定，或建筑红线或建筑坐标或测量坐标来定位。

（三）新建建筑物的层数、室内外地坪的标高

新建建筑物的层数表示方法一般是在新建建筑物的用地范围图形的右上角用小黑墨点表示，有几个点则代表几层。当层数较多时，一般标出数字。室内外地坪的标高一般应是绝对标高。

（四）新建建筑物附近的地物地貌情况

地物是指地面上的原有物体——如河流、湖泊、道路等以及人造物——如建筑。

地貌是指地面的高低起伏、倾斜急缓的形态——如山脉、盆地等，一般以等高线来表示。

（五）场地绿化及管网布置情况

管网包括水、暖、电、燃气管道等。

（六）标有指北针或风玫瑰图

指北针表明建筑物的朝向。

风玫瑰图就是风向频率玫瑰图的简称，它表示某一地区常年风向频率，是根据某一地区多年统计的平均各个方向吹风数的百分数值按一定比例绘制的，一般用 8 个或 16 个罗盘方位表示，图 2-2-4 列出了几个省市地区的风玫瑰图，该图所表示的风向是指从外部吹向地区中心的，实线表示全年的风向，虚线则表示夏季的风向。

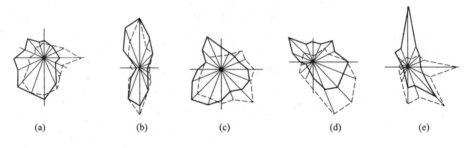

图 2-2-4　风玫瑰图

(a)哈尔滨；(b)北京；(c)天津；(d)上海；(e)广州

四、识图

下面以图 2-2-5 为例，说明如何进行识图。

（一）先看图的比例、图例及文字说明。

由图可以看出，其比例为 1∶500，图例显示出有 1 幢新建的建筑物，1 幢原有建筑，其余为管理室、警卫室、停车场等。

（二）了解建筑工程性质、方位、朝向等

由图中可知，新建工程为住宅建筑，为 6 层。从指北针的指向可知该住宅建筑是南北向稍偏西北，出入口位于北方位；住宅建筑位于原有建筑东侧，相距 8.000m；位于管理室、警卫室的北侧。

（三）看新建建筑物的占地面积

由图可知该住宅建筑的总长是 30.420m，总宽是 13.420m，从而就可以知道新建建筑物的占地面积的多少。

（四）看新建建筑物室内外地坪标高、室内外高差

由图中可以看出：新建建筑物室内首层地面的标高是 ±0.000(29.625)，室外地坪标高 −0.450(30.075)m，从而可知室内外高差为 0.450m。

（五）其他

由图中可以看出道路的走向、围墙的范围、绿化情况等。

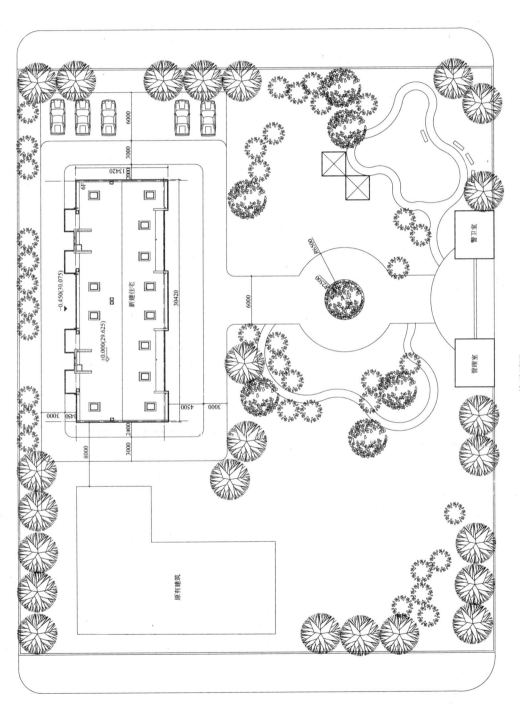

总平面图 1:500

图 2-2-5 总平面图

第二节　建筑平面图

一、建筑平面图的形成及作用

建筑平面图就是建筑物形体的水平剖视图，即假想用一个水平的剖切平面，沿建筑物窗台稍高一点儿的位置切开，移去上半部分，然后向下进行投影所得到的投影图，称作为建筑平面图，简称平面图。

如果建筑物是多层建筑，一般说来有几层就应该画出几张平面图，现代建筑物很多是高层，甚至是超高层建筑，仅平面图就有十几张甚至几十张，绘图工作量是相当大的。若当建筑物各层的平面布置——房间的大小、位置、数量及结构情况等完全相同，则二层以上（含二层）可以用一张平面图来表示，这张平面图称作为标准层平面图。所以，对于一个单项建筑工程，一般情况下只画出首层平面图（也可称作为底层平面图）、标准层平面图和顶层平面图即可。另外，画出屋顶平面图，说明屋面排水划分区域等情况，见图 2-2-6～图 2-2-8 所示。

由于平面图是水平剖切建筑物，所以平面图反映出的是建筑物内部水平方向布置的情况，如房间的大小、平面形状、墙体的厚度、柱的截面形状、门窗的位置与类型、楼梯的位置等。

平面图在施工前用于编制工程的概、预算及备料；在施工过程中用于放线、砌筑墙体、门窗安装、室内装修等。

二、平面图常用图例

《建筑制图标准》GB/T 50104 规定了构件及配件图例，现列举几例平面图中常用的图例，见表 2-2-3 所示，其他的见规范。

平面图常用图例 表 2-2-3

序号	名　称	图　例	备　注
1	墙体	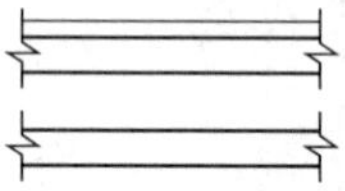	1. 上图为外墙，下图为内墙 2. 外墙细线表示有保温层或有幕墙
2	隔断		
3	玻璃幕墙		
4	楼梯	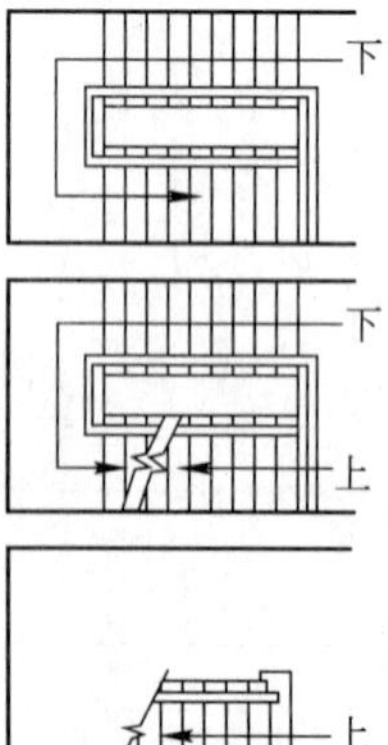	上图为顶层楼梯平面，中图为中间层楼梯平面，下图为底层楼梯平面

续表

序号	名　称	图　例	备　注
5	坡道	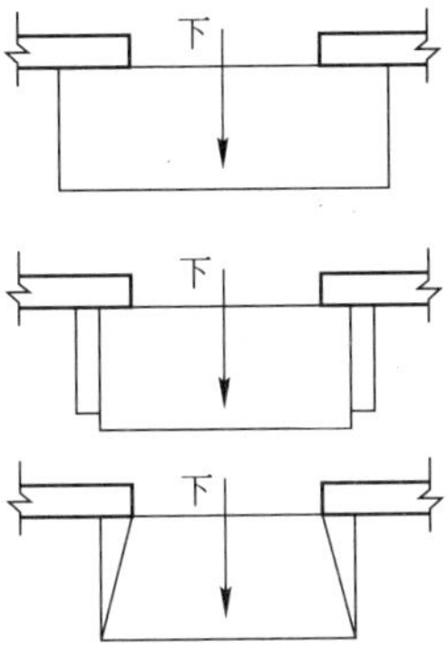	上图为两侧垂直的门口坡道，中图为中间有挡墙的门口坡道，下图为两侧找坡的门口坡道
6	台阶	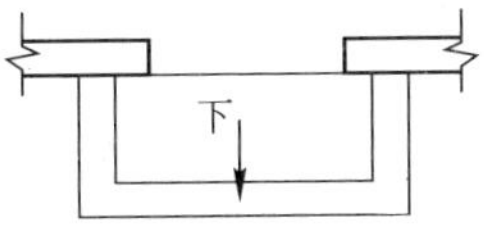	
7	空门洞	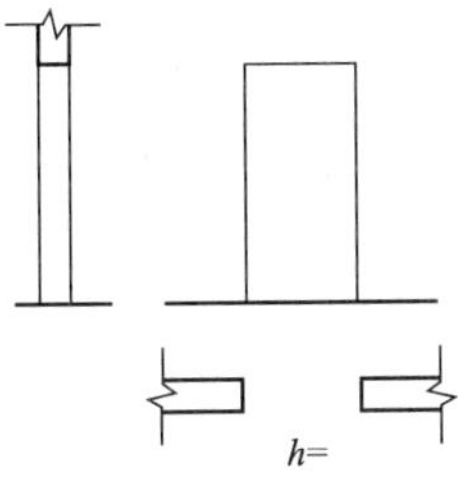	*h* 为门洞高度
8	单面开启单扇门	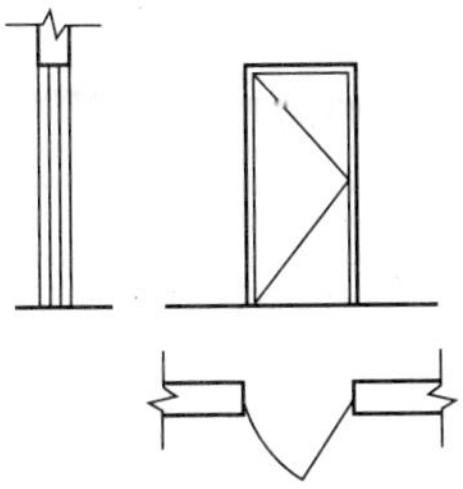	
	双面开启单扇门	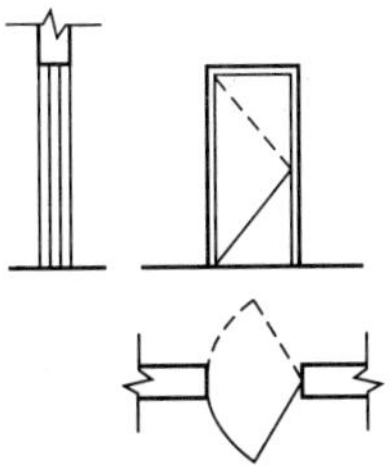	

序号	名 称	图 例	备 注
9	单面开启双扇门		
	双面开启双扇门		
10	墙洞外双扇推拉门		
11	门连窗		
12	旋转门		

序号	名　称	图　例	备　注
13	自动门		
14	固定窗		
15	上悬窗		
16	单层外开平开窗		
17	单层推拉窗		

续表

序号	名　称	图　例	备　注
18	高窗	$h=$	

三、平面图的基本内容

平面图的基本内容一般包括：

(1) 建筑物的朝向、平面形状及内部布置情况。内部布置指的是各房间的位置、楼梯间的位置及其形式等。

(2) 建筑物的结构形式及主要建筑材料。

(3) 建筑物的平面尺寸及各层楼、地面的标高。

平面尺寸有外部尺寸和内部尺寸，外部尺寸指外墙上的尺寸，一般标注三道尺寸线；内部尺寸指内墙上的尺寸，一般标注一道。

(4) 标出门窗的编号及门的开启形式。

(5) 画出剖面图的剖切符号(只在首层平面图上)及详图索引符号(在需画详图处)。

(6) 屋顶平面图应表明排水分区、坡度大小、上人孔等。

(7) 表明其他一些构配件的位置及尺寸，如阳台、雨篷、散水、台阶、坡道、雨水管等等。

四、识图

现以图 2-2-6 所示来说明如何看平面图。

(一) 看图名及比例

由图可知该图为首层平面图，其比例为 1∶100。

(二) 看房屋的朝向、平面形状及内部布置情况

由图可以看出，建筑物为住宅，呈长方形，南北向稍偏东西，由 2 个单元组成，每个单元有 2 户，其户型为二室(卧室)、二厅(起居室、餐厅)、一厨、一卫，有一部楼梯，形式是双跑楼梯。

(三) 看建筑物各部分的平面尺寸标注、轴线编号

由图可以看出：横轴线有 13 条：①～⑬轴，纵轴线有 7 条：Ⓐ～Ⓖ轴。

纵、横向外墙外侧有三道尺寸线，由外向里分别为：

第一道尺寸线上的尺寸数为建筑物的总长 30.42m 和总宽 13.42m，是从外墙边算起(外包尺寸)，从而可以算出该建筑物的首层建筑面积，即 $30.42 \times 13.42 = 408.24 m^2$。什么是建筑面积？对于单层建筑物是指外墙勒脚以上的外围水平投影的面积；对于多层建筑物则是指首层外墙勒脚以上各层水平投影的面积总和。该建筑为六层，则总建筑面积为 $408.24 \times 6 = 2449.44 m^2$。

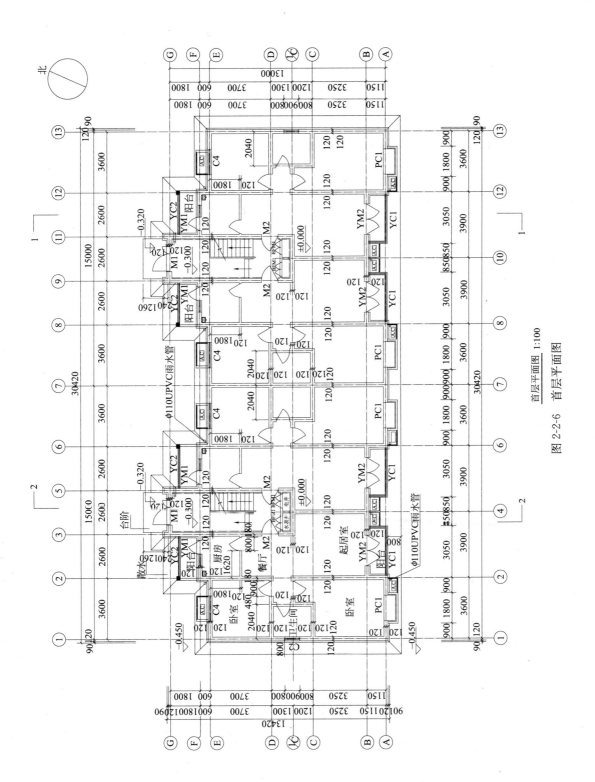

首层平面图 1:100

首层平面图

图 2-2-6

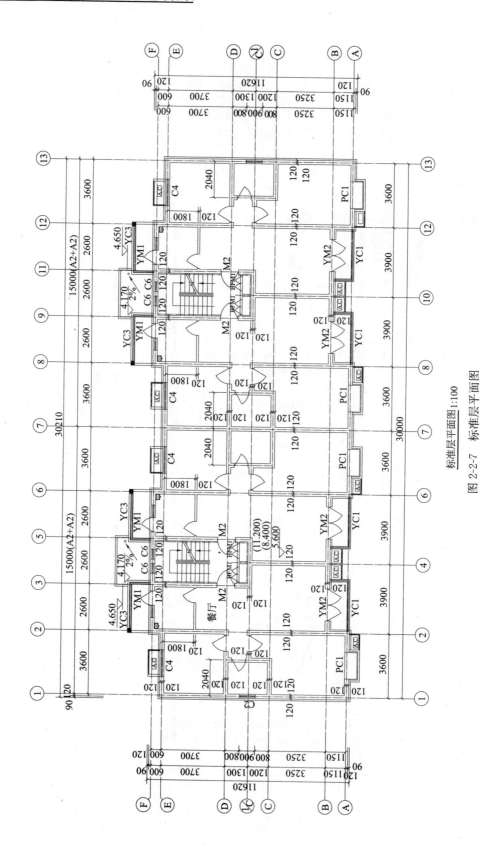

标准层平面图 1:100

图 2-2-7 标准层平面图

第二道尺寸线上的尺寸数为轴线间的尺寸，分别为该建筑物的开间、进深的尺寸。开间是指建筑物纵向两个相邻的墙或柱中心线之间的距离（标志尺寸）；进深则是指建筑物横向两个相邻的墙或柱中心线之间的距离（标志尺寸）。该建筑物开间尺寸有不同几种：卧室为 3.600m，起居室为 3.900m，楼梯间为 2.600m；进深尺寸有：卧室为 5.600m、3.700m，起居室为 4.450m，楼梯间为 7.400m，从而就可知道各个房间的建筑面积是多少。如小卧室的建筑面积是 $3.600 \times 3.700 = 13.320\text{m}^2$。

第三道尺寸线上的尺寸数字为细部尺寸，如外墙上门窗、窗间墙等。该建筑物外墙上窗的规格编号有三种，分别为：飘窗 PC1——1.500m，普通窗 C2——0.900m、C4——1.500m。门的规格编号有：卧室门——0.900m，M1——1.500m，YM2——1.800m。YM1——1.400m。窗间墙尺寸有 2.100m、1.850m 等。

从建筑物内部尺寸可知房间的使用面积（净面积）、墙体的厚度（结构面积）、内部门窗的大小。使用面积是指各功能使用房间墙体内侧表面所围合成的水平投影的面积；结构面积是指房屋建筑中结构构件（如墙厚尺寸、柱截面尺寸等）所占有的面积。该建筑物中外墙的厚度为 240mm（称为 24 墙）并设有外保温层厚为 90 mm（共 330 mm）、内墙的厚度为 240mm、厨房餐厅之间的隔墙厚为 120mm（称为 12 墙）；内门的规格尺寸有 0.900m（卧室）、0.800m（厨房、卫生间）、1.000m（单元门）。

建筑面积、使用面积、结构面积三者之间的关系为：建筑面积＝使用面积＋结构面积。

从首层平面图中还可以看到：散水的宽度为 800mm。

其他各层平面图中，除标出轴线间尺寸以外，其余细部尺寸若与首层平面相同的均可略掉不标。

（四）看不同高处的楼地面标高

由该图看出：各房间地面标高为±0.000m，楼梯间地面标高为－0.300m，台阶面的标高是－0.320m，室外地面标高是－0.450m。

（五）看图中门窗的编号、位置、数量及类型

施工图一般附有门窗表。

（六）看图中剖切线的位置、编号等

图中有两个剖切线符号 1-1、2-2，分别在⑪～⑫、③～⑤轴之间。

另外，从图 2-2-8 屋顶平面图中可以看到屋面的坡度为 1∶1.5，天窗 TC1 的位置及尺寸，相关位置的排水坡度：1%、2%，雨水管的位置分别在②、⑥、⑧、⑫轴上。

五、平面图的绘制

平面图的绘制一般可按下列步骤进行：

(1) 确定图幅，选择比例，布置图面。

根据所绘图纸的内容、难易程度，确定图幅。在保证能清楚表达图纸内容的情况下，选出合适的比例。在布图时力求图面匀称，主次分明。

(2) 画出定位轴线。

(3) 画出墙的边线或柱截面轮廓边线。

(4) 画出门窗洞口线。

(5) 画出其他细部，如台阶、楼梯、门扇、散水、卫生洗漱间等等。

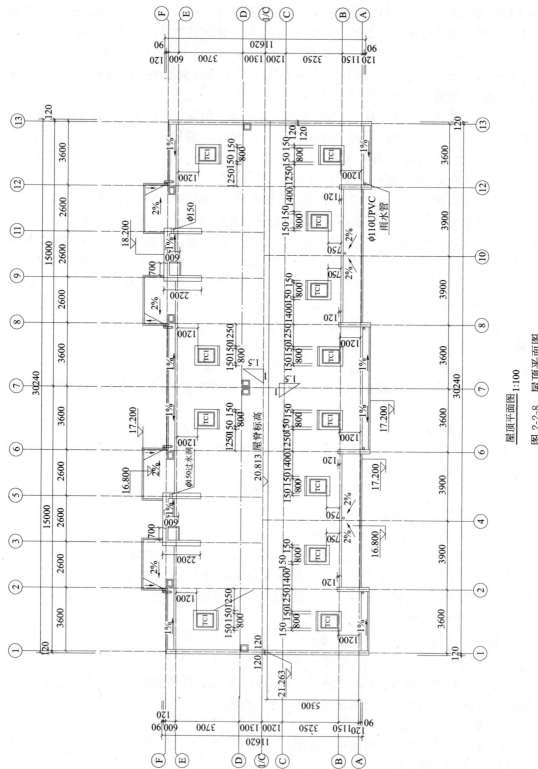

屋顶平面图 1:100

图 2-2-8 屋顶平面图

（6）检查无错后，根据图纸的内容，按《建筑制图标准》规范规定的要求加深图形线。

画线时一般是同一方向线相继依次画出，水平方向的线由上向下依次画出，竖直方向的线由左向右依次画出。

（7）注写轴线编号、尺寸数字、门窗代号、文字说明。

完成平面图的绘制。

第三节　建筑立面图

一、建筑立面图的形成及作用

建筑立面图就是对房屋建筑各个侧面进行正投影所得到的投影图，简称立面图，见图 2-2-9～图 2-2-11 所示。

一幢建筑物有不同的侧面，其命名可依据下列方法：

（1）反映建筑物主要外貌特征（如主要出入口）的立面图，称作为正立面图，其余为背立面图、侧立面图。

（2）有定位轴线的建筑物，宜根据两端定位轴线号编注立面图名称，如①～⑬立面图、⑬～①立面图、Ⓐ～Ⓖ立面图、Ⓖ～Ⓐ立面图。

（3）可按建筑物各个侧面的朝向确定名称，如南立面图、北立面图、东立面图和西立面图。

立面图是说明房屋建筑外形的图纸，一定程度上起到装饰作用，建筑物外形是否美观往往取决于立面图设计时的艺术效果的处理，在施工过程中用于房屋建筑的立面装修以及进行概预算。

二、立面图的基本内容

立面图的基本内容一般包括：

（1）房屋建筑立面上各部位的标高（及层数）；如窗台、窗上檐、檐口、室内首层地面及室外地坪等的标高。

（2）建筑物立面上门窗的形式、位置等。

（3）立面上其他一些构件，如雨篷、台阶、阳台、雨水管、勒脚等。

（4）外墙面的装饰做法。

比如，墙面是混水墙还是清水墙。混水墙就是在外墙的外侧面进行抹面等装饰面层；而清水墙则是外墙外侧面不进行抹灰，而是用灰浆进行勾缝，清水墙多指砖、石砌体墙。所用的装饰建筑材料、饰面的分格形式。分格形式不同给人带来的感觉不同，如横向分格给人以亲和的感觉，而竖向分格则给人带来庄重、严肃感。

三、立面图的表示方法

（1）线型要求。

《建筑制图标准》GB/T 50104 规范作出了相应的规定，平面图中已介绍。

（2）立面图上相同的门窗、阳台等可在局部重点表示，并应画出其完整图形，其余部分可只画出轮廓线。

（3）立面图中只标出可见部分构件的标高。

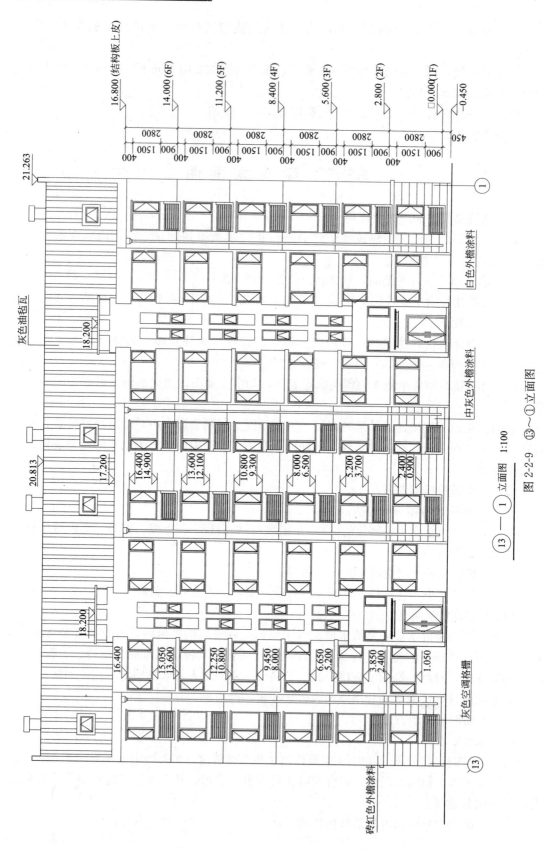

图 2-2-9　⑬～①立面图

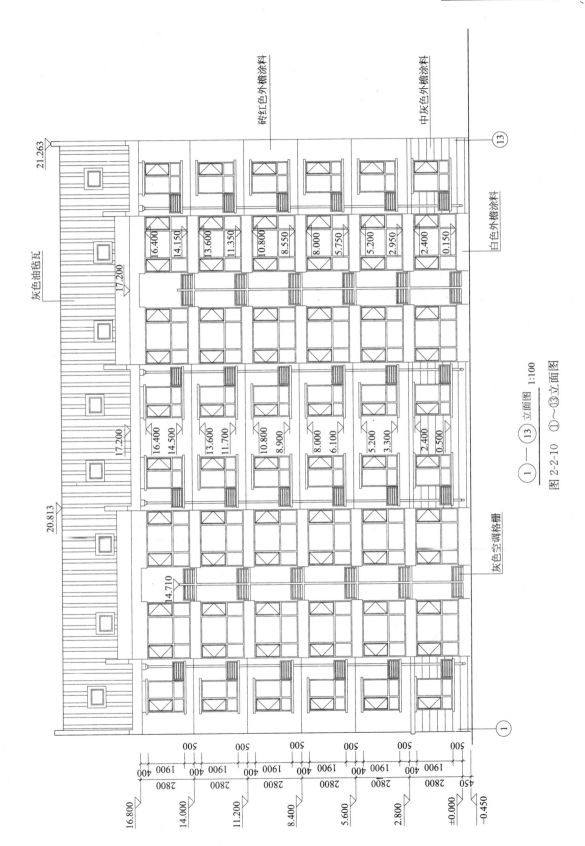

图 2-2-10 ①~⑬立面图
①—⑬ 立面图 1:100

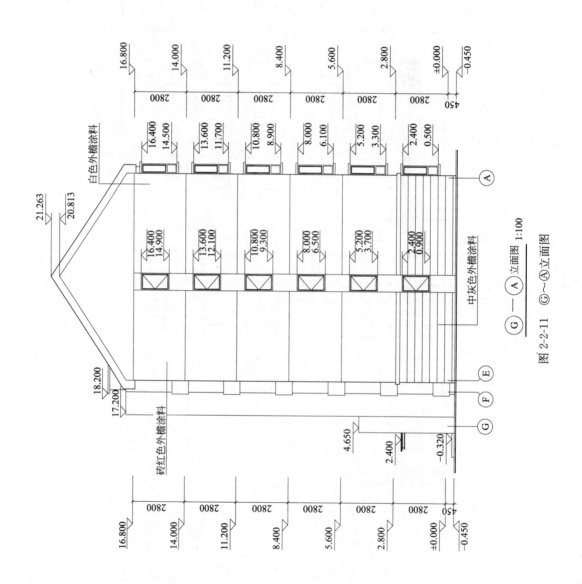

图 2-2-11 G～A立面图

（4）比较简单的对称式建筑物，可将正、背立面图各画出一半，一般以对称符号为分界线将其合并，既能说明问题，又可减少绘图工作量。

四、识图

以图 2-2-9⑬～①立面图为例来说明立面图的识图。

（1）看图名、比例

由图可知：该立面图为⑬～①立面图，轴线与平面图相符。在该立面上有出入口，故也是正立面图。其比例是 1：100。

（2）看建筑物的层数、总高度及各部位的标高

由图可看出：该建筑物为六层，屋脊的标高是 20.831m，檐口的标高是 17.200m，女儿墙（山墙处）顶面的标高是 21.263m，室外地坪的标高是—0.450m，从而可知该建筑高度（建筑物室外地面到其檐口或屋面面层高度）是 17.650m（17.200＋0.450）。各层窗台的标高依次为 0.900m、3.700m、5.500m、9.300m、12.100m、14.900m（由下向上）；窗上檐标高依次为 2.400m、5.200m、8.000m、10.800m、13.600m、16.400m。

（3）看建筑物立面上的整个外形情况

由图可以看出：该建筑物的屋顶形式为坡屋顶，窗的形式是固定窗扇与平开窗扇、固定窗扇与上悬窗扇结合，屋顶天窗为上旋窗，出入口的门为双扇平开门。

（4）看立面装饰做法

由立面图上文字说明可知：该建筑物的外墙为混水墙，墙体处分别为中灰色外檐涂料、白色外檐涂料、砖红色外檐涂料，空调格栅为灰色，坡屋顶为灰色油毡瓦。

五、立面图的绘制

立面图的绘制一般可按下列步骤进行：

（1）确定图幅、选择比例、布置图面；

（2）画出最边端的定位轴线，并确定地平线的位置；

（3）画出外墙面及屋顶的轮廓线；

（4）画出门窗洞口位置及各细部构造，如门窗格线、窗台、勒脚、雨篷、台阶、雨水管等；

（5）画出外墙面的装饰分格线等；

（6）检查无错后，根据图纸的内容，按《建筑制图标准》规范规定的要求加深图形线；

（7）注写轴线编号（仅两端的）、标高、文字说明。

完成立面图的绘制。

第四节 建筑剖面图

一、建筑剖面图的形成及作用

建筑剖面图的形成类似于平面图的形成，都是将建筑物剖切开。所不同的是平面图是用水平剖切面剖切，而剖面图则是用竖直剖切面剖切。即假想用一个竖直的剖切平面将房

屋剖切开（一般是通过门窗洞口，对于多层建筑一般选择在楼梯间的位置），移去一部分后，对剩余部分做正投影所得到的投影图，称作为建筑剖面图，简称剖面图。剖面图的数量是根据建筑物实际情况以及施工需要来定，可以有一个剖面，也可以有多个剖面。剖切符号的位置在首层平面图上。

剖面图用来表示房屋内部竖向构造和结构特征、分层情况、各部位的联系、材料及其层高、净高等。何谓层高、净高？建筑物各楼层之间以楼、地面面层（完成面）计算的垂直距离，称作为层高。对于平屋面，屋顶层的层高是指该层楼面面层（完成面）至平屋面的结构面层（上表面）的高度；对于坡屋面，屋顶层的层高是指该层楼面面层（完成面）至坡屋面的结构面层（上表面）与外墙皮延长线的交点计算的垂直距离。室内净高是指从楼、地面面层（完成面）至吊顶或楼盖、屋盖底面之间的有效使用空间的垂直距离。

编制预算时利用剖面图计算墙体、室内粉刷等项目。

在剖面图中，一般不画出基础大放脚部分，在基础墙画上折断线即可。因为，基础部分将由结构施工图中的基础图来表达。

二、剖面图的基本内容

剖面图的基本内容一般包括：

（1）与平面图相对应的轴线编号；

（2）各层楼地面、休息平台及有关构件的标高；

（3）标出房屋内部构件的高度尺寸大小；

（4）房屋内部的构造特征；

（5）如有详图之处以详图符号示出。

三、剖面图的表示方法

（1）线型要求、材料图例均与平面图相同。

（2）除了用标高符号表示各构件部位的高度外，同时在外墙的外侧注写一道尺寸线来说明构件的大小。

（3）图面如果允许的话可以用引出线来说明楼、地面及屋顶的构造层次，否则以索引符号示意。

四、识图

现以图 2-2-12 中的 2-2 剖面图为例来说明如何看剖面图。

（1）看图名、比例及轴线编号

由图可知：图名是 2-2 剖面，比例是 1：100，轴线编号为Ⓖ～Ⓒ，结合首层平面图，说明是将建筑物沿纵向在④～⑤之间切开，分为左右两部分，移去左半部分向剩余右半部分进行投影得到的。

（2）看建筑物各层楼地面、休息平台的标高及竖向尺寸

由图可看出首层地面的标高是 ±0.000，其余各层楼面标高是 2.800m、5.600m、8.400m、11.200m、14.000m；楼梯休息平台处的标高分别为 1.960m、4.200m、7.000m、9.800m、12.600m；可知该住宅楼层的层高是 2.800m。内部门的高度是 2.100m，屋脊的标高是 20.813m，女儿墙（山墙处）顶面的标高是 21.263m。

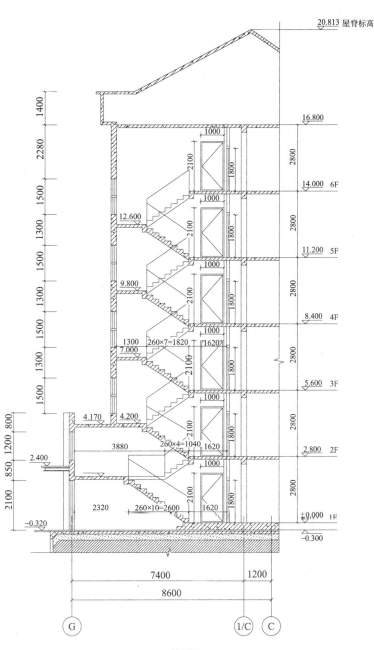

2-2部面图 1:100

图 2-2-12　2-2 剖面图

（3）看房屋建筑的结构形式

从剖面图看出结构形式为砖混结构，即墙体是用砖砌筑，楼板、屋面板是用钢筋混凝土制作，楼梯、雨篷等均是钢筋混凝土材料。

楼梯的形式为板式，260×10＝2600 说明楼梯踏步宽为 260mm，有 10 级，梯段跨度的水平投影距离是 2600mm。

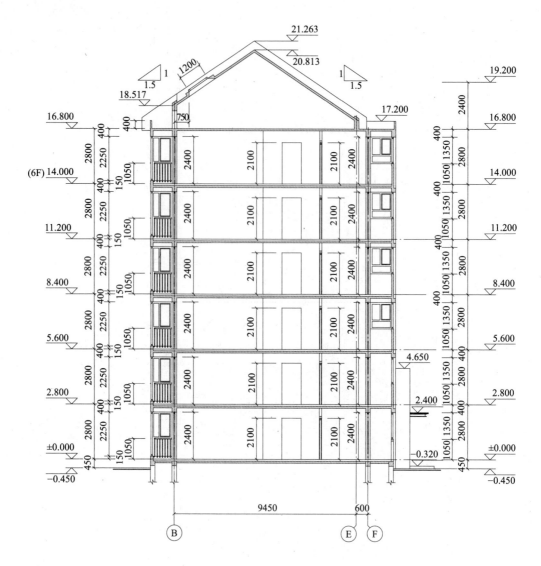

1-1部面图 1:100

图 2-2-12 1-1 剖面图

五、剖面图的绘制

剖面图的绘制一般可按下列步骤表示：

（1）确定图幅、选择比例、布置图面；

（2）画出相关的定位轴线及楼地面、屋顶线；

（3）画出墙身的轮廓线及楼板、屋面板的厚度；

（4）画出楼梯间的位置及其细部；

（5）画出门窗的高度及雨篷、台阶等细部；

（6）检查无错后，根据图纸的内容，按《建筑制图标准》规范规定的要求加深图形线；

（7）注写轴线编号、尺寸数字、索引符号、文字说明。

完成剖面图的绘制。

以上介绍了平、立、剖面图的识图。它们虽然从不同的侧面反映了不同的内容，但是它们说明的是同一个建筑工程的情况，所以每张图纸不是孤立的。尽管平面图只是表明建筑物的总长和总宽两个向度，立面图、剖面图表明高度和宽度（或长度）两个向度。但在看图时如果将它们联系起来看，那么一个具有长度、宽度、高度三个向度的建筑物就能在脑子里建立起来了。所以，在看图时应将平、立、剖面图联合着看。

第五节　建　筑　详　图

一、建筑详图的定义及作用

通过对建筑平、立、剖面图的识图，知道了各种图纸所表明的内容是什么。但由于这些基本图纸的比例都比较小，而图纸的内容又比较多，往往有许多构件截面尺寸较小或较为复杂地方表达不清楚，在这些基本图纸中只是画出示意图，如圈梁、过梁的构造尺寸是多少？楼地面、屋顶的构造层次的做法以及这些构件如何与墙体连接等等。所以，为了清晰地表达出这些内容，一般用较大的比例将它们画出，即对房屋建筑的局部或配件的大小、做法、材料，用较大的比例画出来，这种图样称作建筑详图，简称详图。其特点是比例大，尺寸标注的齐全、准确，文字说明清楚。作用是方便于施工。读详图时，应将详图符号与索引符号一一对应。

二、建筑详图的识图

对于一个单体建筑，除了画出其基本图纸——平、立、剖面图以外，还应画出有关的详图。详图数量的多少与房屋建筑构成的难易程度及基本图纸的比例有关，一般包括外墙身详图、楼梯详图、门窗详图等等。由于目前大多数楼梯、门窗都有相应的标准图集，在此，仅以外墙身详图为例来说明如何识读详图，见图 2-2-13 所示。

外墙身详图是房屋建筑工程施工过程中不可缺少的图纸之一，实际上就是剖面图的局部放大。由于比例大，而图纸幅面有限，外墙身详图的表示方法如图 2-2-13 所示，为几个节点的组合图，由于门窗有其详图，一般是在窗洞口处截断。同平面图一样，当中间各层都完全相同的情况下，仅画出三个节点即可。就是首层地面与外墙体的连接处——勒脚节点；楼板与外墙体的连接处——楼板与墙体节点；屋顶与外墙体的连接处——檐口节点。识图时应逐个节点去看。

（一）勒脚节点

勒脚节点部分包括底层地面的构造层次的做法、窗台的构造做法以及墙身防潮层、勒脚和散水或明沟等的构造做法。

由图可以看出，墙体为 36 墙，轴线偏内。室内首层地面的构造层次由下向上依次为：素土夯实；灰土垫层厚 300mm；钢筋混凝土后浇层厚 100mm；水泥砂浆面层厚 20mm。室内墙面踢脚的高度为 120mm。墙身防潮层采用的是钢筋混凝土防潮层。墙体的外侧为混水墙，从而也起到了勒脚的作用。与勒脚垂直的地面上以素混凝土作的散水，向外排水坡度为 $i=2\%$。

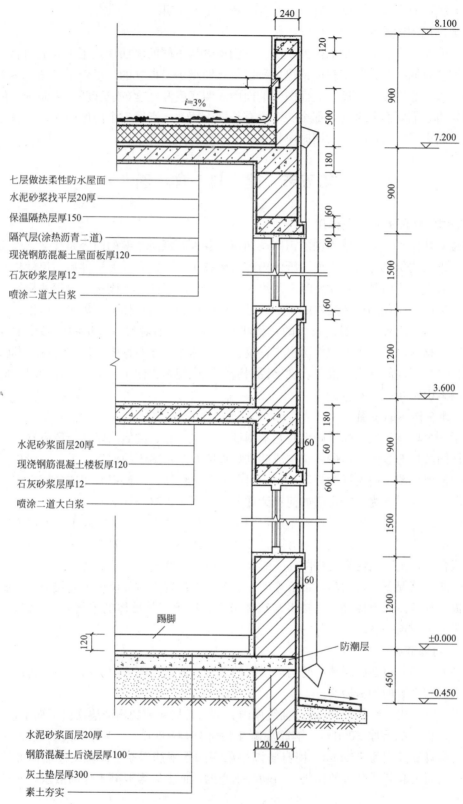

七层做法柔性防水屋面
水泥砂浆找平层20厚
保温隔热层厚150
隔汽层(涂热沥青二道)
现浇钢筋混凝土屋面板厚120
石灰砂浆层厚12
喷涂二道大白浆

水泥砂浆面层20厚
现浇钢筋混凝土楼板厚120
石灰砂浆层厚12
喷涂二道大白浆

踢脚

防潮层

水泥砂浆面层20厚
钢筋混凝土后浇层厚100
灰土垫层厚300
素土夯实

图 2-2-13 外墙身详图

（二）楼板与墙体节点

该节点包括楼板层的构造做法、圈梁、过梁、窗台、雨篷等。

从该节点可以看出，楼层的构造层次由下到上依次为：喷涂大白浆二道；石灰砂浆层厚 12mm；现浇钢筋混凝土楼板厚 120mm；水泥砂浆面层厚 20mm。圈梁与楼板一起浇筑呈矩形截面，宽与墙等厚，高为 180mm。过梁截面呈 L 形，高为 120mm，挑出 60mm。窗台挑出墙面 60mm。

内外墙面均抹灰。窗框安置在墙的中间部位。

（三）檐口节点

檐口节点包括屋顶层的构造做法、圈梁、过梁、女儿墙、泛水、挑檐等。

从该节点详图可以看到，屋面的构造层次由下向上依次为：喷涂大白浆二道；石灰砂浆层厚 12mm；现浇钢筋混凝土屋面板厚 120mm；隔汽层（涂热沥青二道）；保温隔热层厚150mm；水泥砂浆找平层厚 20mm；七层柔性防水屋面。屋面排水坡度为 $i=3\%$。女儿墙的高度为 900mm，墙厚 240mm，在女儿墙 500mm 高处预留有一缺口，为作泛水使用。在女儿墙的顶部浇筑有钢筋混凝土圈梁，高 120mm，这是基于防震要求的考虑。

三、建筑详图的绘制

以外墙身详图为例：

外墙身详图的绘制一般可按下列步骤进行：

（1）确定图幅、选择比例、布置图面；

（2）画出墙身的轴线及厚度；

（3）画出室外地坪线、楼板线及屋面线；

（4）画出室内地坪、楼板、屋顶的构造层次；

（5）画出窗台、过梁、圈梁的位置、形状及门窗示意图；

（6）画出檐口、勒脚、散水或明沟、雨水管、阳台、雨篷等细部构造；

（7）经查无误后按《建筑制图标准》的规定加深图形线；

（8）注写相应的尺寸及文字说明。

完成外墙身详图的绘制。

本 章 小 结

本章主要介绍了下列内容：

建施图的排序为总平面图、建筑平面图、建筑立面图、建筑剖面图和建筑详图。

总平面图的形成及其作用、基本内容、表示方法、读图方法；

平面图的形成及其作用、基本内容、表示方法、读图方法；

平面尺寸有外部尺寸和内部尺寸。

外部尺寸指外墙上的尺寸，一般标注三道尺寸线。第一道尺寸线为建筑物的总长、总宽（外包尺寸）；第二道尺寸线为轴线间的尺寸，分别为房间的开间、进深的尺寸；第三道尺寸线为细部尺寸，如外墙上门窗、窗间墙等。内部尺寸指内墙上的尺寸，一般标注一道，为内墙上各细部尺寸。

立面图的形成及其作用、基本内容、表示方法、读图方法；

剖面图的形成及其作用、基本内容、表示方法、读图方法；

详图的形成及其作用、基本内容、表示方法、读图方法；

各图纸的绘制要领、步骤。

复习思考题

2-2-1 建筑施工图有哪些图纸？如何排序？

2-2-2 各种图纸是如何形成的？其作用各是什么？

2-2-3 从总平面图、平、立、剖面图中你能看到哪些基本内容？

2-2-4 平面图中外墙的三道尺寸各说明什么内容？

2-2-5 什么是建筑详图？作用是什么？外墙身详图一般由哪几个节点组成？

2-2-6 什么是建筑面积？使用面积？结构面积？它们之间的关系如何？

2-2-7 何谓建筑物的高度、开间、进深、层高、净高？

第三章 结构施工图

第一节 概 述

上一章介绍了建筑施工图的内容,它只能表明房屋建筑的外部形状、内部平面布置情况等。至于房屋建筑的组成构件——梁、板、柱、墙、基础等,在图中仅仅画出材料图例,还不能说明它们本身的结构情况以及它们之间的连接方法,如构件内部钢筋的规格、形状、布置、数量等,房屋建筑仅凭建筑施工图是不能进行施工的,这是因为建筑施工图只是房屋建筑工程图的一部分。所以在进行房屋建筑设计时,除了要画出建筑施工图,还应进行房屋建筑的结构设计。就是根据建筑施工图并同时考虑设施工种对建筑结构的要求,进行结构选型、构件布置、材料选用、构造方法及力学方面计算等,并把这些成果按《建筑结构制图标准》GB/T 50105 的规定画出图样,这种图样称作为结构施工图,简称结施图。

结构施工图主要用于放线、挖槽、支模板、绑扎钢筋、浇筑混凝土、设置预埋件、安装构件以及编制工程概预算、施工进度计划等。

结构施工图的内容一般包括:结构设计说明、结构平面图、构件详图。

结构设计总说明一般包括下列内容:

(1)结构选材:材料的类型、规格、强度等级等;

(2)地基情况:地基类型、地耐力的大小、不良地基的处理要求;

(3)结构构造做法及施工应注意的事项;

(4)选用标准图集以及结构设计采用的规范资料。

结构平面图包括:基础平面图;楼层、屋顶结构布置平面图。

构件详图包括:梁、板、柱等构件的配筋图。

一、结构施工图中图线的规定

《建筑结构制图标准》GB/T 50105 规定:建筑结构专业制图,应选用表 2-3-1 所示的图线。

图 线

表 2-3-1

名称		线 型	线宽	用 途
实线	粗		b	螺栓、钢筋线、结构平面图中的单线结构构件线、钢木支撑及系杆线,图名下横线,剖切线
	中粗		$0.7b$	结构平面图及详图中剖到或可见的墙身轮廓线、基础轮廓线、钢、木结构轮廓线、钢筋线
	中		$0.5b$	结构平面图及详图中剖到或可见的墙身轮廓线、基础轮廓线、可见的钢筋混凝土构件轮廓线、钢筋线
	细		$0.25b$	标注引出线、标高符号线、索引符号线、尺寸线

续表

名称		线　型	线宽	用　途
虚线	粗		b	不可见的钢筋线、螺栓线、结构平面图中的不可见的单线结构构件线及钢、木支撑线
	中粗		$0.7b$	结构平面图中的不可见构件、墙身轮廓线及不可见钢、木结构构件线、不可见的钢筋线
	中		$0.5b$	结构平面图中的不可见构件、墙身轮廓线及不可见钢、木结构构件线、不可见的钢筋线
	细		$0.25b$	基础平面图中的管沟轮廓线、不可见的钢筋混凝土构件轮廓线
单点长画线	粗		b	柱间支撑、垂直支撑、设备基础轴线图中的中心线
	细		$0.25b$	定位轴线、对称线、中心线、重心线
双点长画线	粗		b	预应力钢筋线
	细		$0.25b$	原有结构轮廓线
折断线		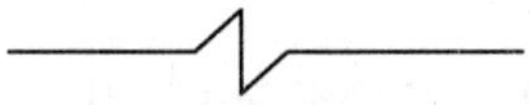	$0.25b$	断开界线
波浪线			$0.25b$	断开界线

图线宽度 b，应按《房屋建筑制图统一标准》GB/T 50001 中"图线"的规定选用。

二、结构施工图中常用的代号

（一）常用的构件代号

房屋建筑结构中构件的种类、形式很多，《建筑结构制图标准》GB/T 50105 规定了一些常用构件的代号，从而使图面简单明了。常用构件代号见表 2-3-2 所示。

常用构件代号　　　　　　　　　　表 2-3-2

序号	名称	代号	序号	名称	代号	序号	名称	代号
1	板	B	13	梁	L	25	框支梁	KZL
2	屋面板	WB	14	屋面梁	WL	26	屋面框架梁	WKL
3	空心板	KB	15	吊车梁	DL	27	檩条	LT
4	槽形板	CB	16	单轨吊车梁	DDL	28	屋架	WJ
5	折板	ZB	17	轨道连接	DGL	29	托梁	TJ
6	密肋板	MB	18	车挡	CD	30	天窗架	CJ
7	楼梯板	TB	19	圈梁	QL	31	框架	KJ
8	盖板或沟盖板	GB	20	过梁	GL	32	刚架	GJ
9	挡雨板或檐口板	YB	21	连系梁	LL	33	支架	ZJ
10	吊车安全走道板	DB	22	基础梁	JL	34	柱	Z
11	墙板	QB	23	楼梯梁	TL	35	框架柱	KZ
12	天沟板	TGB	24	框架梁	KL	36	构造柱	GZ

续表

序号	名称	代号	序号	名称	代号	序号	名称	代号
37	承台	CT	43	垂直支撑	CC	49	预埋件	M
38	设备基础	SJ	44	水平支撑	SC	50	天窗端壁	TD
39	桩	Z	45	梯	T	51	钢筋网	W
40	挡土墙	DQ	46	雨篷	YP	52	钢筋骨架	G
41	地沟	DG	47	阳台	YT	53	基础	J
42	柱间支撑	ZC	48	梁垫	LD	54	暗柱	AZ

注：1. 预制钢筋混凝土构件、现浇钢筋混凝土构件、钢构件和木构件，一般可直接采用本表中构件代号；在绘图
中，当需要区别上述构件的材料种类时，可在构件代号前加注材料代号，并在图中加以说明。

2. 预应力钢筋混凝土构件，应在构件代号前加注"Y"，如 Y-DL 表示预应力钢筋混凝土吊车梁。

（二）常用钢筋的代号

钢筋的类型、品种、规格有多种。《混凝土结构设计规范》GB 50010 规定了常用钢筋
的符号，见表 2-3-3 所示。

常用钢筋的符号　　　　　　　　　　　　　　　表 2-3-3

牌　号	符　号	牌　号	符　号
HPB300	φ	HRB400	Φ
HRB335	Φ		

（三）钢筋图例及画法

《建筑结构制图标准》GB/T 50105 规定了结构施工图中钢筋的表示方法应符合
表 2-3-4、表 2-3-5 所示。

一般钢筋图例　　　　　　　　　　　　　　　表 2-3-4

序号	名称	图例	说明
1	钢筋横断面	●	
2	无弯钩的钢筋端部		下图表示长、短钢筋投影重叠时，短钢筋的端部用 45°斜画线表示
3	带半圆形弯钩的钢筋端部		
4	带直钩的钢筋端部		
5	带丝扣的钢筋端部		
6	无弯钩的钢筋搭接		
7	带半圆弯钩的钢筋搭接		
8	带直钩的钢筋端部		

钢 筋 的 画 法　　　　　　　　　　　　　表 2-3-5

序号	说明	图例
1	在结构平面图中配置双层钢筋时，底层钢筋的弯钩应向上或向左，顶层钢筋的弯钩应向下或向右	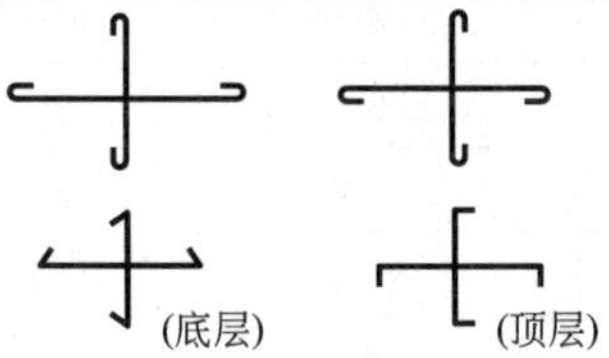 (底层)　(顶层)
2	钢筋混凝土墙体配双层钢筋时，在配筋立面图中，远面钢筋的弯钩应向上或向左，而近面钢筋的弯钩应向下或向右（JM：近面；YM 远面）	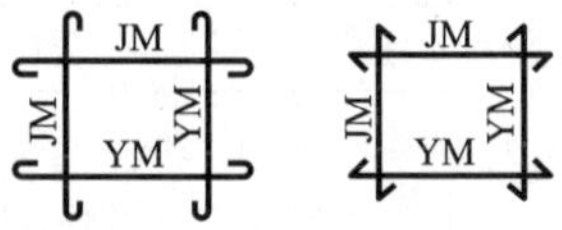

三、钢筋混凝土结构图简介

混凝土的组成成分有水泥、石子、砂子和水。钢筋混凝土就是在混凝土结构中相应部位配置一定量的钢筋。用这种材料所做的构件称作为钢筋混凝土构件，由钢筋混凝土构件组成的结构称作为钢筋混凝土结构。根据钢筋混凝土构件制作时施工方法的不同有现浇钢筋混凝土构件（即在施工现场构件所在建筑物的部位上制作）和预制钢筋混凝土构件（一般是在构件厂做好，通过运输、吊装工具进行安装）之分。还有的在制作构件时通过张拉钢筋而对混凝土预加一定的压力，称作为预应力钢筋混凝土构件。

（一）钢筋混凝土构件中钢筋的作用和分类

构件中的钢筋按其作用的不同有下列几种：

1. 受力筋（主筋）

在构件中承受拉、压应力的钢筋（应力：单位面积上的内力），用于各种钢筋混凝土承重构件（梁、板、柱、墙、基础等）。在梁、板构件中的受力筋又有直筋和弯起筋两种。

2. 分布筋（温度筋）

一般配置在板、墙等构件中，与受力筋垂直布置。将承受的荷载均匀地传递给受力筋，并固定受力筋的位置；同时抵抗温度（热胀冷缩）变形，故又可称作为温度筋。

3. 箍筋（钢箍）

一般用在梁、柱等构件中，承受部分斜拉应力，并固定受力筋的位置。

4. 架立筋

架立筋属于构造配筋，在构件中的作用是构造梁的钢筋骨架，固定箍筋的位置。架立筋仅在梁中设置。

5. 其他钢筋

根据需要而设置的构造钢筋，如腰筋、吊筋等。

见图 2-3-1 所示。

（二）钢筋的弯钩

钢筋被混凝土包裹着，它们之间应具有足够的粘结力。外表带肋钢筋（HRB335、HGB400）比外表光面钢筋（HPB300）的粘结力强。为了加强光面钢筋与混凝土之间的粘结力，提高其锚固性能，一般在钢筋的两端做弯钩，从而避免钢筋在受拉时滑动。弯钩的形式一般有三种，其简化画法见图 2-3-2 所示。

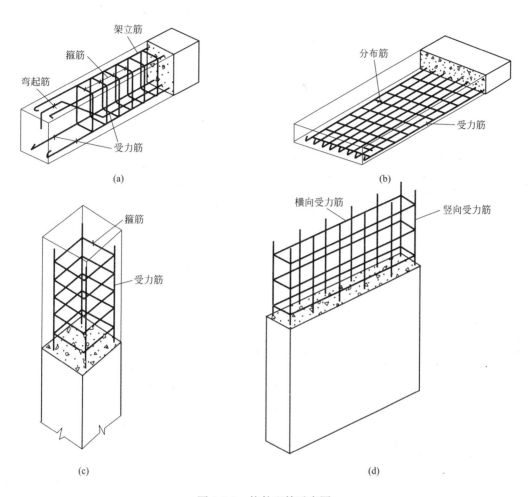

图 2-3-1 构件配筋示意图

(a)梁；(b)板，(c)柱；(d)墙

（三）保护层

为了保护钢筋免遭锈蚀，加强钢筋与混凝土之间的粘结锚固，构件中边端钢筋的外侧应有一定厚度的混凝土将其包裹住。由钢筋外边缘到混凝土表面的最小距离称作为保护层，见图 2-3-3 所示。《混凝土结构设计规范》中规定了保护层最小厚度的基本值，见表 2-3-6所示。

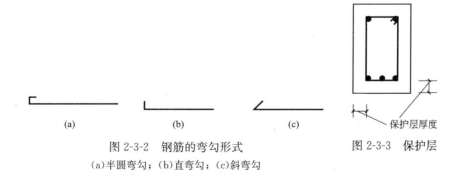

图 2-3-2 钢筋的弯勾形式

(a)半圆弯勾；(b)直弯勾；(c)斜弯勾

图 2-3-3 保护层

混凝土保护层的最小厚度（mm）　　　　　　表 2-3-6

环境类别	板、墙、壳	梁、柱、杆
一	15	20
二 a	20	25
二 b	25	35
三 a	30	40
三 b	40	50

表中环境类别见表 2-3-7 所示。

混凝土结构的使用环境类别　　　　　　表 2-3-7

环境类别	条　件
一	室内干燥环境； 无侵蚀性静水浸没环境
二 a	室内潮湿环境； 非严寒和非寒冷地区的露天环境； 非严寒和非寒冷地区与无侵蚀性的水或土壤直接接触的环境； 严寒和寒冷地区的冰冻线以下与无侵蚀性的水或土壤直接接触的环境
二 b	干湿交替环境； 水位频繁变动环境； 严寒和寒冷地区的露天环境； 严寒和寒冷地区的冰冻线以上与无侵蚀性的水或土壤直接接触的环境
三 a	严寒和寒冷地区冬季水位变动区环境； 受除冰盐影响环境； 海风环境
三 b	盐渍土环境； 受除冰盐作用环境； 海岸环境
四	海水环境
五	受人为或自然的侵蚀性物质影响的环境

（四）预埋件

在制作混凝土构件时将钢铁件——钢板、型钢、钢筋等预先埋入其中，称作为预埋件，以符号"M"表示。设置预埋件是为了将构件或设备相互连接起来。

（五）钢筋混凝土构件的图示方法

钢筋混凝土构件包括梁、板、柱、墙等等。钢筋混凝土结构图除了表明这些构件的形状及大小以外，对于现浇钢筋混凝土构件来说还应表明其内部钢筋的配置情况，如钢筋的规格、位置、数量等。为了使构件内部的钢筋表达清楚，则假设构件是透明的，混凝土部分不必画出其材料的图例，只画出构件的轮廓即可。

图中线型应符合《建筑结构制图标准》GB/T 50105 的规定。

（六）钢筋的代号、直径、根数、间距等标注

1. 梁、柱内受力筋；梁内架立筋的标注

即 3 根 HRB335 级钢筋、直径为 16mm。

2. 梁、柱内的箍筋；板、墙内的受力筋和分布筋的标注

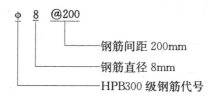

即 HPB300 级钢筋、直径 8mm、间距为 200mm。

第二节　基础结构施工图

基础是建筑物最下边埋在地面以下的构件，是建筑物的重要组成部分之一。基础的最基本类型是条形基础和独立基础，见图 4-2-12 和图 4-2-13 所示。

基础平面图的形成类似于建筑平面图的形成，只是剖切位置的不同而已。假想用一水平剖切面沿建筑物基础墙的位置将其剖开，移去上部房屋及四周泥土，然后向下进行正投影所得到的投影图，称作为基础平面图。亦即基槽还未进行回填土时基础平面布置的情况。

一、条形基础平面图

现以图 2-3-4 来说明条形基础平面图的识读。

由图可以看出：比例为 1：100，轴线编号及开间、进深尺寸均与建筑平面图一致。该基础：打桩，上部为条形基础。

该基础平面图由 4 条实线来表示，外侧 2 条为基础承台梁 (CTL) 的宽度，内侧 2 条为基础墙的宽度，圆圈处为桩 (Z) 位，涂黑方块处是钢筋混凝土构造柱 (GZ)。承台梁的编号分别为 CTL1、CTL2、CTL3、CTL4、CTL5、CTL6。

凡是基础有不同的地方，如基础宽度不同、基础埋深不同、有管洞的地方等等，均应画出基础的详图，以截面图的形式来表示。截面图上显示出基础的组成及各组成部分的材料与尺寸。

以 CTL1 为例，CTL 的截面尺寸：宽度是 560mm、高度是 700mm，垫层宽度是 720mm、厚度是 80mm，两边各宽出 80mm，轴线居中。配筋：上部配有 6 根 HRB335 级钢筋、直径 20mm，下部配有 6 根 HRB335 级钢筋、直径 22mm 钢筋，箍筋为 HPB300 级钢筋、直径 8mm、间距 180mm，梁两侧共配有 4 根 HPB300 级钢筋、直径 14 mm，每一侧各配有 2 根，箍筋为 HPB300 级钢筋、直径 8 mm、间距 360 mm，底部标高是 −2.000 m；基础墙宽 240mm，每侧扩展 60mm，高 120mm；在标高为 −0.090 m 处设有地圈梁 (DQL1)，高 120mm。

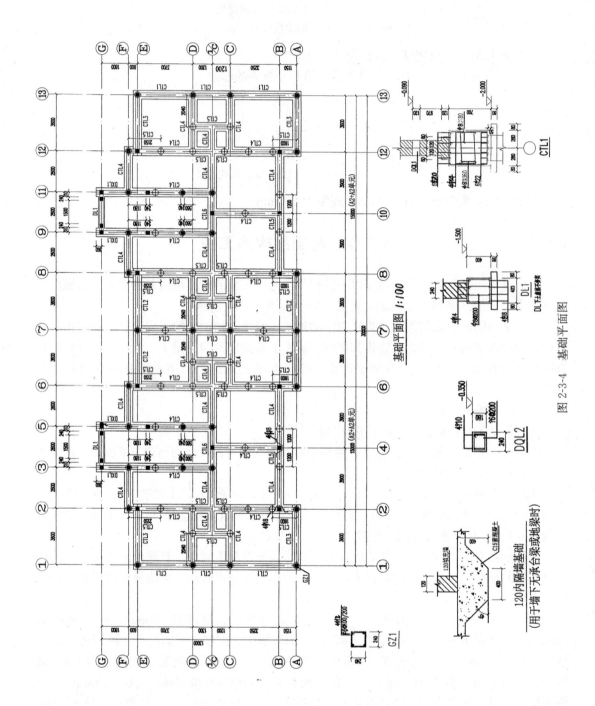

基础平面图 1:100

图 2-3-4 基础平面图

构造柱(GZ1)的截面尺寸是 240 mm×240 mm，4 个角部共配有 4 根 HPB300 级钢筋、直径 12mm，箍筋为 HPB300 级钢筋、直径 6mm，间距：加密区 100mm、非加密区 200mm。

二、独立基础的识图

独立基础施工图由平面图和截面图组成，见图 2-3-5 所示。

图 2-3-5(a)所示为独立基础的截面图。由图可以看出：基础的断面形式呈锥形，为钢筋混凝土基础，是建筑物外柱的基础。室内首层地坪的标高是 ±0.000，室外设计地坪标高是 −0.600m，从而可知室内外地坪高差是 0.600m。基础的高度是 0.500m(不包括垫层)，垫层的厚度是 100 mm，为素混凝土。基础最薄处是 200 mm。基础底部的配筋是①号钢筋在下，②号钢筋在上。图中给出了基础埋置深度是 1.100 m，由此可知基础底部的标高为 −1.700 m。

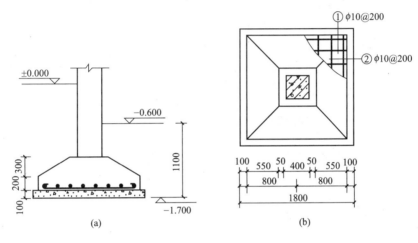

图 2-3-5 独立基础图

图 2-3-5(b)所示平面图采用的是局部剖面图的表示方法，即平面图中大部分表示基础外部形状，局部表示基础底部钢筋的布置情况。平面图形成了四个正方形相套在一起，由外向内依次为：最外侧的正方形是基础底部垫层的外边缘线，其平面尺寸为 1800mm × 1800mm；第二个正方形是基础底部外边缘线，其平面尺寸为 1600mm×1600mm；第三个正方形是基础顶面的外边缘线，其平面尺寸为 500mm×500mm；最里面的正方形是柱子的横截面边缘线，其平面尺寸为 400mm×400mm。基础底部配筋呈纵横网状，编号是①、②，均为 φ8@200，即采用 HPB300 级钢筋、直径 8mm、间距是 200mm，相互垂直布置在基础底部。

第三节 楼层(屋顶)结构施工图

一、楼层结构平面布置图的形成

楼层结构平面布置图是假想用一水平剖切面沿楼面将建筑物剖开，移去上部后向下进行正投影所得到的投影图，或者说是在布置完楼板以后还没有做装饰面层时的水平投影图。

主要表示梁、板、柱、墙等承重构件的平面布置、预制楼板的规格型号、现浇楼板的构造与配筋等。楼层结构平面布置图主要用于安装楼板等构件、现浇圈梁和现浇梁、板等。

楼层结构平面布置图中的轴线编号、轴间标志尺寸等应与建筑平面图相一致。

二、楼层结构平面布置图

钢筋混凝土楼板根据施工方法有预制楼板和现浇楼板。

1. 预制楼板平面布置图的识图

现以图 2-3-6 为例来说明预制楼板平面布置图的识图。

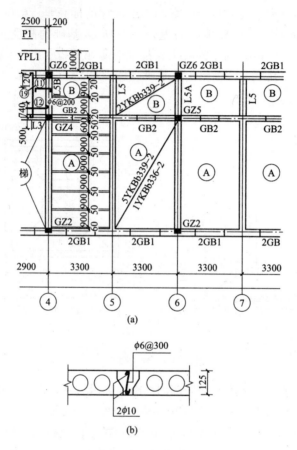

(a)

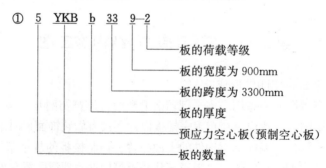

(b)

图 2-3-6　预制楼板

(a)预制楼板平面布置；(b)板缝加筋

预制楼板结构平面布置图主要表明预制楼板的规格、类型、数量、布板方向。板是沿建筑物进深方向布置的，两端搭在横墙上。板有两种规格：

① 5 **YKB** b 33 9-2

- 板的荷载等级
- 板的宽度为 900mm
- 板的跨度为 3300mm
- 板的厚度
- 预应力空心板(预制空心板)
- 板的数量

即 5 块预应力空心板跨度为 3300mm，板宽为 900mm，荷载等级为 2 级。

② 1 YKB b 33 6-2

即 1 块预应力空心板跨度为 3300mm，板宽为 600mm，荷载等级为 2 级。

图中④～⑤轴间画出详细布板情况，⑤轴以后同④～⑤轴之间的布板，⑤～⑥轴之间以标注方式标出，⑥轴以后以Ⓐ、Ⓑ来代替，Ⓐ为 5YKBb339－2＋1YKBb336－2，Ⓑ为 2YKBb339-2。由于板缝比较宽，所以在板缝中加了 2φ10 钢筋、箍筋是 φ6@300，再浇细石混凝土，见板缝加筋图所示。

预制钢筋混凝土楼板是指在构件厂制作，然后通过运输工具，运送到施工现场进行吊装安置。民用建筑中常用的是圆孔空心板，其横截面形式见图 4-4-5(b)所示。在前边楼板识图时读到 YKB339-2，其中 33 为楼板的跨度 3300m，人们一般认为就是指楼板的长度，其实楼板的实际长度不是 3300m。楼板的长度尺寸一般有三种情况：

① 标志尺寸：即楼板搁置于墙上或梁上的轴线间的尺寸，如 33 就是指的标志尺寸。值得注意的是标志尺寸应该符合《建筑统一模数制》规范的规定。

② 构造尺寸：构造尺寸是楼板生产时的设计尺寸，与标志尺寸有一定的差额。这是因为预制楼板在安装时板与板之间需要预留一定宽度的板缝，以便于板与板之间的连接，从而使多块预制板经过连接而形成一个整体，加强预制楼板的整体性。故构造尺寸与标志尺寸之间的差额就是板与板之间的缝隙，即构造尺寸加上板缝宽等于标志尺寸。板缝尺寸也应符合《建筑统一模数制》规范的规定。

③ 实际尺寸：这种尺寸就是生产楼板时楼板的实有尺寸。因为在生产楼板时由于多种因素的影响，很可能使楼板的实有尺寸与所设计的构造尺寸有一定的误差，或大或小，但这个误差值必须在其允许的范围值之内。

2. 现浇楼板平面布置图的识图

现浇板结构平面布置图一般画出钢筋的形状，每类钢筋只画一根即可（有时也可以采用重合截面图的方法表示出楼板的厚度与标高），并注明其编号、直径、间距，见图 2-3-7 所示。如①～②轴之间板的布筋为例：①号筋为 φ8@120，是受力筋；②号筋为 φ6@200，是分布筋，它们是相互垂直的，均设置在板厚的下侧且通长，但①号筋在下，②号筋在上。③号筋 φ6@200 和④号筋 φ10@120 是配在板厚的上侧靠近支座处。

三、屋顶结构平面布置图

民用建筑中，屋顶结构平面布置图与楼层结构平面布置图的内容和表示方法基本相同，这里不再叙述。

四、构件详图

构件就是指组成结构的梁、板、柱、墙等。构件详图主要就是画出各构件的配筋图，一般包括构件的立面图和截面图。对于比较复杂的构件还应画出它的模板图和预埋件图。在此仅介绍构件的立面图和截面图的识图。以梁为例，见图 2-3-8 所示。

1. 立面图

立面图就是对梁侧立面图进行投影所得到的投影图（前已述，假设混凝土部分为透明材料）。主要表明钢筋的纵向形状及上下排列的位置、梁的立面轮廓、长度尺寸等，见图 2-3-8(a)所示。梁两端支承于墙上，梁的下侧为受拉区，上侧为受压区。

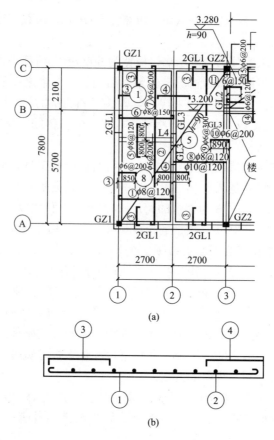

图 2-3-7　现浇楼板

(a)现浇楼板平面布置图；(b)现浇板截面图

由图 2-3-8(a)可知：梁的跨度是 3900mm，梁内配有 5 种编号钢筋。①、②号钢筋在梁的受拉区，为受力筋；③号钢筋在梁的受压区，为架立筋；④、⑤号钢筋为箍筋。至于各种编号钢筋的规格以及①、②、③号筋的数量、前后的排列位置在立面图上均没有表明，只有通过将梁横向剖切开才能看清楚，剖切位置一般选择在配筋有变化之处，见立面图。

2. 截面图

梁的截面图是表示梁的横截面的形状、尺寸以及钢筋前后排列的情况。由图 2-3-8(b)可以看出：梁的截面形状为矩形，其横截面尺寸：梁高为 400mm，梁宽为 200mm，①号钢筋是受力筋，其规格是 $2\phi18$，即 2 根 HRB335 级钢筋、直径是 18mm 分布在梁的下侧一前一后的位置。②号钢筋也是受力筋，其规格为 $1\phi18$，即 1 根 HRB335 级钢筋、直径是 18mm，在梁跨中时是处在梁的下侧中间位置，见 2—2 截面图；在梁两端时（支座处）是在梁的上侧中间位置，见 1—1 截面图，说明②号钢筋是弯起筋，其形状见图 2-3-5(c)所示。③号钢筋为 $2\phi12$，即 2 根 HRB335 级钢筋、直径是 12mm，在梁的上侧一前一后布置，是架立筋。④号钢筋是箍筋，其规格为 $\phi8@200$，即 HPB300 级钢筋、直径 8mm，间距是 200mm，在梁跨中的范围。⑤号钢筋也是箍筋，其规格为 $\phi8@100$，即 HPB300 级钢筋、直径 8mm，间距是 100mm，在梁两端支座处一定范围。

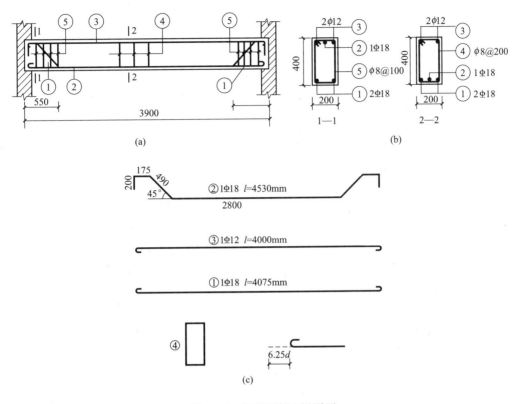

图 2-3-8 钢筋混凝土梁详图

3. 钢筋详图

一般情况下将每一种编号的钢筋抽出一根画出钢筋详图——抽筋图，表明钢筋的编号、规格、数量、长度等，见图 2-3-8(c)所示。如①号钢筋的长度为 4075mm(3900−25×2+6.25×18×2)最后统计成表，为的是方便钢筋下料。

五、钢筋混凝土结构施工图平面整体表示方法

钢筋混凝土结构施工图平面整体设计方法简称平法。平法的表达形式概括来讲就是在各类构件的结构平面图中，将结构构件的名称、尺寸及配筋等，按照平面整体表示方法制图规则，整体直接表达出来。国家有关部门编制的《混凝土结构施工图平面整体表示方法制图规则和构造详图》(11G101—1)对柱、梁等构件平法标注进行了相关的规定。

(一) 柱平法施工图的表示方法

柱平法施工图的表示方法采用列表注写方式或截面注写方式。

1. 列表注写方式

在柱平面布置图上分别在同一编号的柱中选择一个(有时需要选择几个)截面标注几何参数代号；在柱表中注写柱编号、柱段起止标高、几何尺寸(含柱截面对轴线的偏心情况)与配筋的具体数值，并配以各种柱截面形状及其箍筋类型图的方式，来表达柱平法施工图，见图 2-3-9 所示。

(1) 柱的编号：由柱的类型、代号和序号组成，见表 2-3-8 所示。

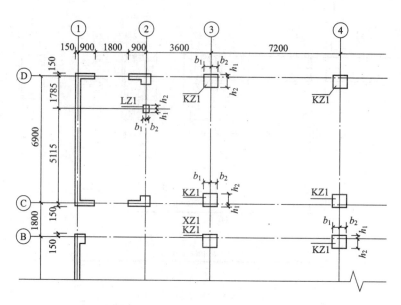

图 2-3-9 柱平法(列表)施工图示例

柱 类 型	代号	序号
框架柱	KZ	XX
梁上柱	LZ	XX
框支柱	KZZ	XX
剪力墙上柱	QZ	XX
芯柱	XZ	XX

柱 编 号   表 2-3-8

（2）各段柱的起止标高：自柱根部往上以变截面位置或截面未变但配筋改变处为界分段注写。

（3）柱截面尺寸，矩形截面柱：b(边长)×h(边长)。

（4）柱的纵筋：当柱的纵筋直径相同，各边根数也相同时，将纵筋注写在"全部纵筋"一栏中；柱的纵筋分角筋、截面 b 边中部筋和 h 边中部筋三项，并分别注写。

（5）箍筋类型号及箍筋肢数。

（6）柱的箍筋：包括钢筋级别、直径与间距。当为抗震设计时，用斜线"/"区分柱端箍筋加密区与柱身非加密区长度范围内箍筋的不同间距。如：φ10@100/250，即表示箍筋为 HPB300 级钢筋，直径 10mm，加密区间距为 100mm，非加密区间距为 250mm。当箍筋沿柱全高为一种间距时，则不使用"/"线。如：φ10@100，表示箍筋为 HPB300 级钢筋，直径 10mm，间距为 100mm，沿柱全高加密。

2. 截面注写方式

在柱平面布置图的柱截面上分别在同一编号的柱中选择一个截面，以直接注写截面尺寸和配筋具体数值的方式来表达柱平法施工图。见图 2-3-10 所示，即从相同编号的柱中选择一个截面，按另一种比例原位放大绘制柱截面配筋图，并在各配筋图上继其编号后再注写截面尺寸 $b×h$、角筋或全部纵筋、箍筋的具体数值等。

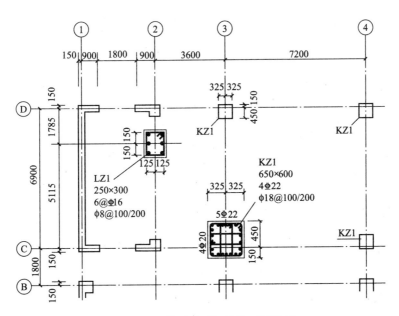

图 2-3-10 柱平法(截面)施工图示例

以 KZ1 为例:

框架柱 1 截面尺寸是 $(b)650mm \times (h)600mm$;4 根角筋为 HRB335 级钢筋、直径 22mm;截面 b 边中部筋为 5 根 HRB400 级钢筋、直径 22mm;截面 h 边中部筋为 4 根 HRB400 级钢筋、直径 20mm;箍筋为 HPB300 级钢筋、直径 10mm,间距加密区 100mm,非加密区 200mm。

(二)梁平法施工图的表示方法

梁平法施工图的表示方法采用平面注写方式或截面注写方式。

1. 平面注写方式

在梁平面布置图上分别在不同编号的梁中各选择一根梁,在其上注写截面尺寸和配筋具体数值的方式,包括集中标注与原位标注两种。

(1)集中标注的内容

1)梁的编号:由梁的类型、代号、序号、跨数及有无悬挑代号组成。如表 2-3-9 所示:

梁 编 号　　　　　　　　　　　　　　　　表 2-3-9

梁类型	代号	序号	跨数及是否带有悬挑
楼层框架梁	KL	XX	(XX)、(XXA)或(XXB)
屋面框架梁	WKL	XX	(XX)、(XXA)或(XXB)
框支梁	KZL	XX	(XX)、(XXA)或(XXB)
非框架梁	L	XX	(XX)、(XXA)或(XXB)
悬挑梁	XL	XX	
井字梁	JZL	XX	(XX)、(XXA)或(XXB)

注:(XXA)为一端有悬挑,(XXB)为两端有悬挑,悬挑不计入跨数。例:KL7(5A)表示第 7 号框架梁,5 跨,一端有悬挑;L9(7B)表示第 9 号非框架梁,7 跨,两端有悬挑。

2) 梁的截面尺寸：矩形等截面：b(梁宽)×h(梁高)

3) 梁的箍筋：包括钢筋级别、直径、加密区与非加密区间距及肢数。箍筋加密区与非加密区的不同间距及肢数需用斜线 "/" 分隔；当梁箍筋为同一种间距及肢数时，则不需用 "/" 线；当加密区与非加密区的箍筋肢数相同时，则将肢数注写一次；箍筋肢数应写在括号内。如：$\phi 8@100(4)/150(2)$，即表示箍筋为 HPB300 级钢筋，直径 8mm，加密区间距为 100mm，四肢箍；非加密区间距为 150mm，两肢箍。又如：$\phi 10@100/200(4)$，即表示箍筋为 HPB300 级钢筋，直径 10mm，加密区间距为 100mm，非加密区间距为 200mm，均为四肢箍。

4) 梁上部通长筋或架立筋配置：通长筋可为相同或不同直径采用搭接连接、机械连接或对焊连接的钢筋。当同排纵筋中既有通长筋又有架立筋时，应用加号 "+" 将通长筋和架立筋相联。注写时须将角部纵筋写在加号的前面，架立筋写在加号后面的括号内，以示不同直径及与通长筋的区别。当全部采用架立筋时则将其写入括号内。如：$2\Phi 22+(4\phi 12)$，其中：$2\Phi 22$ 为通长筋，$4\phi 12$ 为架立筋。

5) 梁侧面纵向构造钢筋或受扭钢筋配置：当梁腹板高度 $h_w \geqslant 450mm$ 时，需配置纵向构造钢筋。构造钢筋以大写字母 G 打头，接续注写设置在梁两个侧面的总配筋值，且对称配置。受扭钢筋以大写字母 N 打头，接续注写配置在梁两个侧面的总配筋值，且对称配置。如：$G4\phi 12$，表示梁的两个侧面共配置 4 根 HPB300 级钢筋、直径 12mm 的纵向构造钢筋，每侧各配置 2 根 HPB300 级钢筋、直径 12mm。又如：$N6\Phi 22$，表示梁的两个侧面共配置 6 根 HRB335 级钢筋、直径 22mm 的受扭纵向构造钢筋，每侧各配置 3 根 HRB335 级钢筋、直径 22mm。

6) 梁顶面标高高差：梁顶面标高高差指相对于结构层楼面标高的高差值。有高差时须将其写入括号内。

前 5 项为必注值，第 6 项为选注值。

（2）原位标注的内容

1) 梁支座上部纵筋：当上部纵筋多于一排时，用斜线 "/" 将各排纵筋自上而下分开，如：梁支座上部纵筋注写为 $6\Phi 25$ 4/2，表示上一排纵筋为 4 根 HRB335 级钢筋、直径 25mm，下一排纵筋为 2 根 HRB335 级钢筋、直径 25mm。当同排纵筋有两种直径时，用加号 "+" 将两种直径的纵筋相联，注写时将角部纵筋写在前面，如：梁支座上部有四根纵筋，$2\Phi 25$ 放在角部，$2\Phi 22$ 放在中部，在梁支座上部应注写为 $2\Phi 25+2\Phi 22$。当梁中间支座两边的上部纵筋不同时，须在支座两边分别标注；当梁中间支座两边的上部纵筋相同时，可仅在支座的一边标注配筋值，另一边省去不注。

2) 梁下部纵筋：当下部纵筋多于一排时，用斜线 "/" 将各排纵筋自上而下分开，如：梁下部纵筋注写为 $6\Phi 25$ 2/4，表示上一排纵筋为 2 根 HRB335 级钢筋、直径 25mm，下一排纵筋为 4 根 HRB335 级钢筋、直径 25mm，全部伸入支座。当同排纵筋有两种直径时，用加号 "+" 将两种直径的纵筋相联，注写时将角部纵筋写在前面。当下部纵筋不全部伸入支座时，将梁支座下部纵筋减少的数量写在括号内，如：梁下部纵筋注写为 $6\Phi 25$ 2(-2)/4，表示上一排纵筋为 2 根 HRB335 级钢筋、直径 25mm，且不伸入支座；下一排纵筋为 4 根 HRB335 级钢筋、直径 25mm，全部伸入支座。图 2-3-11 所示为梁平面注写方式。

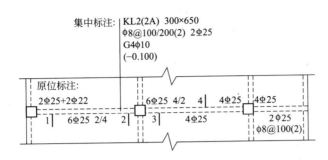

图 2-3-11 梁平面注写方式

由图中集中标注可知：

该框架梁的编号为 2 号梁，有两跨，一端带有悬挑，梁的截面尺寸为梁宽 300mm、梁高 650mm；梁内配有箍筋为一级钢筋（HPB300）直径 8mm，箍筋的间距为梁端加密区是 100mm、梁跨中非加密区是 200mm，双肢箍，梁的上部通长筋为 2 根二级钢筋（HRB335）直径是 25mm；梁的两侧中腰部各配有 2 根纵向构造钢筋为一级钢筋（HPB300）直径 10mm；该框架梁的顶面标高比本层结构层楼面标高低 100mm。

由图中原位标注可知：

左跨框架梁：上部钢筋在梁左支座处（负筋）为 2Φ25＋2Φ22，即 2 根 HRB335 级钢筋、直径是 25mm 放在角部，且为通长筋，2 根 HRB335 级钢筋、直径是 22mm 放在中部；在梁右支座处（负筋）为 6Φ25 4/2，即表示上一排纵筋为 4 根 HRB335 级钢筋、直径是 25mm，下一排纵筋为 2 根 HRB335 级钢筋、直径是 25mm。下部钢筋为 6Φ25 2/4，即表示上一排纵筋为 2 根 HRB335 级钢筋、直径是 25mm，下一排纵筋为 4 根 HRB335 级钢筋、直径是 25mm。

右跨框架梁：上部钢筋在梁左支座处（负筋）为 6 根 HRB335 级钢筋、直径 25mm，上一排为 4 根、下一排为 2 根；下部钢筋为 4 根 HRB335 级钢筋、直径 25mm。

悬挑部分：上部钢筋在梁支座处（负筋）为 4 根 HRB335 级钢筋、直径 25mm，下部钢筋为 2 根 HPB300 级钢筋、直径 16mm；箍筋为 HPB300 级钢筋、直径 8mm，箍筋的间距是 100mm、全部加密，双肢箍。

2. 截面注写方式

在梁平面布置图上分别在不同编号的梁中各选择一根梁，用剖面号引出配筋图，并在其上注写截面尺寸和配筋具体数值的方式，见图 2-3-12 所示。

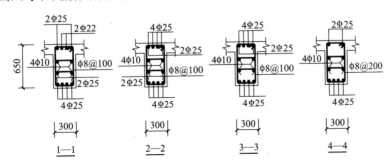

图 2-3-12 截面注写方式示例

本 章 小 结

本章主要介绍了下列内容：

结构施工图的定义、作用及包含内容。

结构施工图中一些相关的规定，如构件的代号、线形的选用、钢筋的表示方法等。

构件中钢筋的类型：受力筋（主筋）、分布筋（温度筋）、箍筋（钢箍）架立筋、其他钢筋（腰筋、吊筋等）。

结构施工图的识读：基础结构图、楼板结构图，介绍了平注法。

预制楼板的长度尺寸一般有三种情况：标志尺寸、构造尺寸、实际尺寸。

复 习 思 考 题

2-3-1 熟悉常用的构件代号、钢筋代号及图例。

2-3-2 构件中钢筋的类型有几种？作用是什么？

2-3-3 什么是保护层？钢筋混凝土构件中为何设置保护层？

2-3-4 基础平面图是如何形成的？表示方法如何？

2-3-5 预制楼板的长度尺寸一般有哪几种？

2-3-6 什么是标志尺寸与构造尺寸？二者之间的关系如何？什么是实际尺寸？

第三篇　建筑材料基本知识

学习目标：通过本篇内容的学习，使学生了解建筑材料的基本知识，熟悉常用材料的基本性质，掌握常用材料的使用方法。

用于建造各类工程，如建筑工程、水利工程、道路工程、国防工程等等的材料，称作为建筑材料，它是基本建设工程的重要的物质基础。在一般建筑工程的造价中，建筑材料的费用占有相当大的比例。建筑材料的规格、质量、性能，决定着建筑工程的结构、质量和施工方法。因此，有必要了解一下建筑材料的类型及基本性能和使用方法。

第一章　材料的基本性质

建筑材料的基本性质是反映其应用特点和可使用性的指标，主要包括力学性质和物理性质等。建筑材料制作的构配件在建筑中，由于所处的部位和工作环境条件的不同，所起的作用也各异，因而对材料的性能要求亦有所不同。如：作为建筑结构的材料承受着各种外荷载作用，就会产生一定的变形，则材料应该具有所需要的力学性能——强度、刚度、稳定性足够；建筑物外围护构件的材料，应具有所需要的物理性能——保温隔热、隔声、防水、耐寒等等。建筑材料的性能在很大程度上决定了建筑物的品质。

第一节　材料的物理性质

一、材料的密度与表观密度

（一）材料的密度

材料在绝对密实状态下单位体积的重量，称作为材料的密度，单位：g/cm^3。

绝对密实状态下的体积是指不包括材料结构内部孔隙所占的体积，亦即仅指材料结构内部固体颗粒所占有的体积。因为材料结构的组成包括固体颗粒物质和孔隙。

（二）材料的表观密度

材料在自然状态下单位体积的重量，称作为材料的表观密度，单位：kg/m^3。

自然状态下的体积是指既包含材料结构内部固体颗粒所占有的体积，也包含材料结构内部孔隙所占有的体积。

材料的表观密度与其含水率有关，因为大多数材料都具有一定的孔隙，材料中所含的水分直接影响到表观密度，即表观密度随含水率的大小而变化，故在测定材料的表观密度时应说明材料的含水率大小。通常情况下除木材以外，其含水率均为零（干燥状态）。所以，对同一种材料而言，表观密度一般小于密度。但有的材料结构非常密实，如钢材、玻璃等几乎无孔隙，其表观密度接近于密度。表观密度与含水率有关，而密度则与含水率无关。

建筑工程中，计算材料用量、构件自重、配料等，经常用到材料密度和表观密度的数据。表 3-1-1 列出一些常用建筑材料的密度及表观密度。

常用建筑材料的密度与表观密度

表 3-1-1

材料	密度(g/cm³)	表观密度(kg/m³)
石灰石	2.60	1800～2600
花岗岩	2.80	2500～2900
碎石(石灰石)	2.60	1400～1700
烧结普通砖	2.50	1600～1800
烧结多孔砖	2.50	1000～1400
普通硅酸盐水泥	3.10	1200～1300
砂	2.60	1450～1650
黏土	2.60	1600～1800
普通混凝土	—	2100～2600
轻骨料混凝土	—	800～1900
木材	1.55	400～800
钢材	7.85	7850
塑料泡沫	—	20～50
水(4℃时)	1.00	1000

二、材料的密实度和孔隙率

(一)材料的密实度

材料的密实度是指材料体积内被固体颗粒物质所充实的程度，以百分数计。

(二)材料的孔隙率

材料的孔隙率是指材料体积内孔隙体积所占有的比例，以百分数计。

由于材料结构内部包括固体颗粒物质和孔隙，故密实度与孔隙率的关系为：密实度＋孔隙率＝1，这种关系说明同一种材料的孔隙率愈大，则密实度愈小。密实度和孔隙率是从两个不同方面来表达出材料的同一性质。孔隙率的大小直接反映出材料的固体颗粒物质致密的程度，所以，工程上常用孔隙率表示材料的密实度。作为承重构件的材料，其密实度应大一些；而作为具有保温隔热、隔声要求的构件材料，则孔隙率应该大一些。

三、材料的吸水性与吸湿性

(一)材料的吸水性

材料在水中能够吸收水分的性质，称作为材料的吸水性，以百分数计。

各种材料的吸水性能相差很大，如花岗岩为 0.5%～0.7%，普通混凝土为 2%～3%，而木材或其他轻质材料则常大于 100%。材料的吸水性主要取决于材料孔隙率大小及孔隙特征，在孔隙率相同的情况下，封闭的孔隙水分不易渗入，粗大连通的孔隙水分难于保留，所以只有连通且微小的孔隙的材料，吸水性才强。

（二）材料的吸湿性

材料的吸湿性就是指材料在潮湿的空气中能够吸收空气中的水分的性质，以百分数来表示。

材料吸湿性的大小，决定于材料本身的组织构造、化学成分、周围环境中空气的相对湿度和温度。

干燥的木材、烧结普通砖、石膏、轻型砌块等吸湿性较为明显，作为保温隔热的材料，也具有较强的吸湿性。

四、材料的耐水性、抗渗性及抗冻性

（一）材料的耐水性

材料的耐水性是指材料长期在饱和水作用下而不破坏，强度也不显著降低的性质，以软化系数表示。软化系数即是材料在吸水饱和状态下的抗压强度与材料在干燥状态下的抗压强度之比。软化系数通常在 0~1 之间，一般把软化系数大于 0.8 的材料，认为其耐水性好。

（二）材料的抗渗性

材料能够抵抗压力水渗透的性能，称作为材料的抗渗性。

抗渗性能好的材料水分不容易渗透。地下防水工程、屋面覆盖材料等均要求有较高的抗渗性。孔隙率小且为封闭式孔隙的材料，其抗渗性较好。

（三）材料的抗冻性

材料的抗冻性是指材料在吸水饱和状态下，能够经受多次的冻融循环而不破坏，不严重降低强度的性能。

水在微小的毛细孔中，当温度下降至 $-15℃$ 以下时冻结，上升到 $20℃$ 时开始融化，从冻结——融化的一个周期，称作为一次冻融循环。材料在经过多次冻融循环以后，重量损失不超过 5%，强度降低不超过 25%，称作为抗冻材料。材料的抗冻性取决于其本身的组织构造、强度以及水的饱和程度等。

材料的耐久性一般情况下多以材料的抗冻性来代表。

五、材料的导热性

材料的导热性是指材料本身具有传导热量的性能，以导热系数 λ 表示，单位为 $W/(m \cdot K)$，即在单位时间内在单位温度条件下通过单位面积所传递的热量。

各种材料的导热系数是不同的，一般在 $0.025~3.5W/(m \cdot K)$ 之间。导热系数越小的材料其保温隔热性能越好，一般把导热系数低于 $0.2W/(m \cdot K)$ 的材料作为保温隔热材料。材料受潮或受冻后，导热系数会增大。如屋顶的保温隔热层吸水受潮后其保温隔热的性能会降低，从而失去保温隔热的作用，这是因为水的导热系数为 $0.5W/(m \cdot K)$，而空气只有 $0.021W/(m \cdot K)$。

第二节　材料的力学性质

一、材料的强度

材料在外力的作用下就会产生变形，此时在材料结构内部分子之间就产生了抵抗变形的相互作用力，这种抵抗力就称作为内力。内力的大小和分布情况，用应力表示，所谓应力就是单位面积上内力的大小。随着外力的逐渐增加，应力也相应地加大，直到材料不再能够承受时，即告破坏，破坏时的应力则称作为极限应力，此时的极限应力值就是材料的强度。换言之，强度就是材料在外力（荷载）的作用下抵抗破坏的能力。

　　材料在建筑物中受到荷载的作用形式有多种，如压、拉、弯、剪、扭等等。根据外力（荷载）作用形式的不同，材料的强度有抗压强度（见图 3-1-1a 所示）、抗拉强度（见图 3-1-1b 所示）、抗弯强度（见图 3-1-1c 所示）、抗剪强度（见图 3-1-1d 所示）、抗扭强度（见图 3-1-1e 所示）等。如雨篷梁，在受弯的同时还受到雨篷板带给的扭力（图 4-4-14 所示），所以雨篷梁还应具有足够的抗扭强度。强度的单位以牛顿每平方毫米（N/mm^2）表示。

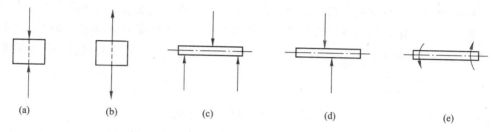

(a)　　　　(b)　　　　(c)　　　　(d)　　　　(e)

图 3-1-1　强度的类型

　　材料的强度主要取决于材料的组成成分及其构造。不同种类的材料具有不同的强度，如烧结普通砖、混凝土、钢材等。即便是同一种类的材料，也有不同的强度等级，如烧结普通砖就有 MU30、MU25、MU20、MU15、MU10 五个等级；混凝土则有 C15、C20、C25、C30、C35、C40、C45、C50、C55、C60、C65、C70、C75、C80 共 14 个等级。一般情况下，材料的表观密度愈小，孔隙率愈大，其强度愈小。砖、石、混凝土等材料的抗压强度较高，而它们的抗拉强度却很低；钢材的抗压强度及抗拉强度均很高。所以，砖、石、混凝土等材料多用于建筑物的受压构件——墙、柱、基础等；钢材则适用于承受各种外力的构件。

　　各种材料的各种强度值，将会在后面的章节中介绍。

二、材料的弹性与塑性

（一）材料的弹性

　　材料在外力的作用下产生变形，若当外力取消后材料能够完全恢复原来的形状的性质，称作为材料的弹性。那么，这种能够完全恢复的变形称作为弹性变形。钢材、木材等具有较高的弹性。弹性是材料的一种优良性能。

（二）材料的塑性

　　材料在外力的作用下产生变形，当外力取消后不能恢复原来的形状而仍然保持变形后的形状的性质，称作为材料的塑性。这种不能完全恢复原状的变形，称作为塑性变形。黏土、混凝土、沥青等材料具有较好的塑性。具有塑性性能的材料对建筑构配件的成型非常重要。

　　材料的弹性与塑性都是相对而言的，实际上没有绝对的弹性或塑性材料。材料的弹性与塑性除了与材料本身组成成分有关外，还与外界条件有关，如外力的大小。材料在受力不大的情况（外力没有超过材料本身的弹性极限应力时）下表现出弹性性能，但是，当外力超过一定限度(超过弹性极限应力)后，即表现出塑性性能，而钢材属于弹性性能好的材料，混凝土属于塑性性能好的材料，只是由于钢材的弹性较为显著、混凝土的塑性比较显著而已。

三、材料的脆性与韧性

(一)材料的脆性

材料受到外力作用达到一定限度后突然破坏，而破坏时并无明显的塑性变形，材料的这种性质称作为脆性。

脆性材料的抗压强度远比抗拉强度高，所以，它适用于受压的结构构件上。砖、石、混凝土等均属脆性材料。

(二)材料的韧性

材料在冲击振动荷载的作用下，能够吸收较大能量的同时也产生较大的变形而不致破坏的性质，称作为材料的韧性。具有韧性性能的材料适用于路面、吊车梁、桥梁、轨道等结构构件，钢材、木材、沥青等属于韧性性能比较好的材料。

四、材料的硬度与耐磨性

(一)材料的硬度

材料的硬度是指材料能够抵抗较硬物体压入的能力。

(二)材料的耐磨性

材料的耐磨性是指材料能够抵抗磨损的能力。

实际上材料的硬度与耐磨性是相关的，因为硬度大的材料比较耐磨，所以，材料的硬度与耐磨性同它的强度及内部构造有关，材料的密实度大，其强度高，相应的硬度就高，则耐磨性也就好。用于楼地面、踏步、台阶等构件的材料应具有足够的硬度和耐磨性。

五、材料的耐久性

在讲材料的抗冻性能时曾提到，材料的耐久性一般情况下多以材料的抗冻性来代表。这是因为材料的抗冻性与其在多种因素破坏作用下的耐久性有密切的关系。譬如，建筑物在使用过程中要受到外力的作用；要受到自然界——风、雨、雪、日晒的侵袭，要受到化学物质——酸、碱、盐等的侵蚀等等。材料在这些外界因素的作用下而不破坏，并且尚能保持其原有性能的性质，称作为材料的耐久性。实际上材料的耐久性是一项综合的性质。

材料的耐久性越好，建筑物的安全度越高，使用年限越长。

本 章 小 结

建筑材料：建造各类工程所用的材料。

作为建筑结构的材料应该具有所需要的力学性能——强度、刚度、稳定性足够；建筑物外围护构件的材料应具有所需要的物理性能——保温隔热、隔声、防水、耐寒等等。

物理性能有：材料的密度、表观密度；密实度、孔隙率；吸水性、吸湿性；耐水性、抗渗性、抗冻性；导热性等。

力学性能有：材料的强度；弹性(弹性变形)、塑性(塑性变形)；脆性、韧性；硬度、耐磨性；耐久性等。

复 习 思 考 题

3-1-1　什么是建筑材料?

3-1-2　材料的基本性质包括哪两个方面?

3-1-3　材料的物理性质一般包括哪几个方面?

3-1-4　材料的力学性质一般包括哪几个方面?

第二章 胶 凝 材 料

胶凝材料就是在建造房屋建筑过程中，通过其自身的凝结硬化的过程把颗粒状的材料（如砂子、石子等）和块状的材料（如各种类型砌块、砖等）粘结成为一个整体的材料。胶凝材料的品种随着现代科学技术的发展而越来越多，但归纳起来可以分为两大类：有机胶凝材料（如沥青等）和无机胶凝材料（如水泥、石灰、石膏等）。在本章节中主要介绍无机胶凝材料。

建筑上用的胶凝材料是在一定的条件下通过一系列的物理化学变化而形成的。故无机胶凝材料按照其凝结硬化的条件又可分为气硬性的胶凝材料（石灰、石膏等）和水硬性的胶凝材料（如水泥）。

第一节 气硬性胶凝材料

气硬性的胶凝材料就是只能在空气中凝结硬化，也只能在空气中保持或发展其强度。由此可知，气硬性的胶凝材料只能用于地面以上且应在干燥的环境中的建筑。气硬性的胶凝材料有多种，在此仅介绍石膏和石灰两种。

一、石膏

石膏是室内装饰工程中常用的材料之一，呈白色，具有质量轻、凝结快、吸声、保温隔热、耐火性好、装饰性好、易加工且资源丰富等特点。

（一）石膏的产生

石膏的主要成分是硫酸钙（$CaSO_4$），是以天然的二水石膏（$CaSO_4 \cdot 2H_2O$——生石膏）经过高温煅烧后磨细而成。石膏有着广泛的应用，如医用石膏、建筑石膏、模型石膏、高强石膏等。在此仅介绍建筑石膏。

（二）建筑石膏

建筑石膏是以天然二水石膏经 $107 \sim 170℃$ 煅烧后经磨细而成。与适量的水混合后，最初成为可塑性的浆体，但很快就会失去塑性，随之迅速产生强度，成为固体。

建筑石膏凝结硬化后具有较强的吸湿性，在潮湿的环境中强度显著降低。所以，建筑石膏适用于干燥的环境中，如干燥房间内的装修，可以做成各种装饰饰品——石膏线、石膏饰花等，以及各种石膏板类，如石膏刨花板、石膏纤维板、石膏装饰板等。

二、石灰

石灰在房屋建筑工程中的用量大、范围广。这是因为石灰的原材料在我国分布较广、生产工艺简单、廉价、性能好。从配制建筑材料、拌制砂浆、做灰土垫层、制作砌块到室内装修等，都需要用石灰。

（一）石灰的产生

石灰是以石灰石为原料，石灰石的主要成分是碳酸钙（$CaCO_3$），石灰石在高温煅烧的过程中释放出二氧化碳（CO_2）而生成生石灰（CaO），其化学反应方程式：$CaCO_3 \rightarrow CaO + CO_2 \uparrow$。窑内温度的高低及均匀程度决定着石灰的质量。温度过高会产生过火石灰，这种石灰质地较密实，消解熟化比较缓慢，其细小部分很可能在石灰熟化过程中没有完全熟化，往往在石灰应用以后熟化，从而造成已硬化的灰浆中产生膨胀而崩裂，就会影响工程质量和美观，如用于墙面抹灰，就会出现起鼓、开裂、甚至脱落。当窑内煅烧温度过低或煅烧时间不足或窑温不均匀时，石灰石在窑内尚未完全分解，没有烧透，就会生产出欠火石灰，欠火石灰属于废品，不能用于重要工程中。石灰石在煅烧时一般要求窑内的温度应在 1000～1200℃ 之间。质量好的石灰，火候均匀，质地较轻，易于熟化。

（二）石灰的熟化

因为石灰石经高温煅烧生产出的是生石灰。而用于工程上的石灰如在调制石灰砌筑砂浆或抹灰砂浆时应使用熟石灰（消石灰），即需将生石灰进行熟化。

石灰的熟化就是将生石灰加水，使之消解为熟石灰的过程。其化学反应方程式是：

$$CaO + H_2O \rightarrow Ca(OH)_2 + Q$$

氢氧化钙就是熟石灰——石灰膏，然后再按其用途，或加水稀释成石灰乳，用于室内粉刷；或者是掺入适量砂子、水泥，配制成石灰砂浆、混合砂浆等，用于墙体的砌筑或抹面。石灰在熟化过程中释放出大量的热，同时体积也会膨胀。

建筑工地上石灰的熟化是在化灰池中进行的。即把块状的生石灰放入化灰池中，然后加水使之沉淀成熟石灰，经熟化以后的石灰应在化灰池中存放一周以上，称作为陈伏期，目的是使生石灰完全熟化，因为未熟透的石灰颗粒使用后同样影响工程质量，并且在存放时石灰浆表面必须保持有一层水分，与空气分隔开来，否则容易碳化。

（三）石灰的硬化

石灰浆体在空气中逐渐硬化，具有一定强度，主要原因有两个方面，结晶作用和碳化作用。结晶作用就是浆体内的游离水分蒸发，氢氧化钙逐渐地从饱和溶液中析出并转为结晶体，强度增加。碳化作用是氢氧化钙与空气中的二氧化碳化合生成碳酸钙，析出水分并蒸发。

（四）石灰的特性

石灰是一种硬化较慢的材料，这可从石灰浆体硬化的条件来看。因为石灰浆体的硬化只能在空气中进行，而空气中的二氧化碳非常稀薄，且石灰浆表面碳化后形成一层紧密的外壳，二氧化碳进入浆体内较慢，浆体内部的水分析出也比较困难，所以致使石灰浆的碳化作用缓慢。再有，石灰浆在硬化过程中析出游离水分被蒸发，体积有明显的收缩，而硬化后的石灰的抗拉性能较低，所以不宜单独使用，除了调制成石灰乳液作涂刷层外，一般与砂子、纸筋、麻刀等共用，以减少收缩。石灰与砂子配制成石灰砂浆，用于砌筑墙体、墙面抹灰等工程，当基层砌体材料为吸水性较大的材料时，如各种类型的轻型砌块等，则应先将材料的基面润湿，以免砂浆浆体脱水过快而成为干粉状，从而丧失了胶结能力，故石灰浆体脱水不易太快。石灰硬化后虽然强度增加，但强度不高，若受潮后石灰溶解其强度更低，故石灰不宜用在潮湿的环境中。

（五）石灰的贮存保管

石灰在贮存期间应注意保管方式。贮存时应注意防潮且不宜放置太久，这是因为生石灰放置时间过长，会吸收空气中的水分而自然形成熟化，再与空气中的二氧化碳作用又还原成碳酸钙，则胶结能力降低。一般是把石灰浆的陈伏期变为贮存期，就是把运到现场后的生石灰随即放到化灰池中进行熟化。再有，石灰熟化的反应是放热反应，由于释放出大量的热而容易引起火灾，所以还应注意安全。

第二节　水硬性胶凝材料

水硬性的胶凝材料不同于气硬性的胶凝材料，它不仅能在空气中硬化，而且能更好地在水中硬化，保持并发展其强度。故水硬性胶凝材料既可以用于干燥的环境中，也可以用于潮湿的环境中，甚至水中。各种水泥即是水硬性的胶凝材料，与水混合后能将砂子、石子等散粒状材料牢固地粘结在一起。

水泥呈粉末状，与水混合后成为可塑性的浆体，经过凝结硬化后变成坚硬的固体。水泥有很强的粘结力，且有良好的水硬性和可塑性，凝结硬化后强度大，经久耐用，特别是在现代建筑业快速发展的时期，其应用是非常广泛的，从房屋建筑工程到道路工程、水利工程以及国防建设工程等等需用量是相当大的，在整个国民经济中起着十分重要的作用，属于建筑工业基本建筑材料之一。

一、水泥的产生及其种类

水泥的种类随着科学技术的发展越来越多。按其矿物组成的成分来分有硅酸盐类水泥、铝酸盐类水泥、硫铝酸盐类水泥、铁铝酸盐类水泥等。按用途可分为通用水泥（以硅酸盐水泥熟料、适量石膏及规定的混合材料制成的水硬性胶凝材料）——一般建筑工程通常采用的水泥，如硅酸盐水泥、普通硅酸盐水泥等，通用水泥用量最大；专用水泥——有专门用途的水泥，如砌筑水泥、中热硅酸盐水泥、低热矿渣硅酸盐水泥、油井水泥等；特性水泥——某种性能比较突出的一类水泥，如快硬水泥（早期强度很高，主要适用于要求早期强度高的工程或紧急抢修的工程或冬期施工的工程等）、膨胀水泥（硬化过程中体积不收缩，而有不同程度的膨胀，改变了普通水泥硬化时体积收缩，产生裂缝的现象）、抗硫酸盐硅酸盐水泥等等。在房屋建筑工程中硅酸盐类水泥是最基本的品种，且用量最广。结合所学专业的性质，本书仅介绍硅酸盐类水泥。

二、硅酸盐类水泥的产生及种类

硅酸盐类水泥就是以适当成分的生料煅烧成以硅酸盐为主要成分的熟料，再加上适当的其他一些矿物质经加工而成的胶凝材料。

我国目前常用的硅酸盐类水泥有硅酸盐水泥、普通硅酸盐水泥、矿渣硅酸盐水泥、火山灰质硅酸盐水泥、粉煤灰硅酸盐水泥、复合硅酸盐水泥。

（一）硅酸盐水泥（代号：P·Ⅰ及P·Ⅱ）

生成过程：由硅酸盐水泥熟料、石膏经磨细制成的水硬性胶凝材料。

以黏土、石灰石、铁矿粉按一定比例配合组成生料烧至部分熔融，生产出以硅酸钙为主要成分的硅酸盐水泥熟料（颗粒状）即：

$$石灰石 \atop 黏土 \atop 铁矿粉 \Bigg\} \longrightarrow 生料 \to 硅酸盐水泥熟料$$

P·Ⅰ——Ⅰ型硅酸盐水泥，即在硅酸盐水泥粉磨细时不掺入混合材料。

P·Ⅱ——Ⅱ型硅酸盐水泥，即在硅酸盐水泥粉磨细时掺入不超过水泥质量5％的石灰石或粒化高炉矿渣混合材料。

硅酸盐水泥凝结硬化快，强度高，抗冻性好，干缩小，但水化热大，耐腐蚀性及耐热性差。适用于重要结构的高强度混凝土和预应力混凝土结构，地上、地下、水中的混凝土结构，严寒地区受冰冻的混凝土工程等，不宜用于大体积混凝土工程、易受腐蚀的混凝土及耐热高温养护的混凝土。

（二）普通硅酸盐水泥（代号：P·O）

普通硅酸盐水泥简称普通水泥，其生成过程：由硅酸盐水泥熟料、适量石膏、混合材料经磨细制成的水硬性胶凝材料。

在水泥熟料中掺入适量的石膏，其目的是可以调节水泥凝结硬化的速度。如果不掺石膏或掺入量不足，则水泥与水作用后会出现瞬凝现象，又称急凝，是一种不正常的凝结现象。即水泥与水拌合后水泥浆体很快凝结成一种很粗糙、非塑性的混合物固体，再搅拌也不会恢复塑性，从而使施工不能顺利进行。但掺入量也不能过多，这是因为用量过多时则在后期将引起水泥石的膨胀破坏。所以石膏的掺入量必须严格控制。

混合材料指的是天然的或人工的矿物材料，一般就地采用天然岩矿或工业废渣等。混合材料按其掺入水泥中的作用可分为：

（1）非活性混合材料：该种材料与水泥成分不起作用或化学作用很小（也可称作为填充性混合材料），如磨细的石灰岩、砂岩、黏土等。加入非活性混合材料可提高水泥产量，调整水泥的强度，有时也可增加水泥浆的流动性和保水性。

（2）活性混合材料：这种材料与水泥成分发生化学反应作用，如火山灰质混合材料（火山灰、烧黏土、粉煤灰等）和粒化高炉矿渣。活性混合材料与气硬性生石灰拌湿后，能使气硬性石灰具有明显的水硬性，可提高水泥耐腐蚀性能。

混合材料的掺入量按重量百分比计算，其掺入量>5%且≤20%。掺活性混合材料时，不得超过15%；掺非活性混合材料时，不得超过10%；同时掺活性和非活性混合材料时，总量不得超过15%。其中非活性混合材料不得超过10%。

普通硅酸盐水泥早期强度较高，后期强度高，抗冻性较好，但水化热大，耐腐蚀性较差。适用于一般土建工程及有抗冻要求的工程，不宜用于大体积混凝土工程、受侵蚀的结构中。

（三）矿渣硅酸盐水泥（代号：P·S）

矿渣硅酸盐水泥的生成过程：由硅酸盐水泥熟料、适量石膏、粒化高炉矿渣经磨细制成的水硬性胶凝材料。

粒化高炉矿渣：将炼铁高炉的熔融矿渣，经急速冷却而成。掺入量按重量>20%且≤70%。

矿渣硅酸盐水泥的抗侵蚀性、耐热性、耐水性均好，水化热较低，后期强度增长较快。但凝结慢，早期强度低，抗冻性较差，泌水性及干缩性较大。适用于一般的土建工程，大体积工程，地下、水中工程，有耐热、抗侵蚀性要求的工程等，不宜用于早期强度要求高的结构中。

（四）火山灰质硅酸盐水泥（代号：P·P）

火山灰质硅酸盐水泥的生成过程：由硅酸盐水泥熟料、适量石膏、火山灰质混合材料经磨细制成的水硬性胶凝材料。

火山灰就是在火山爆发时，随同熔岩一起喷发出来的碎屑，沉积在路地面上的物质，呈松软状，使用时需磨细。常用的火山灰质混合材料有火山灰、煤矸石、烧页岩、烧黏土等。

火山灰质混合材料掺入量按重量＞20％且≤40％。

火山灰水泥抗侵蚀性能强，水化热低，后期强度增长较快，抗渗性好。但早期强度低，吸水性强，干缩性较大，抗冻性及耐热性较差。适用于一般的土建工程，地上、地下、水中结构，大体积工程，蒸汽养护的混凝土构件，但不适用于反复冻融等工程结构。

（五）粉煤灰硅酸盐水泥（代号：P·F）

粉煤灰硅酸盐水泥的生成过程：由硅酸盐水泥熟料、适量石膏、粉煤灰经磨细制成的水硬性胶凝材料。

粉煤灰是从以煤粉作燃料的锅炉烟道中的烟气中收集起来的粉末状的灰渣。粉煤灰的掺入量按重量＞20％且≤40％。

粉煤灰水泥水化热低，抗裂性、抗侵蚀性较好，干缩小。但抗冻性较差，抗碳化能力差。可用于一般的土建工程，尤其适用于地上、地下、水中及大体积工程、海港工程等，有抗侵蚀性要求的一般工程，有抗裂性要求的构件及蒸汽养护的混凝土构件等。

（六）复合硅酸盐水泥（代号：P·C）

复合硅酸盐水泥的生成过程：由硅酸盐水泥熟料、适量石膏、两种或两种以上规定的混合材料经磨细制成的水硬性胶凝材料。

混合材料的掺入量＞20％且≤50％。

复合硅酸盐水泥早期强度较高，水化热低，抗冻性、抗渗性及耐腐蚀性好，广泛用于各种工业与民用建筑工程结构中。

三、水泥的凝结硬化

水泥中加入适量的水拌和后成为可塑性的水泥浆，在经过一定时间的物理化学变化过程后，水泥浆逐渐变稠失去塑性，达到不易再搅拌的程度，但尚不具有强度，这一过程称作为"初凝"。随后，达到基本变硬，即开始具有强度，称作为"终凝"。之后强度继续增长，成为坚硬的固体——水泥石，称作为"硬化"。"凝结"和"硬化"是人为地划分的，实际上是一个连续的变化过程。水泥的凝结硬化过程一般需要比较长的时间，其间硬化速度的快慢也不同，初期反应较快，后期则慢。这是因为水泥与水发生水化反应后，在水泥颗粒表面生成一种胶膜层，从而减缓了外部水分向内渗入的速度，使水化作用受阻，强度上升变慢。这种硬化过程一般需要28d。

影响水泥硬化速度的因素有多方面，矿物成分、磨细度、温湿度、加水量等，如：水泥颗粒越细，其总表面积就越大，与水接触面积越大，则凝结硬化也就越快。又如：养护时温湿度越高，凝结硬化越快，反之则慢，当温度低于0℃时停止凝结硬化作用；加水量太多，水泥浆过稀则凝结硬化慢，过少水泥不能充分水化，影响强度，加水量适中凝结硬化快。

四、水泥的技术性质

水泥的技术性质包括以下几个方面：

（一）细度

细度是指水泥颗粒的粗细程度。水泥颗粒的粗细程度对水泥的凝结硬化速度及其性质有比较大的影响。水泥颗粒细，其凝结硬化的速度快，早期强度则高；粗则慢。但是，盲目地追求水泥颗粒的细度，也就是说水泥颗粒过细，会增加水泥的造价，凝结硬化时的收缩也相应加大。水泥颗粒的粒径一般为 0.007～0.2mm。我国规定的水泥细度，用 0.08mm 方孔筛，其筛余物在 15% 以内，为标准细度。

（二）标准稠度用水量

水泥与水混合拌匀形成水泥浆，水泥浆的稀稠程度直接影响到水泥凝结硬化的速度、体积安定性等。水泥净浆的标准稠度是国家有关部门按标准方法拌制、测试，达到规定的可塑性程度。在检测水泥的凝结时间、体积安定性时均以标准稠度为标准。标准稠度用水量则是指水泥净浆达到标准稠度时所需的拌合用水量，以水占水泥重量的百分比表示。普通水泥的标准稠度用水量一般在 23%～31% 之间。

（三）凝结时间

水泥与水拌合以后开始进行水化热反应，随着时间的推移，水泥浆从可塑性的浆体逐渐失去塑性，凝结成具有一定硬度的固体，这一变化过程称作为水泥的凝结，而凝结过程所需要的时间则称作为凝结时间，凝结时间的控制对建筑工程的施工有重大意义。水泥一般与砂子、石子拌制成砂浆或混凝土，若凝结过快，砂浆的砌抹或混凝土的浇捣不能顺利进行，从而降低砂浆或混凝土的强度；若凝结过慢则会延长施工进度。凝结时间分为初凝时间和终凝时间，从水泥加水拌合开始失去塑性作用的时间，称作为初凝时间，到完全失去塑性并开始产生强度的时间，称作为终凝时间。水泥用于砂浆或混凝土作业时，从搅拌、运输、砌抹、浇捣等一切工序，均需在初凝之前完成，故初凝时间必须满足砌抹、浇捣作业的要求。当上述一系列工序完成后则要求尽快凝结硬化，具有强度，故终凝时间不能太迟。我国通用水泥标准规定：硅酸盐水泥初凝时间不小于 45min，终凝时间不大于 390 min；普通硅酸盐水泥、矿渣硅酸盐水泥、火山灰质硅酸盐水泥、粉煤灰硅酸盐水泥和复合硅酸盐水泥初凝时间不小于 45min，终凝时间不大于 600min。

（四）体积安定性

水泥浆在凝结硬化的过程中其体积有一定的变化，不管是收缩还是膨胀，应该是均匀的变化。水泥的体积安定性是指标准稠度的水泥浆在凝结硬化过程中体积变化是否均匀的性质。体积变化均匀对建筑物的质量没有影响。如果在凝结硬化过程中出现体积不均匀变化，则为体积安定性不良。体积安定性不良的水泥属于不合格产品，不能用于建筑工程中。因为，体积安定性不良的水泥在水泥浆硬化过程中或硬化后产生不均匀的体积变化，建筑物内部会产生破坏应力，从而使建筑物产生膨胀裂缝，导致建筑物的强度下降，降低建筑物的质量，甚至会出现严重的事故。

（五）强度

强度是确定水泥等级的指标，也是选用水泥的主要依据。

根据国家标准规定：水泥和标准砂按 1∶2.5 混合，加入规定的水量（水灰比 0.44），按规定的方法制成试块（4cm×4cm×16cm），在标准温度（20±2℃）的水中养护，测定 3d、28d 的抗压和抗折（拉）强度。以 28d 的抗压强度值为依据，确定水泥的强度等级，见表 3-2-1 所示。

硅酸盐类水泥强度值 表 3-2-1

品种	强度等级	抗压强度(MPa)		抗折强度(MPa)	
		3d	28d	3d	28d
硅酸盐水泥	42.5	≥17.0	≥42.5	≥3.5	≥6.5
	42.5R	≥22.0		≥4.0	
	52.5	≥23.0	≥52.5	≥4.0	≥7.0
	52.5R	≥27.0		≥5.0	
	62.5	≥28.0	≥62.5	≥5.0	≥8.0
	62.5R	≥32.0		≥5.5	
普通硅酸盐水泥	42.5	≥17.0	≥42.5	≥3.5	≥6.5
	≥42.5R	≥22.0		≥4.0	
	≥52.5	≥23.0	≥52.5	≥4.0	≥7.0
	≥52.5R	≥27.0		≥5.0	
矿渣硅酸盐水泥 火山灰硅酸盐水泥 粉煤灰硅酸盐水泥 复合硅酸盐水泥	≥32.5	≥10.0	≥32.5	≥2.5	≥5.5
	≥32.5R	≥15.0		≥3.5	
	≥42.5	≥15.0	≥42.5	≥3.5	≥6.5
	≥42.5R	≥19.0		≥4.0	
	≥52.5	≥21.0	≥52.5	≥4.0	≥7.0
	≥52.5R	≥23.0		≥4.5	

注：R 为早强型。

（六）水化热

水泥与水混合后，水泥颗粒表面与水发生水解，称作为水化。水泥在水化过程中放出一定的热量，称作为水化热。水化热是影响大体积混凝土工程质量的不利因素。这是因为大体积混凝土浇筑工程中，由于水化热聚积在构件内部不易散发出来造成内部温度偏高，由此形成构件的内部和外侧较大的温差，这个温差所引起的应力很可能会使混凝土产生裂缝（混凝土属脆性材料，抗拉强度低）。

五、水泥的保管和使用

由于水泥受潮后会发生水化作用而凝结成块，因而在水泥运输和贮存时一定要注意防潮、防水，不得混入杂物。贮存水泥的仓库，应经常保持干燥，防止屋面和外墙漏水。水泥可以袋装也可以散装。袋装水泥的包装袋上用不同颜色印刷出水泥名称和强度等级，硅酸盐水泥、普通硅酸盐水泥采用红色印刷，矿渣硅酸盐水泥采用绿色印刷，火山灰质硅酸盐水泥、粉煤灰硅酸盐水泥、复合硅酸盐水泥采用黑色或蓝色印刷；散装水泥应提交与袋装水泥标志相同内容的卡片。袋装水泥的堆放高度一般不宜超过10包；散装水泥应分库存放。贮存时应按不同的品种、强度等级、出厂日期分别存放，并挂牌，避免混杂。贮存时间也不宜过长，一般不超过三个月。

本 章 小 结

胶凝材料：在建造房屋建筑的过程中，通过其自身的凝结硬化过程把颗粒状的材料和块状的材料粘结成为一个整体的材料。

类型：有机胶凝材料和无机胶凝材料；气硬性的胶凝材料(石灰、石膏等)和水硬性的胶凝材料(如水泥)。石灰、石膏的生成、特性、应用及储存方法。水泥的种类，侧重于硅酸盐类水泥，其类型、组成、特性、应用及储存方法。

复习思考题

3-2-1　什么是胶凝材料？有哪两大类？

3-2-2　什么是气硬性的胶凝材料？常用的有哪几种？适用范围是什么？

3-2-3　什么是水硬性的胶凝材料？常用的是哪几种？适用范围是什么？

3-2-4　气硬性胶凝材料和水硬性胶凝材料的不同在哪里？

3-2-5　什么是(生)石灰的熟化？工地上如何进行？熟化过程中有何要求？

3-2-6　简述石灰的特性。

3-2-7　石灰如何贮存保管？

3-2-8　水泥种类有哪些？

3-2-9　什么是硅酸盐水泥？一般有哪几种？

3-2-10　在硅酸盐水泥熟料中为何加入适当石膏、混合材料？

3-2-11　水泥的技术性质包括哪些？解释细度、标准稠度用水量、凝结时间、体积安定性、水化热？

3-2-12　水泥如何保管和使用？

第三章　砂浆与混凝土

第一节　概　述

砂浆和混凝土在建筑工程中的使用量是相当大的。砂浆可以砌筑墙体，抹墙面、做垫层、做找平层、配制混凝土等；混凝土可以单独的制作为建筑物的构配件，如墙、柱，与钢筋共同合作则应用范围更广，梁、板、柱、墙等等。它们的组成成分有许多相同的，由胶凝材料、骨料、水组成，骨料指的是砂子、石子。可以说混凝土的组成成分中大多包含有砂浆的组成成分。

一、砂浆的组成及分类

（一）砂浆的组成

砂浆是由无机胶凝材料（如水泥、石灰）、细骨料（如砂子）和水组成。关于无机胶凝材料前面已讲过，这里主要介绍砂子。砂子是岩石风化而成的。

从其来源 { 河砂：颗粒较圆滑，地质坚固，且比较干净
海砂：颗粒较圆滑，但常夹有杂质，如贝壳、碎片等
山砂：颗粒多棱角，表面粗糙，常含有较多粉状黏土和有机质

一般工程多采用河砂。

按其直径 { 粗砂：平均粒径在 0.5mm 以上
中砂：平均粒径在 0.35～0.5mm 之间
细砂：平均粒径在 0.25～0.35mm 之间
粉砂：平均粒径在 0.25mm 以下

按其加工方法不同 { 天然砂
人工破碎砂

在生产砂浆、普通混凝土时主要采用天然砂。砂子的质量要求是无杂质的。

（二）砂浆的种类

1. 按胶凝材料分有

水泥砂浆——水泥＋砂＋水

石灰砂浆——石灰＋砂＋水

混合砂浆——水泥＋石灰＋砂＋水

2. 按用途分有

砌筑砂浆——用于砌筑各种块材（如砖、石、砌块等）的砂浆

抹灰砂浆——用于抹面的砂浆

防水砂浆——制作防水层、防潮层的砂浆

二、混凝土的组成及分类

（一）混凝土的组成

混凝土是由胶凝材料（无机：水泥、石膏等；有机：沥青）、粗骨料（石子）、细骨料

（砂子）和水按一定比例配合，拌制成混合物，经凝结硬化而成的人造石材。目前应用最广的仍然是由无机胶凝材料制成的混凝土。

在混凝土组成成分中，砂子、石子起骨架作用，水泥与水形成水泥浆包裹在砂子、石子表面并填充其空间。在凝结硬化前水泥浆起润滑作用，使混凝土混合物具有一定的和易性；在凝结硬化后则将砂、石粘结成一个坚硬的整体。

（二）混凝土的分类

按胶凝材料分有：水泥混凝土、石膏混凝土、沥青混凝土等。

按表观密度分有：特重混凝土（大于 2600kg/m³）、重混凝土（1900～2500kg/m³）、轻混凝土（小于 1900kg/m³）。

按用途分有：普通混凝土、防水混凝土、耐酸混凝土、喷射混凝土等。

三、混凝土的主要特点

1. 混凝土具有较高的抗压强度，所以可根据结构的不同要求配制成各种不同性质、强度的混凝土。

2. 混凝土混合物在凝结硬化前具有良好的可塑性，故可浇筑成任何形状的构件或结构物。

3. 混凝土混合物凝结硬化后强度高，且有较高的耐久性，故对外界侵蚀破坏因素有较好的抵抗力，同时也是较好的防水材料。

4. 混凝土与钢筋有牢固的粘结力，故能制作钢筋混凝土结构和构件、预应力钢筋混凝土构件。

5. 混凝土组成材料中砂子、石子、水等约占80％以上，其价格低廉，可就地取材。

6. 可充分利用工业废料作为骨料，减轻自重，并有利于环境保护。

7. 混凝土在日常使用过程中维修、保养费用少。

8. 自重大，混凝土中骨料为砂子、石子，其占有量约为80％左右。

9. 养护时间长，混凝土混合物由最初的可塑性的浆体经凝结硬化到坚硬的固体需要一定的养护时间，一般约为28天。

10. 抗拉强度低，混凝土属于脆性材料，其抗拉强度小，受拉时变形能力小，容易开裂。

在土木建筑工程中应用最为广泛的是以水泥为胶凝材料，砂子、石子为骨料组成的普通混凝土。在此，主要介绍普通混凝土。

四、对骨料的质量要求

（一）含有的杂质成分不能过多，见表3-3-1所示。

砂、石中有害杂质含量（％）

表 3-3-1

骨料种类	砂			石		
项目	Ⅰ类	Ⅱ类	Ⅲ类	Ⅰ类	Ⅱ类	Ⅲ类
含泥量	<1.0	<3.0	<5.0	<0.5	<1.0	<1.5
泥块含量	0	<1.0	<2.0	0	<0.5	<0.7
云母，<	1.0	2.0	2.0	—	—	—
有机物	合格	合格	合格	合格	合格	合格

续表

骨料种类	砂			石		
项目	Ⅰ类	Ⅱ类	Ⅲ类	Ⅰ类	Ⅱ类	Ⅲ类
硫化物及硫酸盐，<	0.5	0.5	0.5	0.5	1.0	1.0
氯化物，<	0.01	0.02	0.06	0.5	1.0	1.0
质量损失，<	8	8	10	5	8	12
针片状颗粒，<	—	—	—	5	15	25

（二）骨料的颗粒级配及粗细程度

骨料的颗粒级配是指骨料颗粒大小搭配的情况。在拌制砂浆或混凝土时，骨料之间的空隙是由水泥浆填充的，骨料级配好的可以节约水泥，因为在砂浆或混凝土组成成分中水泥的价格最贵，提高砂浆或混凝土的强度。石子之间的空隙由砂子来填充，而砂子之间空隙由水泥填充，见图3-3-1所示。

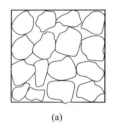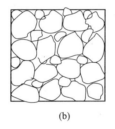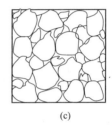

(a)　　　　　　　　　(b)　　　　　　　　　(c)

图 3-3-1　颗粒级配

骨料的粗细程度是指不同粒径的颗粒，混合在一起的总体的粗细程度。

第二节　砂　　浆

一、砌筑砂浆

砌筑砂浆在砌体中起着传递荷载的作用，属于承重部分，是砌体的重要组成部分，砂浆质量的好坏直接影响到砌体的质量。

（一）组成材料

砌筑砂浆的主要材料：水泥、石灰、砂子和水。

1. 水泥

配制砌筑砂浆时，常用的水泥品种均可使用。选择水泥强度一般为砂浆强度的4～5倍。一般选择中等强度的水泥就能满足需要。

2. 石灰

使用的石灰要经过过滤并且熟化7天以上的熟石灰。配制砌筑砂浆放入石灰可以改善砂浆的和易性，节约水泥。

3. 砂子

宜选用河砂且为中砂。要求坚固清洁，级配适宜。级配良好的砂子可节约水泥。砂子在使用前要过筛。由于砂浆层的厚度较薄（10mm左右），对砂子最大粒径应有所限制，最大粒径通常为铺浆厚度的 1/5～1/4。

4. 水

应选用不含有害物质的洁净水。

（二）砂浆的主要技术性质

砂浆在凝结硬化前应具有良好的和易性，和易性是指组成砂浆成分的均匀，不产生离析现象，易于施工操作的性能。因为和易性好的砂浆给施工操作带来方便，比较容易在粗糙的基层面上铺设成均匀的薄层，并且能很好地和基层面粘结牢固，从而保证了工程质量。砂浆的和易性包括稠度和保水性两个方面。砂浆在凝结硬化后应具有所需要的强度，而且变形不能过大。所以对砌体砂浆的基本要求主要是稠度、保水性和强度。

1. 砂浆的稠度

砂浆的稠度是指砂浆浆体稀稠的程度，也可称作为砂浆的流动性，即在自身重力或外力的作用下能够流动的性能。砂浆浆体稀一些其流动性能好，稠一些则流动性差。

影响砂浆流动性的因素较多，如胶凝材料用量的多少、拌合用水量的多少、砂子颗粒形状、粗细程度、级配情况以及砂浆浆体搅拌时间的长短等等。胶凝材料用量多、拌合用水量大、砂子颗粒表面圆滑、砂子粒径小、砂浆浆体搅拌时间长，则其流动性就好。砂浆应有适当的稠度，过稠不利于施工操作，而过稀则延长凝结硬化的时间，强度产生的慢，影响工程进度。砂浆稠度的选择应根据砌体的材料类型及天气情况来定，如对于多孔吸水性强的砌体材料和干热的天气，则要求砂浆的流动性大一些；相反，对于密实不吸水的砌体材料和阴冷潮湿的天气，可要求砂浆的流动性小一些。砂浆的稠度以沉入度（单位：mm）的大小来衡量，实验室中用一锥体器皿装入砂浆，然后将标准锥体自由落入浆体中10s，观察其沉入的深度。表 3-3-2 列出几种材料砌体砂浆的沉入度。

砌 筑 砂 浆 的 稠 度（mm）　　　　　　　　　　表 3-3-2

砌体种类	砂浆稠度
烧结普通砖砌体	70～90
轻骨料混凝土小型空心砌块砌体	60～90
烧结多孔砖，空心砖砌体	60～80
烧结普通砖平拱式过梁 空斗墙，筒拱 普通混凝土小型空心砌块砌体 加气混凝土砌块砌体	50～70
石砌体	30～50

2. 砂浆的保水性

砂浆的保水性是指砂浆混合物能够保持水分的能力或指砂浆中各项组成材料不易分离的性质。砂浆的质量在很大程度上取决于其保水性。保水性好的砂浆在存放、运输和使用过程中不会产生泌水离析现象，水分不会很快的流失，使砂浆具有一定的流动性，能够使砂浆均匀的铺一薄层，从而保证了砌体工程的质量。反之，如果砂浆的保水性不好，在施工过程中很容易产生泌水、分层离析，新铺在基层面上的砂浆中的水分会很快地被基层吸去，由此而影响胶凝材料的正常硬化，降低了砂浆本身的强度，而且与基层面粘结不牢，从而降低了砌体的强度,影响工程质量。

砂浆的保水性以分层度来表示。即对砂浆进行两次沉入度的测定,两次之间间隔30min。两次的差值不宜大于30mm,说明其保水性能良好。分层度大于30mm的砂浆容易产生离析,不便于施工。但如果分层度过小,接近于零的砂浆,容易引起干缩裂缝。砂浆分层度不宜小于10mm。

3. 砂浆的强度

凝结硬化后的砂浆属于脆性材料,所以,砂浆的强度主要以其抗压强度的大小来评定。以边长为70.7mm的正方体试块,每组试块为6块,在标准温度(20±3℃)和相对湿度适宜(水泥砂浆的湿度在90%以上、水泥石灰砂浆的湿度在60%~80%)的环境中进行养护至28天,测定其抗压强度值。砂浆的强度等级符号以M表示,砂浆的强度等级有五个级别,分别为M15、M10、M7.5、M5和M2.5。

影响砂浆强度的因素有很多,如胶凝材料强度的大小、水灰比(水与水泥)的大小、砂浆的和易性的好坏等等。

（三）砌筑砂浆的应用

水泥砂浆、混合砂浆宜用于砌筑潮湿环境及强度要求较高的砌体,但对于湿土中的基础一般只用水泥砂浆。石灰砂浆宜用于砌筑干燥环境中的砌体、强度要求不高的砌体。

二、抹灰砂浆

用于墙面、楼地面、顶棚以及梁、柱结构表面,起到保护结构及装饰效果的砂浆,称作为抹灰砂浆。

抹灰砂浆也应具有良好的和易性,易抹成均匀平整的薄层。同时还应有较高的粘结力,从而与基层粘结牢固。

抹灰砂浆的组成材料与砌筑砂浆基本相同,有时可加入一些纤维材料,以防止砂浆层开裂。抹灰一般是分层进行的,可以是两层(底层、面层)、三层(底层、中间层、面层)或多层(底层、若干中间层、面层)。由于各层的作用不同,基底材料不同,则抹灰砂浆的选择也不同。底层主要起与基底的粘结作用,混凝土基底——选用混合砂浆;各种砌块基底——石灰砂浆;板条墙——多用掺入麻刀、玻璃丝的灰浆。中间层主要起找平作用,灰浆一般和底层相同。面层起装饰作用。内抹灰(内墙、外墙的内侧)——一般是麻刀石灰灰浆或纸筋石灰灰浆;外抹灰(外墙的外侧)——水泥砂浆、彩色砂浆等。

三、防水砂浆

制作防潮层、防水层的砂浆,称作为防水砂浆。防水砂浆是一种具有高抗渗性能的材料。可用普通水泥砂浆来制作,也可以在水泥砂浆中掺入防水剂来提高砂浆的抗渗能力。

防水砂浆的施工对操作技术要求很高,配制防水砂浆是先将水泥和砂子干拌均匀后,再将量好的防水剂溶于拌合水中,与水泥、砂子搅拌均匀即可使用。

传统拌制砂浆均是在施工现场搅拌,但近年来在我国许多城市逐步禁止现场搅拌砂浆,取而代之的是使用预拌砂浆。

预拌砂浆:由胶凝材料、细骨料、矿物掺合料及外加剂等组成按一定比例混合,由专业厂生产的湿拌砂浆或干混砂浆。湿拌砂浆是指在搅拌站经计量、拌制后,采用运输车运至使用地点,放入专用容器储存,并在规定的时间内使用完毕的湿拌拌合料。干混砂浆是经干燥筛分处理的骨料与水泥以及根据性能确定的各种组分,按一定比例在专业生产厂混合而成，在使用地点按规定比例加水或配套液体拌合使用的干混拌合物。

预拌砂浆有质量稳定、环保健康、节能舒适等优点。

第三节 混 凝 土

一、普通混凝土

（一）普通混凝土的组成

普通混凝土简称混凝土，是由水泥、石子、砂子和水组成。

1. 水泥

水泥是混凝土中的胶凝材料。水泥与水形成水泥浆，包裹着砂子、石子并填充其空隙。凝结硬化前，水泥浆起润滑作用，保证混凝土混合物具有一定的流动性，便于施工；凝结硬化后，水泥浆将砂子、石子胶结成坚实的整体，形成混凝土的强度。所以，混凝土强度的产生，主要是由于水泥浆凝结硬化的结果。同时，水泥的价格又是混凝土组成材料中最贵的，所以要合理地选择水泥品种。一般说来，常用的硅酸盐类的水泥均可使用。水泥强度较高，一般为混凝土强度的 1.5~2.0 倍。

2. 砂子

对拌制混凝土用砂的要求基本同拌制砂浆用砂的要求。只是砂子粒径可选择大一些——粗砂，所以也宜选用河砂，常用中砂，并应尽量选用粗砂。在混凝土中砂子之间的空隙是由水泥浆填充，为达到节约水泥的目的（但必须保证粘结力），应尽量减少砂子之间的空隙。这就要求在拌制混凝土时，砂子的粗细及颗粒级配应同时考虑。

3. 石子

石子的来源同砂子，只是石子的粒径大于砂子的粒径。凡粒径大于 5mm 的岩石颗粒，称作为石子，石子有卵石和碎石。

卵石：是天然岩石风化而成。有河卵石、海卵石和山卵石之分。山卵石常含有较高的杂质，海卵石则混有贝壳等，相对来说河卵石比较洁净，故拌制混凝土时常选用河卵石。卵石的特点是表面光滑，拌制出的混凝土流动性好，而且容易振捣密实，但欠缺的是卵石与水泥浆的粘结力较小，导致混凝土的强度降低。

碎石：是经人工加工而成的，就是将各种硬质的岩石，如花岗岩、砂岩等经过人工或机械加工破碎而成，一般比卵石的杂质少。由于是经加工破碎的，故石子表面比较粗糙并有棱角，从而与水泥浆的粘结力好，相应的强度就高，但是其流动性较差，其造价也比卵石混凝土的要高。一般情况下配制高强度混凝土宜选用碎石。

石子也应具有良好的级配。在级配合格的条件下，石子粒径应力求大一些。但施工规范规定：石子最大粒径不得超过结构构件截面最小尺寸的 1/4，同时不得大于钢筋间最小净距的 3/4。

4. 水

拌制混凝土的水，一般应选用河水、井水、自来水，不得用工业废水或含酸、油及其他杂质水，当水质不清时，应经过化验符合要求方可使用。

以上介绍的是混凝土的各组成部分。随着现代科学技术的发展，在拌制混凝土过程中，有时为了改善混凝土混合物的和易性，改善混凝土耐久性，调节混凝土的凝结时间，缩短施工工期，节约水泥，广泛采用了混凝土外加剂，可以说它已成为混凝土组成材料的第五种成分。

混凝土的外加剂种类很多，按掺入外加剂所起作用的不同，有减水剂、早强剂、加气剂、缓凝剂、速凝剂、防冻剂、防水剂、阻锈剂等。

减水剂：指能保持混凝土和易性不变而显著减少其拌合水量的外加剂。

早强剂：加速混凝土早期强度发展的外加剂。

加气剂：能够使料浆体积显著膨胀的外加剂。

缓凝剂：延长混凝土凝结时间的外加剂。

速凝剂：能使混凝土迅速凝结硬化的外加剂。

防冻剂：能使混凝土在负温下硬化，并在规定时间内达到足够防冻强度的外加剂。

防水剂：能提高水泥砂浆和混凝土抗渗性能的外加剂。

阻锈剂：能抑制或减轻混凝土中钢筋锈蚀的外加剂。

（二）普通混凝土的主要技术性质

混凝土在未凝结硬化前，称作为混凝土混合物，它必须具有良好的和易性，便于施工，以保证获得良好的灌筑质量；混凝土在凝结硬化后，应具有足够的强度，以保证建筑物能安全地承受计算荷载，并应具有一定的耐久性。所以，混凝土的主要技术性质包括和易性、强度和耐久性。

1. 混凝土的和易性

混凝土的和易性是指混凝土混合物是否易于施工操作的性能，亦即混凝土混合物在施工操作——搅拌、运输、浇筑、振捣等过程中能够保持混凝土成分均匀，不离析，密实填满模板的性能，是一项综合性的技术指标，包括有流动性、黏聚性和保水性三个方面。

（1）流动性——混凝土混合物在本身自重或振捣作用下，能够产生流动并能均匀密实地填满模板的性能，亦即表明混凝土混合物的稀稠程度。

（2）黏聚性——混凝土混合物各组成材料之间有一定的黏聚力，在施工过程中不会产生分层离析现象，保证混凝土混合物成分的均匀。

（3）保水性——混凝土混合物在施工过程中能够保持水分，不会产生严重泌水外流现象的性能。

混凝土和易性的检测是一项含有多个内容的综合技术性质，一般是在测定混凝土混合物的流动性的同时，顺便观察一下它的黏聚性和保水性。其方法是：将混凝土的组成部分按规定的比例要求拌制成混合物，并按规定的方法把混合物装入一个无底的器皿中，装满刮平后垂直向上迅速提起放到一边，这时混凝土混合物还处于可塑性浆体状态，由于其自身重量的作用，将会产生坍落现象，见图 3-3-2 所示，经过规定的时间后量出其坍落的尺寸，则该尺寸的大小称作为坍落度。坍落度越大表明混凝土混合物的流动性越好。同时观察一下混凝土混合物是否呈松散状，是否有水分流出。若呈松散状——如有石子脱落、水分流出，说明其黏聚性、保水性欠缺，反之黏聚性、保水性的性能良好。

坍落度大的混凝土混合物的流动性好，易于施

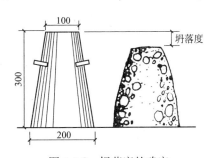

图 3-3-2 坍落度的确定

工操作，但水泥用量大相应的价格高，或拌合用水量多从而延长凝结硬化的时间，延长工期，而且容易产生泌水现象。反之，坍落度小的混凝土混合物节约水泥，或拌合用水量少，但其流动性差。所以，选择混凝土混合物的坍落度时应综合考虑，如结构的类型、布置钢筋的疏密程度、混凝土振捣方式等等。当构件截面尺寸较小，或钢筋间距较小，或采用人工振捣时，则坍落度可以选择大一些。反之，当构件截面尺寸较大，或钢筋间距较大，或采用机械振捣时，则选择坍落度小一些的。根据坍落度的大小可以将混凝土混合物分为：

干硬性混凝土混合物：坍落度小于 10mm；

塑性混凝土混合物：坍落度为 10～90mm；

流动性混凝土混合物：坍落度为 100～150mm；

大流动性混凝土混合物：坍落度≥160mm。

影响混凝土和易性的因素有很多，比如：水泥浆的用量、拌合用水量、砂率（混凝土中砂子重量占砂石总重量的百分率。砂石的变化会使骨料之间的孔隙率和骨料的总表面积随之改变）的大小、骨料的种类以及是否添加外加剂等等。

2. 混凝土的强度

混凝土的强度是一项非常重要的力学性能指标。混凝土是一种脆性材料，其抗压强度高，而抗拉强度低。测定混凝土的强度是将混凝土混合物按规定制作成边长为 150mm 的立方体，在标准条件（温度为 $20\pm3℃$、相对湿度在 90% 以上）下进行养护，直至 28 天，测定其强度值。混凝土强度值分为 14 个等级，见表 3-3-3 所示。

混凝土的强度设计值（N/mm^2）　　表 3-3-3

强度等级	C15	C20	C25	C30	C35	C40	C45	C50	C55	C60	C65	C70	C75	C80
f_c	7.2	9.6	11.9	14.3	16.7	19.1	21.1	23.1	25.3	27.5	29.7	31.8	33.8	35.9
f_t	0.91	1.10	1.27	1.43	1.57	1.71	1.80	1.89	1.96	2.04	2.09	2.14	2.18	2.22

由表 3-3-3 可以看出：同一级别的混凝土的抗压强度远远大于其抗拉强度，故混凝土的强度主要是指其抗压强度。抗压强度是结构设计时要考虑的主要指标，也是混凝土最基本的受力特性。但是，混凝土的抗拉强度并不是不重要，尽管它比抗压强度小很多，亦即混凝土在直接受拉时，变形很小就会出现裂缝，是一种脆性破坏。混凝土在工作时一般不依靠它的抗拉强度，然而，混凝土的抗拉强度对于混凝土构件开裂现象有很重要的意义，在结构设计中抗拉强度是确定混凝土抗裂的重要指标。

以混凝土为主要材料制成的结构称作为混凝土结构，包括素混凝土结构、钢筋混凝土结构和预应力混凝土结构。

素混凝土结构：无筋或不配置受力钢筋的混凝土结构，其混凝土强度等级不应低于 C15。

钢筋混凝土结构：配置受力普通钢筋的混凝土结构，其混凝土强度等级不应低于 C20。

预应力混凝土结构：配置受力的预应力筋，通过张拉或其他方法建立预加应力的混凝土结构。其混凝土强度等级不宜低于 C40，且不应低于 C30。

影响混凝土强度的因素有多方面，主要考虑以下几个方面：

（1）水泥强度和水灰比

在水泥品种、混凝土配合比相同的条件下，水泥强度越高拌制出的混凝土强度越高；在水泥强度相同情况下，水灰比（水与水泥的重量之比）越小混凝土强度越高。

（2）骨料

骨料的级配与质量对混凝土也有影响。水泥与骨料之间的粘结力与骨料表面状况有关，表面粗糙粘结力大，所以在水泥强度等相同情况下用碎石配制的混凝土比用卵石配制的混凝土强度高。

（3）养护龄期

混凝土在正常养护条件下，其强度随龄期增长而逐渐提高。初期强度增长较快，后期增长缓慢。

（4）温度和湿度

混凝土强度的产生在于水泥的水化作用，而水泥的水化速度的快慢与其周围环境的温度、湿度有很大的关系。温度高，水泥水化速度快，则混凝土强度增长的快，反之则慢。当温度低于 $0℃$ 时混凝土停止硬化。湿度适当，水泥的水化能顺利进行，混凝土强度得到充分发展，若湿度不够则引起干缩裂缝，使混凝土结构表面疏松。所以，在混凝土成型养护时必须保持一定时间内的温度和湿度，才能保证混凝土的正常硬化。冬期施工应有一定的温度，夏季施工应注意浇水。

（5）振捣

浇灌混凝土时必须充分捣实，才能得到密实的混凝土。振捣方式有机械振捣和人工振捣。机械振捣比人工振捣能使混凝土混合物更均匀。一般振捣时间越长，混凝土越密实，质量越好。但对流动性较大的混凝土，振捣力过大或过长，反而会产生泌水离析现象，使质量不均匀，强度降低。

一般地说，水泥强度高，水灰比小、骨料质地坚硬且表面粗糙、养护时间长、养护时的温度高及湿度大、振捣密实等，则配制出的混凝土的强度高，质量好。

3. 混凝土的耐久性

在材料的基本性能中介绍了什么是材料的耐久性，它是一项综合的性质。混凝土的耐久性也是如此。如果在建筑工程中一味地追求高强度混凝土而忽略了其耐久性，那么这项工程的安全可靠度也会降低。所以，混凝土除了具有足够的强度外，以便安全地承受计算荷载，还应该具有一定的耐久性，来抵抗自然界中风、雨、雪等的侵袭以及一些特殊的使用要求，如生产化工产品的建筑物，很可能受到化学腐蚀等等，从而就需要混凝土具有相应的耐腐蚀性、抗碳化性（碳化作用在前边已作介绍，即：$Ca(OH)_2 + CO_2 \rightarrow CaCO_3 + H_2O$，碳化过程是由外表向内部逐渐扩散发展的。这个碳化作用对混凝土的化学性能和力学性能有显著的影响。如碳化作用能使混凝土的抗压强度增大；但显著增加了混凝土的收缩；降低了混凝土的碱度，从而减弱了对钢筋的保护作用，可能导致钢筋锈蚀）、抗渗性、抗冻性等性能。要想提高混凝土的这些性能，就要在配制混凝土时加强其密实度。这是因为不管是抗渗性、抗冻性、还是耐腐蚀性等，虽然渗透、冻融、腐蚀等破坏过程各不相同，但提高抗这些破坏的耐久性来说却有许多共同之处，都是与混凝土的密实度、内部孔隙的大小、孔隙构造等有关。如何提高混凝土的耐久性，可以采取下列措施：

（1）合理选用水泥品种，如选用普通水泥；

（2）适当控制水泥用量及水灰比，如采用较小的水灰比；

（3）选用质地较好的骨料；

（4）加强混凝土的施工质量操作；

（5）适量使用一些外加剂，如减水剂等。

二、其他混凝土简介

前面重点介绍了普通混凝土的基本情况。随着现代建筑业的飞速发展，比如，建筑物越建越高，使用上由单一功能向多功能方向发展。近些年来，科技界的工程技术人员研制出许多其他品种的混凝土，如特种混凝土、轻质混凝土等，以满足快速发展的建筑业的需要。在此简介几种常用的混凝土品种。

（一）防水混凝土

普通混凝土有时由于不够密实，在压力水的作用下会产生透水现象。所以，当所建设的工程项目需要具有抗渗性要求时，一般应选用防水混凝土。防水混凝土是根据工程所需的抗渗要求，通过各种方法提高混凝土的抗渗性能，以便达到防水的目的。对制作防水混凝土的材料应符合下列要求：水泥强度等级不宜低于 42.5，其品种应按设计要求选用，当有抗冻要求时，应优先选用硅酸盐水泥、普通硅酸盐水泥；粗骨料的最大粒径不宜大于40mm，其含泥量不得大于 1%，泥块含量不得超过 0.5%；细骨料的含泥量不得大于 3%，泥块含量不得大于 1%。制作防水混凝土的方法有：

1. 骨料级配防水混凝土

骨料级配防水混凝土是用改善骨料级配，增加密实度，获得最小空隙率。

2. 普通防水混凝土

这种防水混凝土是采用较小的水灰比，提高水泥用量和砂率，使混凝土趋于更密实，降低孔隙率。

3. 外加剂防水混凝土

外加剂防水混凝土的制作方法比较简单，造价低。就是在混凝土混合物中加入适量的外加剂，改善混凝土内部结构组织，减少孔隙率，提高抗渗性。如加气剂，在混凝土中产生气泡，破坏其贯通的毛细孔，从而使开孔变成闭孔。这种防水混凝土目前应用最为广泛。

4. 采用特种水泥配制的防水混凝土

该种防水混凝土是在拌制混凝土时掺入水泥膨胀剂，改善内部的孔隙结构，从而获得抗裂防渗的效果。

（二）轻混凝土

建筑物的高度越大，其自重越大，相应的造价提高。为了减轻建筑物的自重，目前尽量采用一些轻混凝土来代替普通混凝土。由前述可知，普通混凝土的骨料是砂子、石子，而轻混凝土的骨料则是浮石、火山渣、膨胀珍珠岩等天然矿物、矿渣、炉渣等工业废料及有机料等。

轻混凝土的特点是质轻（表观密度不大于 1900kg/m³），由于相应的孔隙率增大，则保温隔热性能好，并且又有一定的承载能力，所以在现代建筑中应用比较广，如框轻结构建筑物等。轻混凝土的品种有很多，其中包括轻骨料混凝土、多孔混凝土等，主要用于承重结构和承重隔热制品。

1. 轻骨料混凝土

用轻粗骨料、轻砂或普通砂和水泥配制成的混凝土，称作为轻骨料混凝土，其干表观密度不大于 1950kg/m³。轻骨料的种类很多，如浮石、火山渣等；工业废料土粉煤灰陶粒、膨胀矿渣珠等；人造轻骨料如黏土陶粒、膨胀珍珠岩等。而得到的一系列轻骨料混凝土，如浮石混凝土、粉煤灰陶粒混凝土、膨胀珍珠岩混凝土等。

2. 多孔混凝土

多孔混凝土是不用轻骨料，而是在水泥浆中加入适量外加剂，如发气剂、泡沫剂等的一种轻质混凝土。加入外加剂使其内部充满大量的细小封闭的气泡，从而增大了孔隙率，一般可达到混凝土总体积的 85%，表观密度一般在 300～1200kg/m³，导热系数为 0.08～0.28W/(m·K)，是一种轻质多孔的材料，并兼有结构及保温隔热、隔声等功能。可割、可锯、可钉。适用于墙板、屋面板等。一般有加气混凝土和泡沫混凝土。

(1) 加气混凝土：以硅质材料和钙质材料为主要原料，掺加发气剂，经加水搅拌，由化学反应形成空隙，经浇筑成型、预养切割、蒸汽养护等工艺制成的多孔材料，又可称作为发气混凝土。加气混凝土便于加工，可以制成多种规格的板和块，还可以加钢筋制作大型板材。

(2) 泡沫混凝土：通过机械方法将泡沫剂在水中充分发泡后拌入胶凝材料中形成泡沫浆体，经养护硬化形成的多孔材料。泡沫剂是泡沫混凝土中主要成分。它可在工厂中生产，也可在现场浇制。泡沫混凝土可以制成大块，在使用中按需要锯切或作其他加工，可用作屋面保温等。

当今建筑市场采用商品混凝土，又称作为预拌混凝土，就是把混凝土从过去传统的施工现场搅拌分离出来，保证混凝土的质量。

预拌混凝土：由胶凝材料、粗骨料、细骨料、水及根据需要掺入的外加剂、矿物掺合料等组分按照一定比例混合，由专业厂生产的、在搅拌站经计量、拌制后，采用运输车，在规定时间内运送到使用地点的混凝土拌合物。以商品的性质向需方供应。预拌混凝土质量稳定，环保健康，提高工效等。

本 章 小 结

砂浆的组成：由无机胶凝材料(如水泥、石灰)、细骨料(如砂)和水组成。种类：按胶凝材料分有水泥砂浆、石灰砂浆、混合砂浆；按用途分有砌筑砂浆、抹灰砂浆、防水砂浆。

砂浆的主要技术性质：稠度、保水性和强度。

混凝土的组成：由胶凝材料(无机：水泥、石膏等；有机：沥青)、粗骨料(石子)、细骨料(砂子)和水按一定比例配合，拌制成混合物，经凝结硬化而成的人造石材。种类：按胶凝材料分有水泥混凝土、石膏混凝土、沥青混凝土等；按表观密度分有特重混凝土、重混凝土、轻混凝土；按用途分有普通混凝土、防水混凝土、耐酸混凝土、喷射混凝土等。

混凝土的主要特点：具有较高的抗压强度；具有良好的可塑性；具有较高的耐久性；与钢筋有牢固的粘结力；自重大；养护时间长；抗拉强度低等。

普通混凝土的主要技术性质：和易性、强度、耐久性。和易性是一项综合性的技术指标，包括有流动性、黏聚性和保水性三个方面。

砂浆、混凝土组成成分的选用，影响砂浆、混凝土强度的因素。

预拌砂浆和预拌混凝土的概念。

复习思考题

3-3-1 什么是混凝土？有何特点？

3-3-2 混凝土的组成成分有哪些？砂浆的组成成分有哪些？砂浆和混凝土的组成成分有何相同与不同？

3-3-3 砂浆如何分类？混凝土如何分类？

3-3-4 对拌制砂浆、混凝土的集料有何质量要求？

3-3-5 砂浆的主要技术性质包括哪些？其流动性、保水性对砌体有何影响？

3-3-6 影响砂浆和易性、强度的因素各是什么？

3-3-7 混凝土凝结硬化前后有何要求？

3-3-8 什么是混凝土的和易性？包括哪几个方面的含义？影响混凝土和易性、强度的因素各是什么？

3-3-9 什么是混凝土的耐久性？如何提高混凝土的耐久性？

3-3-10 何谓预拌砂浆、预拌混凝土？

第四章 砌 筑 材 料

砌筑材料指的是砌筑墙体所需用的材料，包括各种块状材料和用以粘结它们的砂浆。常用的砌筑材料有砖、砌块等。

第一节 砖

砖：建筑用的人造小型块材，外形主要为直角六面体，长度、宽度、高度分别不超过365mm、240mm和115mm。有烧结普通砖、烧结多孔砖和烧结空心砖。

一、烧结普通砖

具有一定规格尺寸的实心砖。实心砖：无孔洞或孔洞率小于15%的砖。

（一）烧结普通砖的生成

以黏土、页岩、煤矸石、粉煤灰等为主要原材料，经制坯和焙烧而成的普通砖，称作为烧结普通砖。其生产工艺过程为：采土→配料调制→制坯→干燥→焙烧→成品。

烧结普通砖在其生产过程中每一个环节都是按规定去做。其中焙烧环节尤为关键，焙烧时应注意窑内火候的掌握，以免生产出欠火砖或过火砖，这两种砖均属于不合格产品。欠火砖内部孔隙率大，强度低，耐久性差，不符合建筑使用性能要求。过火砖，外形收缩过大，小于正常规格要求，虽然密实度大，强度高，但相应的保温隔热性能降低，而且有弯曲等变形，应作为次废品降等处理。

（二）烧结普通砖的品种

烧结普通砖按其主要原材料分有烧结普通黏土砖（以黏土为主要原材料）、烧结普通页岩砖（以页岩为主要原材料）、烧结普通煤矸石砖（以煤矸石为主要原材料）、烧结普通粉煤灰砖（以粉煤灰为主要原材料）。

烧结普通砖按生产方式有机制砖和手工砖。按颜色有红砖和青砖。多数建筑物采用的是机制红砖。

（三）烧结普通砖的技术性质

1. 形状尺寸

烧结普通砖为矩形体，具有全国统一的规格尺寸，即240mm×115mm×53mm，称作为标准砖。

2. 强度等级

烧结普通砖的强度等级是由标准实验方法得出的极限抗压强度按规定的方法确定的，是力学性能的基本标志。分为五个级别，以MU表示，见表3-4-1所示。

烧结普通砖的强度等级（MPa）　　　　　　　　　　　表 3-4-1

强度等级	MU30	MU25	MU20	MU15	MU10
抗压强度平均值，≥	30.0	25.0	20.0	15.0	10.0

3. 耐久性的要求

烧结普通砖的耐久性的指标主要是指其抗风化性能、泛霜程度及石灰爆裂情况。

抗风化性能就是指烧结普通砖能够抵抗自然气候条件——如干湿变化、温度变化、冻融变化等作用的性能。

泛霜又名起霜，就是砖表面经常形成一层白色结晶体现象。一般呈粉末、絮团或絮片状，严重时会使砖发生鱼鳞状脱落，影响建筑物的美观及耐久性。

石灰爆裂是指制砖材料中石灰石颗粒在焙烧中生成生石灰，砖出窑后生石灰在大气中水蒸气和二氧化碳作用下水化消解成为熟石灰，体积膨胀，使砖体表面炸裂，发生片状脱落。

烧结普通砖的尺寸较小，砌筑墙体的人工量大，且不利于施工机械化，故生产效率低，施工速度慢，建设周期长，抗震性能较差。而且建造这种材料的建筑物的层数受到一定的限制，规范规定：层数不得超过 8 层，很难适应城市建设的需要。另外，烧结普通砖的砌体重量大，从而加大了建筑物的自重，建筑工业化中的墙体改革也是基于这一点提出的。近些年，我国已经提出了开始禁止大量使用烧结普通砖砌筑墙体，取而代之的是一些新型轻质的墙体材料，如轻型砌块等。烧结普通砖不再作为墙体的主要材料，只是用于有特殊要求的建筑物，如建造仿古代建筑，或现代建筑物中某些部位——如框架结构中门窗框与墙体连接处、墙体与梁板挤压处等等（见房屋构造部分）、装饰性墙体等。

二、烧结多孔砖和烧结空心砖

这种砖的原料和生产工艺基本同烧结普通砖，所不同的是具有的孔洞率比较大，作为砌筑墙体材料，减轻了墙体的自重，并改善了墙体保温、隔热、隔声性能。

烧结多孔砖和烧结空心砖的形式，见图 3-4-1 所示。前者用于承重墙的砌筑，后者用于非承重墙的砌筑。

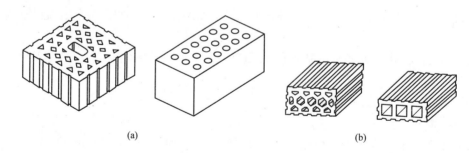

(a)　　　　　　　　　　　　　　(b)

图 3-4-1　多孔砖和空心砖

（一）烧结多孔砖

多孔砖：孔洞率不小于 25%，孔的尺寸小而数量多的砖。

烧结多孔砖以黏土、页岩、煤矸石等为主要原材料，经成型、干燥和焙烧而成的主要用于建筑物承重结构的多孔砖，根据所用原材料的不同有烧结黏土多孔砖、烧结页岩多孔砖、烧结煤矸石多孔砖。在使用时孔洞是竖直方向而垂直于承压面，其规格尺寸：长度×宽度×高度分别为 190mm×190mm×90mm，240mm×115mm×90mm，强度等级见表 3-4-2 所示。产品等级分为优等品、一等品、合格品。

多孔砖强度指标　　　　　　　　　表 3-4-2

强度等级		30	25	20	15	10	7.5
抗压强度（MPa）	平均值，≥	30.0	25.0	20.0	15.0	10.0	7.5
	单块最小值，≥	22.0	18.0	14.0	10.0	6.0	4.5

（二）烧结空心砖

空心砖：孔洞率不小于 40%，孔的尺寸大而数量少的砖。

烧结空心砖以黏土、页岩、煤矸石等为主要原材料，经成型和焙烧而成，用于建筑物非承重结构的空心砖。根据所用原材料的不同有黏土空心砖、页岩空心砖、煤矸石空心砖。使用时孔洞平行于承受面。其规格尺寸：长度×宽度×高度分别为 290mm×190mm×90mm，240mm×180mm×115mm，强度等级见表 3-4-3 所示。产品等级分为优等品、一等品、合格品。主要用作隔墙和框架结构的填充墙。

非承重空心砖强度指标（MPa）　　　　　　　　　表 3-4-3

等级	强度等级	大面抗压强度		条面抗压强度	
		平均值，≥	单块最小值，≥	平均值，≥	单块最小值，≥
优等品	5.0	5.0	3.7	3.4	2.3
一等品	3.5	3.0	2.2	2.2	1.4
合格品	2.0	2.0	1.4	1.6	0.9

注：大面为：290mm×190mm(140mm)、240×180(175mm)；条面为：290mm×90mm、240mm1×15mm。

第二节　砌　　块

砌块：由混凝土、粉煤灰等制作的实心或空心块体。外形主要为直角六面体，主规格的长度、宽度和高度至少一项分别大于 365mm、240mm 和 115mm，且高度不大于长度或宽度的 6 倍，长度不超过高度的 3 倍。按尺寸分为小型砌块、中型砌块和大型砌块。

尽管生产烧结多孔砖和烧结空心砖的原材料消耗量已降低，但建筑业的发展，城市房屋建设的需要，当今大批量的建筑物为多层、中高层、高层或超高层正在建设当中，墙体的耗材量还是相当大的，故生产取代烧结多孔砖和烧结空心砖的其他砌筑材料是当务之急。目前我国已研制生产出许多可以代替烧结多孔砖和烧结空心砖的砌筑材料，这些材料大多利用工业废料，既节约了农田，又减少了环境的污染。下面介绍几种常用的墙体材料。

一、硅酸盐砌块

硅酸盐砌块是以粉煤灰、石灰、石膏为胶凝材料，以炉渣为骨料，经加工蒸养而成。其尺寸相应比硅酸盐砖的尺寸大，但各地产品规格不太统一。强度等级有两个等级，见表 3-4-4 所示。适用于一般建筑的墙体和基础。

粉煤灰砌块的强度等级 表 3-4-4

项目	指 标	
	10 级	13 级
抗压强度(MPa)	3 块试件平均值≥10.0，单块最小值 8.0	3 块试件平均值≥13.0，单块最小值 10.5
人工碳化后强度(MPa)	≥6.0	≥7.5
抗冻性	冻融循环结束后，外观无明显疏松、剥落或裂缝；强度损失≤20%	
密度(kg/m³)	≤设计密度 10%	

二、普通混凝土小型空心砌块

以水泥、粗骨料石子、细骨料砂子和水为主要原材料，按一定比例配料、搅拌、成型、养护而成的建筑砌块。必要时可加入外加剂。其主规格尺寸为 390mm×190mm×190mm，空心率应不小于 25%，强度等级见表 3-4-5 所示。

普通混凝土小型空心砌块强度值(MPa) 表 3-4-5

强度等级		MU20.0	MU15.0	MU10.0	MU7.5	MU5.0	MU3.5
抗压强度	平均值，≥	20.0	15.0	10.0	7.5	5.0	3.5
	单块最小值，≥	16.0	12.0	8.0	6.0	4.0	2.8

三、轻骨料混凝土小型空心砌块

以水泥、轻骨料和水为主要原材料，按一定比例配料、搅拌、成型、养护而成的轻质墙体材料。必要时可加入普通砂、掺合料(如粉煤灰、磨细矿渣等)和外加剂。其主规格尺寸为 390mm×190mm×190mm，空心率应不小于 25%，强度等级见表 3-4-6 所示。

轻骨料混凝土小型空心砌块强度值(MPa) 表 3-4-6

强度等级		10.0	7.5	5.0	3.5	2.5	1.5
抗压强度	平均值，≥	10.0	7.5	5.0	3.5	2.5	1.5
	单块最小值，≥	8.0	6.0	4.0	2.8	2.0	1.2

四、蒸压加气混凝土砌块

以水泥、石灰、砂、粉煤灰、矿渣、铝粉等为主要原材料，经磨细、计量配料、搅拌、浇筑、发气膨胀、静停、切割、蒸压养护、脱模加工和包装等工序制成的多孔混凝土制品。其主要公称尺寸为：长度 600mm，宽度有 100mm、120mm、125mm、150mm、180mm、200mm、240 mm、250mm 和 300mm，高度有 200mm、250mm 和 300mm。强度等级见表 3-4-7 所示。

轻骨料混凝土小型空心砌块强度值(MPa) 表 3-4-7

强度等级		A10	A7.5	A5.0	A3.5	A2.5	A2.0	A1.0
立方体抗压强度	平均值，≥	10	7.5	5.0	3.5	2.5	2.0	1.0
	单块最小值，≥	8.0	6.0	4.0	2.8	2.0	1.6	0.8

五、中型砌块

根据原材料的不同，我国中型砌块主要有水泥混凝土空心砌块、煤矸石空心砌块和轻骨料空心砌块，其规格尺寸、强度等级见表 3-4-8 和表 3-4-9 所示。

中型空心砌块主要规格尺寸(mm)   表 3-4-8

项目	规格尺寸	项目	规格尺寸
长	500，600，800，1000	高	400，450，800，900
宽	200，240	肋厚	≥25(水泥)；≥30(煤矸石)

中型空心砌块的抗压强度   表 3-4-9

强度等级	35	50	75	100	150
砌块抗压强度(MPa)，≥	3.43	4.90	7.36	9.81	14.72

本 章 小 结

砌筑材料：就是砌筑墙体所需用的材料。

种类：黏土类的砖有烧结普通砖、烧结多孔砖和烧结空心砖；硅酸盐砖有粉煤灰砖、灰砂砖、炉渣砖；硅酸盐砌块、中型砌块。

各种类的规格、性能、应用。

复 习 思 考 题

3-4-1 什么是砌筑材料？包括哪两个部分？

3-4-2 烧结普通砖的尺寸是多少？为什么要求墙体材料进行改革？

3-4-3 烧结空心砖较烧结普通砖有何优点？

第五章 金属材料

以金属元素为主要成分的材料称作为金属材料。用于建筑工程上的金属材料比较多的是建筑钢材和建筑铝材。

第一节 建筑钢材

钢材是一种金属材料。建筑钢材是指用于建筑结构中的钢材，如钢筋混凝土结构中的钢筋，钢管混凝土结构中的钢管以及钢结构中的一些型钢等等。从大型的钢构件到小型的门窗构件、护栏等围护构件，都需用钢材。所以在现代建筑结构中建筑钢材的使用量是非常大的。

建筑钢材的材质均匀，强度(抗压、抗拉等)高，弹、塑性好，韧性好，能承受一定的冲击荷载。但价格较贵，受潮湿、化学成分侵袭后易锈蚀、腐蚀。钢结构维护费用大，造价高。

一、钢的分类

钢的主要成分是铁(Fe)和碳(C)，其含碳量在2%以下，分类方法有多种。

（一）按化学成分分

1. 碳素钢

碳素钢根据其含C量的多少又可分为：

低碳钢——含C量小于0.25%（又称为普通低碳钢）；

中碳钢——含C量在0.25%～0.60%之间；

高碳钢——含C量大于0.60%。

建筑工程上常用的是低碳钢。

2. 合金钢

有时在炼钢时人为的加入一些合金元素，称作为合金钢。合金钢根据其合金元素的总含量多少可分为：

低合金钢——合金元素总含量小于5%；

中合金钢——合金元素总含量在5%～10%之间；

高合金钢——合金元素总含量大于10%。

建筑工程上常用的是低合金钢。

（二）按品质分类

按钢材的品质分有普通钢、优质钢、高级优质钢。

（三）按用途分类

有建筑钢、结构钢、工具钢、特殊性能钢(如：不锈钢、耐酸钢等)。

由于钢材的主要成分是铁，故受潮以后易生锈。应避免钢材在使用过程中出现锈蚀。

二、建筑钢材的技术性能

建筑钢材的技术性能一般以拉伸、冲击韧性、冷弯等为主要指标。

（一）钢材的拉伸性能

钢材的拉伸性能的测定是指将钢材按规定要求做成试件对其进行拉伸。钢材的拉伸性能是钢材的基本力学性能，包括弹性模量、屈服强度、抗拉强度和伸缩率。

1. 弹性模量

弹性模量是指钢材试件在最初拉伸阶段时应力与应变之比，即产生单位弹性应变时所需要的应力大小，反映出钢材的刚度，这个阶段的变形呈弹性变形状态。弹性模量是钢材在受力条件下计算结构变形的重要指标。

2. 屈服强度

钢材试件在继续受到拉伸时由弹性变形状态开始转向塑性变形状态，即试件产生了屈服，此时的强度称作为屈服强度。在结构设计中一般以屈服强度作为强度的取值依据。这是因为钢筋一般与混凝土组合构成钢筋混凝土构件共同工作，钢筋被混凝土包裹住，在钢筋受力达到屈服强度以后其变形速度发展，此时钢筋尽管尚未破坏，但混凝土表面已出现了裂缝，构件已不能满足使用要求了，宣告构件破坏。

3. 抗拉强度

试件继续拉伸后达到了最大强度值，称作为抗拉强度。虽然抗拉强度在结构设计中没有被作为强度取值的依据，但屈服强度与抗拉强度之比在结构使用过程中有一定的意义，这个比值称作为屈强比。屈强比越小反映出钢材受力超过屈服强度工作时的可靠性就越大，从而结构的安全度越高。但屈强比不能过小，若太小钢筋的强度不能被有效的充分利用，从而造成浪费。

4. 伸长率

试件在继续拉伸超过了抗拉强度以后，塑性变形剧增，致使试件在薄弱环节处被拉断。试件拉断后的伸长值（试件拉断后的长度与原长之差值）与试件原长之比的百分数，称作为伸长率，是钢材塑性性能的基本指标，伸长率越大说明钢材的塑性性能越好，在结构被破坏前具有明显的预兆，如钢筋混凝土构件表面会出现较大的裂缝。

（二）冲击韧性

冲击韧性是指钢材受到冲击荷载作用时抵抗破坏作用的能力。冲击韧性指标是通过标准试件的弯曲冲击韧性试验确定的，即把标准试件放在冲击试验机上，用摆锤打断试件。表示方法是以刻槽的标准试件，在冲击试验的摆锤冲击下，以破坏后缺口处单位面积上所消耗的功来表示。冲击值越大，说明冲击韧性越好。

（三）冷弯性能

冷弯性能是指钢材在常温下承受弯曲变形的能力，是重要的工艺性能。钢材的冷弯性能指标是用试件在常温下所能承受的弯曲程度表示。就是将钢试件在规定的弯心上冷弯成180°或90°，在弯曲处的外面及侧面如无裂缝、起层及断裂现象，即为冷弯合格。冷弯是检验钢筋弯曲成型的一种性能，又是检验钢筋内部有无夹渣、夹层缺陷的一种重要方法。冷弯是以通过弯曲处钢材的塑性来实现的，因此，钢材塑性越大，冷弯性能就越好。

三、建筑用钢筋及型钢

（一）普通钢筋

用于混凝土结构构件中的各种非预应力筋的总称。即用于非预应力的钢筋混凝土结构中的钢筋以及预应力混凝土结构中的非预应力钢筋。钢筋在现代建筑工程中应用量很大，品种也很多，普通钢筋就是其中之一。普通钢筋是将钢锭加热后轧制而成，也可称作为热轧钢筋。钢筋根据其外形的不同有两大类：光圆钢筋(外表光滑)、带肋钢筋(外表凹凸不平)，其强度等级、规格等见表 3-5-1 所示。

普通钢筋强度的设计值(N/mm²)　　　　　　表 3-5-1

牌号	公称直径(mm)	抗拉强度设计值 f_y	抗压强度设计值 f_y
HPB300	6～22	270	270
HRB335、HRBF335	6～50	300	300
HRB400、HRBF400、RRB400	6～50	360	360
HRB500、HRBF500	6～50	435	410

混凝土结构的钢筋应按下列规定选用：

（1）纵向受力普通钢筋宜采用 HRB400、HRB500、HRBF400、HRBF500 钢筋，也可采用 HPB300、HRB335、HRBF335、RRB400 钢筋。

（2）梁、柱纵向受力普通钢筋应采用 HRB400、HRB500、HRBF400、HRBF500 钢筋。

（3）箍筋宜采用 HRB400、HRBF400、HPB300、HRB500、HRBF500 钢筋，也可采用 HRB335、HRBF335 钢筋。

选用普通钢材时宜采用 HRB400 级和 HRB335 级钢筋，这是因为它们的强度高、延性好，且有较高的锚固性能及较高的强度价格比(强度价格比就是每元钱可购得的单位钢筋的强度，它是衡量钢筋经济性的指标，强度价格比高的钢筋比较经济)，而且钢筋的直径规格范围大。HPB300 级钢筋强度低，强度价格比低，延性虽然较好但与 HRB400、HRB335 级相差不大。

（二）型钢

具有一定断面形状和外形尺寸的钢材，统称为型钢，包括型钢、钢板、钢管。

1. 型钢

型钢的断面形式的种类有很多，常用的有工字钢、槽钢、角钢(有等边与不等边之分)，见图 3-5-1 所示。型钢规格表示方法见表 3-5-2 所示。

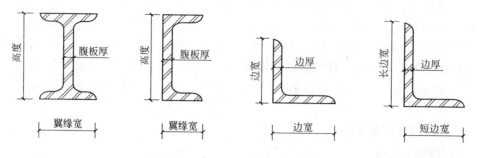

图 3-5-1　型钢的横截面形式

型钢规格表示方法 表 3-5-2

名称	工字钢	槽钢	等边角钢	不等边角钢
表示方法	高度×翼缘宽×腹板厚或型号	高度×翼缘宽×腹板厚或型号	边宽×边厚	长边宽度×短边宽度×边厚
表示方法举例	I100×68×4.5 或 I10	⊏ 100×48×5.3 或 ⊏ 10	∟ 75×10 或 ∟ 75×75×10	∟ 100×75×10

　　小型的型钢通过焊接等可以组合成钢构件,如钢屋架;而大型的型钢可以直接作为钢构件,如工字形的梁、柱等。

　　2. 钢板

　　钢板按其厚度分为薄钢板(厚度≤4mm)、中厚钢板(厚度 4～20mm)、厚钢板(厚度 20～60mm)和特厚钢板(厚度＞60mm)。

　　建筑工程中用的薄钢板,镀锌的俗称白铁皮,不镀锌的俗称黑铁皮。

　　钢板中,一般为平钢板,多用于结构构件;也有花纹钢板,多用于建筑构件,如工作平台板、楼梯踏步板等。

　　3. 钢管

　　钢管按制造方法分为无缝钢管和焊缝(有缝)钢管两种。常用的管材为等壁厚圆截面管。

　　钢管可用于钢结构中的构件,如网架、桁架、杆件等;各种管道,如燃气管道、室内外给排水管道、采暖管道等;还可以与混凝土配合制作成钢管混凝土结构构件。钢管混凝土就是将混凝土填入薄壁圆形钢管内而形成的组合结构材料,具有强度高、重量轻、耐疲劳与冲击等性能。另外在施工中钢管本身就是钢筋与模板,作为钢筋兼有纵向钢筋和横向箍筋的作用,并降低了焊接工作量。作为模板在浇筑混凝土时省去了支模、拆模的工序,节省了模板的费用,从而缩短了施工工期。

第二节　建筑铝材及铝合金

　　铝也是金属材料之一,银白色,属于轻金属,与钢材相比其质量轻。铝材的延展性较好,有一定的塑性,并且具有良好的导热性及导电性,容易加工。但纯铝材的材质软,强度比较低,不适于直接用在建筑工程中,一般是在铝材中加入一些适量的合金元素,如铜(Cu)、锰(Mn)、硅(Si)、锌(Zn)、镁(Mg)等等,形成铝合金产品,从而提高了铝材的强度,扩大了铝材在建筑工程中的使用性,可以用于建筑结构中的构件,也可用于围护、装饰构件等,见到比较多的是铝合金的门窗,具有质轻、密封性好、外表美观等特点。常用的铝合金制品铝合金门窗、铝合金装饰板、铝合金波形板等。

本 章 小 结

　　钢的分类: 按化学成分可分为碳素钢(低碳钢、中碳钢、高碳钢,常用:低碳钢)、合金钢(低合金钢、中合金钢、高合金钢,常用:低合金钢);按品质分类有普通钢、优质钢、高级优质钢;按用途分有建筑钢、结构钢、工具钢、特殊性能钢(如:不锈钢、耐酸钢等)。

建筑钢材的技术性能：拉伸（弹性模量、屈服强度、抗拉强度和伸缩率）、冲击韧性、冷弯等。

建筑用钢筋（光圆钢筋、带肋钢筋）及型钢（型钢、钢板、钢管）。

常用的铝合金制品铝合金门窗、铝合金装饰板、铝合金波形板等。

复 习 思 考 题

3-5-1　建筑钢材的特点是什么？

3-5-2　常用的钢材是哪几种？

3-5-3　建筑钢材的主要技术性能包括什么？

3-5-4　什么是普通钢筋？为什么优先选用 HRB335、HRB400 级钢筋？

3-5-5　什么是钢管混凝土结构？其特点是什么？

第六章 木 材

木材作为建筑材料其历史悠久,在古代建筑时期应用最为广泛。虽然近年来出现了许多新型的建筑材料,但木材仍是建筑工程基本建设的材料之一,特别是室内装修,现在人们注重生活环境、质量,利用木材装修的越来越多。在建筑工程中门窗的制作、桁架的组合、部分混凝土模板等等都需用木材。但大量砍伐树木破坏生态环境,给人类生存带来一定的威胁。所以在选用木材作为建筑材料时应考虑环保,尽可能用其他建筑材料来代替。

第一节 概 述

一、木材的特点

木材具有很多的特点:分布广,可就地取材;富有天然纹理、美观漂亮,具有装饰性;质量轻而强度较高,可以用于结构中,易于加工成所需的各种构件;有较好的弹性和韧性,能承受一定的冲击和振动荷载作用;导热系数小,有很好的保温隔热性能;在干燥的空气中或置于水中时有很好的耐久性。但是,木材也有相应的不足,因受自然生长的限制,生长周期长,与建筑业的快速发展的节奏合不上拍;天然疵病多;由于本身生长的特性使其构造组成不均匀,有异向性;容易随周围环境的温度和湿度的变化而吸收和蒸发水分,从而导致其尺寸、形状、强度的改变,进而引起裂缝和翘曲;易燃、易腐朽及虫蛀等。随着现代科学技术的发展,木材的不足会得到有效的控制。如:木材的防腐,目前的主要方法是:降低木材的含水率;木材在使用过程中应保持通风,避免受潮;用防腐剂涂刷或浸泡木材。

二、木材的分类

木材一般按树种和材型进行分类。

（一）按树种分有

1. 软材木

这种木材材质较软,主要指的是针叶树木的木材。针叶树木的树叶细长如针,主要是松柏类,多为常绿树木,如红松、落叶松、马尾松、杉木、云杉、冷杉、柏木等。该种类木材纹理直顺、胀缩变形小、材质硬度较低,适合用于建筑工程结构、模板、门窗、家具、电杆、坑木、桩木、枕木等等。

2. 硬材木

这种木材多数材质坚硬,主要指阔叶树木的木材。阔叶树木的树叶宽大,大多为落叶树,如樟木、榉木、水曲柳、栎木、桦木、榆木等。该种类木材纹理美观、湿胀干缩明显,适用于建筑工程、家具、室内装修、桥梁、胶合板等。

（二）按材型分有:

1. 原条

一般指去皮、去根、去树梢但没有按一定尺寸加工成规定的木料。

2. 原木

一般指去皮、去根、去树枝且截取一定长度的木料。

3. 板材

一般指已去皮、去根、去树梢，已锯成材的木料，此时板的宽度为厚度的三倍或三倍以上。

4. 枋材

与板材不同的是板宽与板厚之比不足三倍。

第二节　木材的主要性质

一、木材的强度

木材是非均质材料，各向异性，其顺纹的强度与横纹的强度有很大差异。顺纹强度是指沿树干方向作用力而产生的强度，见图 3-6-1(a)所示；横纹强度则是指垂直于树干方向作用力而产生的强度，见图 3-6-1(b)所示。

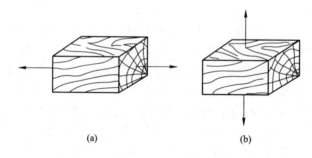

(a)　　　　　　　　(b)

图 3-6-1　木材作用力方向

表 3-6-1 列出了木材各强度之间的关系。

木材强度之关系表 表 3-6-1

抗压		抗拉		抗弯	抗剪	
顺纹	横纹	顺纹	横纹		顺纹	横纹
1	1/10～1/3	2～3	1/20～1/3	1.5～2	1/7～1/3	1/2～1

由表 3-6-1 可以看出：顺纹的抗拉强度远远大于横纹的抗拉强度，而顺纹的抗压强度则小于顺纹的抗拉强度，横纹的抗压强度小于顺纹的抗压强度，顺纹的抗剪强度小于横纹的抗剪强度。顺纹的抗拉强度最大，横纹的抗拉强度最小。

二、木材的含水率

木材的含水率是指木材所含水分的重量与木材干重之比，即

$$含水率 = \frac{含水木材的重量 - 干木材的重量}{干木材的重量} \times 100\%$$

木材的含水率是木材的重要物理指标，它决定了木材的胀缩变形及强度。木材具有吸湿性能，即干燥的木材能从其工作周围环境中吸收水分，但潮湿的木材也能在干燥的环境

中释放出水分。新伐木材的含水率相当大，几乎为 100%，这是因为木材的生成不是绝对密实的，且木材为吸水性材料，在其细胞间（细胞间由细胞壁——固体物质部分与细胞腔——孔隙部分组成）里充满了水分。当木材堆放晾干（或烘干）时，首先是胞腔内的水分（称为自由水）蒸发，当胞腔的自由水蒸发完毕后，此时胞壁内还充满着水（称作为吸附水），而且处于饱和状态，亦即只有吸附水存在而无自由水，这种情况称之为木材纤维饱和点，它是影响木材物理、力学性质的转折界线。故也称为临界含水率。不同木材的纤维饱和点略有不同，大多在 25%～35% 之间，一般取其平均值 30% 作为纤维饱和点的限值。当木材中的含水量在纤维饱和点以上（含水率大于 30%）变化时，只是自由水的变故，此时的变化仅仅是木材总重量（固体物质的重量＋水分的重量）的改变，而木材的强度和变形均没有变化。

当木材中的水分继续蒸发，含水量在纤维饱和点以下（含水率小于 30%）变化时，不仅是木材总重量的改变，并且影响到木材的强度和变形。这时就会引起细胞壁的变化，在木材重量减轻的同时其体积也开始收缩，细胞壁物质趋于密实，从而强度开始增加。新伐木材经过干燥后的收缩量最大可达 10% 左右。由于木材的异向性，故其收缩也表现为各向不一。木材含水率的变化所造成的收缩会引起其开裂和翘曲，在使用时应采取一定的措施来控制木材含水率的变化，从而有效地提高木材的稳定性。结构中用材常将木材干燥到含水率为 15%，称作为标准含水率。

第三节 木材的加工和综合利用

用于建筑工程上的木材均是经过加工以后的木材，如原木、板材、枋材。由于树木生长周期长，而我国又是一个树木资源紧缺的国家，所以应经济合理地使用木材，不应盲目地浪费木材，尽量做到长材不短用，优质木材不劣用。在木材加工成型过程中以及在制作各种构件时都会留下很多边角碎屑末等废料，把这些废料经加工处理可以制造成各种人造板材，如纤维板、木丝板、刨花板等等，用作建筑装饰装修、家具制作、包装等多种用途，变废为宝，是节约木材资源的重要途径。

一、胶合板

胶合板是一种人造板，但它不是利用木材的废料，而是将原木沿年轮旋切成大张薄木片，经一系列处理后用胶粘合压制而成的大张板材，有一定的幅面尺寸。粘合时应按木材纹理使相邻木片纤维纵横垂直。胶合板的木片层数均为奇数，一般为 3～13 层。可用作顶棚板、隔墙板、门心板、家具等各种装饰装修材料。

二、纤维板

纤维板是一种用途很广泛的人造板材。它是以板皮、刨花、树枝等废料为材料，用机械或化学的方法将这些废料破碎浸泡研磨成木浆，经成型、干燥而成，也有一定的幅面尺寸。可用作顶棚板、隔墙板、门心板、家具等。

三、木丝板

木丝板是将木材的边角碎料制成木丝再拌以水泥等胶凝材料。加压成型凝固制成的板材，具有质量轻、隔声、隔热、防蛀、防火等性能。可用作建筑工程的装饰装修及保温材料。

四、刨花板

刨花板是利用刨花和碎木废料与胶结合压制而成的板材。可作保温隔声材料及室内装修、顶棚板、隔墙板等等。

本 章 小 结

木材的特点：分布广；具有装饰性；质轻强度较高；有较好的弹性和韧性；导热系数小；生长周期长；天然疵病多；具有异向性；易燃、易腐朽及虫蛀等。

木材的分类：按树种分有软材木、硬材木；按材型分有原条、原木、板材、枋材。

木材的主要性质：强度(顺纹强度、横纹强度)；木材的含水率(指木材所含水分的重量与木材干重之比，临界含水率为30％；标准含水率为15％)。

复 习 思 考 题

3-6-1　木材有何特点？

3-6-2　木材的最大弱点是什么？如何进行木材的防腐？

3-6-3　木材如何分类？

3-6-4　木材的主要技术性质有哪些？

3-6-5　木材的含水率对其强度及变形有何影响？

3-6-6　常用的人造板材有哪几种？

第七章 防水及保温隔热材料

第一节 防 水 材 料

防水材料：用于满足建筑物或构筑物防水、防渗、防潮等功能的材料。

建筑物的防水是相当重要的。防水材料的基本要求是抗水性好、粘结力强、有一定的韧性。传统的防水材料沥青，是一种有机胶凝材料，为有机化合物的复杂混合物，颜色呈灰亮褐色以至黑色。在常温下呈固体、半固体或液体形态。具有良好的黏性、塑性、不透水性及耐化学侵蚀性。随着建筑业的发展，节能措施的实施，不断对防水材料的品种、性能提出新的、更高的要求，促使防水材料向高级的方向发展，传统的沥青防水材料向新型的高聚物改性沥青防水材料、合成高分子沥青防水材料等发展。

常用的防水材料有沥青、防水卷材、防水涂料、防水密封材料等。

一、沥青

$$
沥青\begin{cases} 地沥青\begin{cases} 天然沥青 \\ 石油沥青 \end{cases} \\ 焦油沥青\begin{cases} 煤沥青 \\ 页岩沥青 \end{cases} \end{cases}
$$

用于建筑工程上的主要是石油沥青和煤沥青以及它们的制品。

（一）石油沥青

石油沥青是石油原油经蒸馏提取各种产品后的副产物，再经加工处理而成。石油沥青是憎水性材料，几乎完全不溶于水，且本身构造致密，与矿物材料表面有很好的粘结力，能紧密粘附于矿物材料表面，还具有一定的塑性，能适应材料或构件的变形。燃烧时烟无色，无刺激性嗅味。所以，石油沥青具有良好的防水性能，是建筑工程中应用很广的防潮、防水材料。

1. 石油沥青的重要技术性质

（1）黏性

石油沥青的黏性是指石油沥青在外力作用下抵抗变形的性能，是石油沥青的主要技术指标之一。黏性的大小与温度有关。黏性的指标是用针入度值来表示。即在温度25℃时，以附重100g的标准针，经5s沉入沥青的深度（以1/10mm表示，每1/10mm为针入度1度）。针入度越小，表明黏性越高。

（2）塑性

塑性是指在外力作用时产生变形而不破坏的能力，反映沥青柔韧性的指标。沥青的塑性与温度和沥青膜的厚度有关，温度越高或沥青膜越厚，塑性越大。沥青的塑性指标以延伸度表示。即将标准试件的沥青在温度为25℃时，以每分钟5cm的速度拉伸，直到试件被拉断时的延伸长度，称作为延伸度。延伸度越大，表示塑性越好。

（3）温度稳定性

温度稳定性即耐热性，是指石油沥青的黏性和塑性随温度升降而变化的性能。温度稳定性高的沥青受温度变化而引起的变量较小；稳定性低的，则其变量大。温度稳定性的指标以软化点来表示。把凝固在特制铜环内的沥青，平放在水内，上面放一个特制的小钢球，将水逐渐加热到一定温度时，沥青软化使钢球穿过铜环落下，这时的水温，称作为沥青的软化点。软化点越高，稳定性越好。

（4）大气稳定性

大气稳定性是指石油沥青抵御由于使用时间的延长而逐渐老化的性能指标。沥青在大气作用下随着时间的延长，其流动性、塑性逐渐降低，脆硬性逐渐增大，直到脆裂，这种现象通称为"老化"。石油沥青的大气稳定性通常以蒸发损失（在160℃五个小时内蒸发减量占原重量的百分比）和蒸发后针入度（蒸发后针入度与原针入度之比的百分数）来评定。蒸发损失百分比越小和蒸发后的针入度比越大，则表示大气稳定性越好，"老化"越慢。

2. 石油沥青的分类

石油沥青有道路石油沥青、建筑石油沥青和普通石油沥青之分。

道路石油沥青主要用来拌制沥青混凝土或沥青砂浆，用于道路路面或车间地面等工程。

建筑石油沥青一般制成沥青胶，用于屋面、地下防水、防腐蚀等工程。

普通石油沥青稳定性较差，与软化点大体相等的建筑石油沥青相比，针入度较大，亦即黏性小，塑性较差，建筑工程一般不直接使用，可与建筑石油掺配使用。

（二）煤沥青

煤沥青又称柏油，是炼焦、生产煤气时，从干馏物质中提取焦油及其他产品后的剩余物质。其化学成分与石油沥青大致相同，但其质量与耐久性不如石油沥青。煤沥青的塑性及温度稳定性较差，冬季易脆，夏季易软化，老化快，加热燃烧时烟呈黄色，有刺激性臭味并略有毒性。一般建筑工程上很少使用。但煤沥青具有较高的抗生物腐蚀作用，适用于地下防水工程或作为防腐材料。

（三）沥青制品

1. 冷底子油

冷底子油是用沥青与汽油、煤油等有机溶剂互相溶合而成的沥青涂料，多用于防水工程的底面。一般涂刷在水泥砂浆或混凝土表面或金属表面，使防水层与基层粘结牢固。在建筑工地上使用冷底子油时应随用随配。

2. 沥青胶

沥青胶又称沥青玛碲脂。它是在沥青中加入适量的矿物填充料（滑石粉、石棉粉等）均匀混合制成，主要用于粘油毡、单独涂刷防水层或灌缝上。有石油沥青胶和煤沥青胶两类，前者适用于粘结石油沥青类油毡卷材，后者适用于煤沥青油毡卷材。沥青胶可有冷、热两种。

3. 沥青砂浆和沥青混凝土

用沥青作胶凝材料，拌合骨料，可以制成沥青砂浆和沥青混凝土。这种砂浆、混凝土可以用在建筑的特殊地面或高水压下的防水层。为了保证其防水性能，应选用最好的沥青和优质骨料，确定好合适的配合比，使之有最好的密实度。

另外还有沥青防水卷材。

二、防水卷材

防水卷材：可卷曲的片状柔性防水材料，是建筑防水材料的重要产品之一，其产品是以卷材的形式提供。

（一）防水卷材的类型

主要产品包括有下列三大类：

1. 沥青防水卷材

以原纸、织物、纤维毡、塑料膜等材料为胎基，浸涂石油沥青，矿物粉料或塑料膜为隔离材料，制成的防水卷材，俗称油毡。

2. 高聚物改性沥青防水卷材

以高分子聚合物改性石油沥青为涂盖层，聚酯毡、玻纤毡或聚酯玻纤复合为胎基，细砂、矿物粉料或塑料膜为隔离材料，制成的防水卷材。

3. 合成高分子防水卷材

以合成橡胶、合成树脂或两者共混为基料，加入适量的助剂和填料，经混炼压延或挤出等工序加工而成的防水材料。

（二）卷材的贮存、保管

1. 不同品种、型号和规格的卷材应分别堆放；

2. 卷材应贮存在阴凉通风的室内，避免雨淋、日晒和受潮，严禁接近火源；

3. 沥青防水卷材宜直立堆放，其高度不宜超过两层，并不得倾斜或横压，短途运输平放不宜超过四层；

4. 卷材应避免与化学介质及有机溶剂等有害物质接触。

三、防水涂料

防水涂料是一种稠状液体，主要是以石油沥青、合成高分子等为基料，涂刷在建筑结构构件的表面，经过溶剂的挥发或水分的蒸发或两种组分的化学反应，形成一层薄膜。

（一）防水涂料的类型

1. 高聚物改性沥青防水涂料

以石油沥青为基料，用高分子聚合物改性，配置成的防水涂料，有水乳型和溶剂型之分。

（1）水乳型：以水为分散介质，通过水分蒸发而固化的防水涂料。

（2）溶剂型：通过溶剂挥发而固化的防水涂料。

2. 合成高分子防水涂料

以合成橡胶或合成树脂为主要成膜物质，配制成的防水涂料，有单组分和多组分之分。

（1）单组分防水涂料是指施工时不需要与其他组分相混合而直接使用的防水涂料。

（2）多组分防水涂料是指施工时将两种或两种以上组分在现场混合均匀才能使用的防水涂料。

3. 聚合物水泥防水涂料

以丙烯酸酯等聚合物乳液和水泥为主要原料，加入其他外加剂制得的双组分水性建筑防水涂料。

（二）防水涂料的贮存、保管

1. 防水涂料包装容器必须密封，容器表面应标明涂料名称、生产厂名、执行标准号、生产日期和产品有效期，并分类存放；

2. 反应型（通过化学反应而固化的防水涂料）和水乳型涂料贮运和保管环境温度不宜低于5℃；

3. 溶剂型涂料贮运和保管环境温度不宜低于0℃，并不得日晒、碰撞和渗漏；保管环境应干燥、通风，并远离火源。仓库内应有消防设施。

四、防水密封材料

防水密封材料：能承受接缝位移并满足气密和水密要求的、嵌入建筑的接缝、门窗四周等的防水材料。

（一）防水密封材料的类型

有定型（具有一定形状和尺寸）和非定型之分。定型密封材料有密封带、密封条、止水带等，非定型密封材料有密封膏、密封胶等。

（二）防水密封材料的贮存、保管

1. 密封材料的贮存、保管应避开火源、热源，避免日晒、雨淋，防止碰撞，保持包装完好无损；

2. 密封材料应分类贮放在通风、阴凉的室内，环境温度不应高于50℃。

第二节　保温隔热材料

为了保证室内有适宜的气温，房屋围护结构所采用的建筑材料应有一定的保温隔热性能，以节约能源，即减少建筑物内采暖、空调的消耗能量，是一种功能性的建筑材料。保温隔热材料一般是轻质、疏松的纤维状材料、多孔状材料或颗粒状松散填充材料。导热系数是衡量保温隔热性能的物理指标，导热系数越小，则通过材料传送的热量也越小，即保温隔热性能越好。它取决于材料的成分、内部结构及表观密度，材料的含水量也有一定的影响。常用的保温隔热材料的导热系数不得大于0.200(W/m·K)。

一、纤维状材料

纤维状材料通常有石棉、矿渣棉等。石棉是一种非金属矿物，经加工制成。纤维柔软，具有耐火、耐热、耐酸碱、保温隔热、绝缘、防腐、隔声等特性。矿渣棉是以工业废料矿渣为原料，经一定的工艺加工制成的。具有质轻、不燃、防蛀、耐腐蚀等特性。

二、多孔状材料

多孔状保温隔热材料主要有加气混凝土、泡沫混凝土等。加气混凝土是用水泥、砂、矿渣（或粉煤灰）、发气剂等经加工制成的一种能承重的轻质多孔保温材料，可制成墙体砌块、屋面板、墙板等制品。泡沫混凝土是用机械方法将泡沫剂水溶液制备成泡沫，再加入砂、粉煤灰、石灰、水泥、水和外加剂组成的料浆，经加工而成，可根据需要制成各种形状的制品。

三、颗粒状材料

颗粒状保温隔热材料有膨胀珍珠岩、膨胀蛭石等。膨胀珍珠岩是以珍珠岩为主要原料，经加工焙烧制成白色或灰白色松散颗粒，具有保温、绝热、吸声、不燃等特性，它可与水泥、沥青配制成水泥膨胀珍珠岩制品和沥青膨胀珍珠岩制品。膨胀蛭石是以蛭石为原料，经加工焙烧、膨胀，制成松散颗粒，它具有与膨胀珍珠岩一样的特性，一般用于填充墙壁、楼板及平屋顶。

本 章 小 结

防水材料：用于满足建筑物或构筑物防水、防渗、防潮等功能的材料。

常用的防水材料：沥青、防水卷材、防水涂料、防水密封材料等。

石油沥青的重要技术性质：黏性、塑性、温度稳定性、大气稳定性。有道路石油沥青、建筑石油沥青和普通石油沥青。

沥青制品：冷底子油、沥青胶、沥青砂浆和沥青混凝土等。

防水卷材：沥青防水卷材、高聚物改性沥青防水卷材、合成高分子防水卷材。

防水涂料：高聚物改性沥青防水涂料、合成高分子防水涂料、聚合物水泥防水涂料。

防水密封材料：定型密封材料、非定型密封材料。

保温隔热材料：纤维状材料、多孔状材料、颗粒状材料。

复 习 思 考 题

3-7-1 对防水、保温隔热材料有何要求？

3-7-2 常用的防水材料品种是什么？石油沥青的主要技术性质是什么？

3-7-3 常用的沥青制品有哪些？

3-7-4 防水卷材的类型有哪几种？储存、保管的方法？

3-7-5 防水涂料的类型有哪几种？储存、保管的方法？

3-7-6 防水密封材料的类型有哪几种？储存、保管的方法？

3-7-7 常用的保温隔热材料有哪些？

第八章 建筑装饰材料

第一节 建筑装饰材料的概念及要求

一、概念

建筑装饰材料：用于建筑物及其构配件表面的材料，可铺设、粘贴或涂刷。

作用：保护建筑物主体结构，提高其耐久性，起到一定的装饰效果。

二、要求

在选择装饰材料时，应根据建筑物使用要求的不同、造型不同等，考虑其颜色、光泽、表面组织、尺寸形状等。此外，还应具有一定的耐久性，如：强度、耐水性、耐火性、耐腐蚀性等，作为地面面层应该具有一定的强度、硬度，作为用水房间的地面、墙面应具有一定的耐水性，作为用火房间的地面、墙面应具有一定的耐火性，作为外墙面的装饰材料应具有一定的耐大气侵蚀性等等。

第二节 建筑装饰材料的种类

随着建筑业的发展、科学技术的发展、人们生活水平的提高，对建筑物的使用及装饰要求也愈来愈高，应运而生的建筑装饰材料的种类繁多。现简单介绍几种常用的建筑装饰材料。

一、建筑装饰石材

建筑装饰石材有天然装饰石材和人造装饰石材。

（一）天然装饰石材

用于装饰的天然石材，即指从天然岩体中开采出来的岩石经过加工而成的板状、块状等，具有一定强度、可加工性、装饰性的天然石材。

天然装饰石材一般有大理石板和花岗石板，是天然石经切割、磨光而成的一种高档豪华的装饰材料。具有坚固耐久，光滑洁净，不褪色等特点。

1. 大理石板

用大理石制作的装饰板材。纯大理石为白色，俗称"汉白玉"。因含矿物种类的不同，有黑色、灰色、绿色等多种色彩，且多具有美丽的花纹，磨光后非常美观。大理石的硬度不大，耐酸性较差，易被酸腐蚀，在雨水和大气中的水分作用下表面失去光泽，而变得多孔粗糙，影响美观。所以大理石主要适用于室内的装修，如室内地面、柱面、墙面等，不宜用于室外。

2. 花岗石板

用花岗岩类石材制作的装饰板材。花岗石的硬度大，耐磨性好，耐冻性强，有多种色彩，如纯黑、深青、紫红、浅灰等，并有小而均匀的黑点。主要用于室外，如台阶、勒脚、外墙面等，也可用于室内装修，如室内地面、墙面等。

（二）人造装饰石材

人造石材是指由碎石等材料经人工加工的方法，具有类似于天然石材性质、纹理和质感的合成材料，包括有人造大理石、水磨石等。

1. 人造大理石

以不饱和聚酯、石英砂、大理石和方解石粉等为主要原材料，经配料、搅拌、成型、固化、烘干、抛光等工艺制成的板材。人造大理石具有强度较高、密度较小、耐腐蚀、耐磨性好、施工方便等特点。可用于墙面、柱面、台面等。

2. 水磨石

以水泥、无机颜料、装饰性骨料和水为主要原材料，经配料、搅拌、成型、养护、水磨抛光等工艺制成的板材。具有强度较高、装饰性好、施工方便等特点，可用于地面、踏步面、窗台面、踢脚板等。

二、建筑陶瓷装饰材料

建筑陶瓷指的是用于建筑装饰的陶瓷制品。陶瓷的主要成分是黏土，经配料、制坯、焙烧而成。有釉面和无釉面之分。上釉的作用在于表面光滑平整、增强光亮度、提高机械强度、不吸水、便于清洁、增加美观等。釉就是附着于陶瓷坯体表面的一层连续玻璃层体。建筑陶瓷装饰材料的种类繁多，以下介绍几种。

（一）釉面内墙砖

釉面内墙砖简称釉面砖，是用于建筑物内墙装饰的有釉的薄片精陶制品。正面有釉光洁度好，多为白色或带有图案，形状多为矩形，背面有凹槽。一般多用于厨房、卫生间、案台等处的墙面，清洁卫生，易于擦洗，不能用于室外。

（二）外墙砖

外墙砖是指用于建筑物外墙饰面的陶瓷砖。可施釉可不施釉，施釉的面砖釉面光泽为半光或无光，抗冻性和耐污染性好，易清洗。吸水率小的砖可以不施釉。外墙砖规格类型有多种。

（三）地面砖

铺地专用的陶瓷材料。品种很多，有缸砖、抛光地砖、釉面地砖等等，形状多为方形。质地坚硬、耐磨不起尘、有防潮作用。可用于卧室、起居室等地面以及某些公共建筑的地面。

（四）陶瓷锦砖

陶瓷锦砖旧称马赛克，是一种小瓷砖，尺寸规格较小，工厂生产陶瓷锦砖时，一般按每 300~500mm 见方按图案要求组成一大块，在正面用牛皮纸粘贴一起备用，形状有正方形、长方形、六角形等。有上釉及不上釉两种。质地坚硬、色泽多样、不渗水。可用于门厅、走廊、餐厅、浴室、卫生间等处的地面，也可用作外墙饰面及内墙饰面。

（五）琉璃制品

琉璃制品是以难熔黏土为原料，经制坯、干燥、上釉后焙烧而成的一种具有民族色彩的高级装饰材料。有瓦类、脊类、饰件类，色彩绚丽、表面光滑、质坚耐久、造型古朴。可铺设屋面，也可作围墙和窗孔装饰，广泛用于有民族色彩的建筑如古建筑、豪华宫殿和园林建筑。

三、玻璃装饰制品

玻璃是以石英砂、纯碱、长石、石灰石等为原料，经加工而制成。随着发展，其制品由过去单纯作为采光功能逐渐向着控制光线、调节热量、节约能源、控制噪声、降低建筑物自重、改善建筑环境、提高建筑艺术等多种功能发展。如在加工过程中加入一些化合物或经过特殊工艺处理便可获得色彩。

（一）常用及装饰玻璃

一般有平板玻璃、压花玻璃、波形玻璃、毛玻璃、玻璃马赛克等。

1. 平板玻璃

即普通平板玻璃，用垂直引上法和平拉法生产的平板玻璃。其厚度一般有 1mm、2mm、3mm、4mm、5mm、6mm、8mm、10mm、12mm、15mm、19mm 等规格。具有透光性、透视性等性能，可用于建筑物的门窗等。

2. 压花玻璃

用压延法生产，表面带有花纹图案的平板玻璃，有单面压花玻璃和双面压花玻璃。其厚度一般有 2mm、3mm、4mm、5mm、6mm 等规格。具有透光而不透视、装饰性强等性能，可用于宾馆、会议室、办公室、卫生间、室内隔断等。

3. 波形玻璃

连续压延法生产的具有波形断面的板状玻璃制品。具有透光度好、强度高等性能，多用于需要采光的工业厂房的屋面、天窗等。

4. 毛玻璃

采用研磨、喷砂等机械方法，使表面呈微细凹凸状态而不透明的玻璃制品。包括喷砂玻璃、喷花玻璃、磨砂玻璃、磨花玻璃等，由于其表面粗糙，透光而不透视，多用于办公室、卫生间的门窗等。

5. 玻璃马赛克

亦可称玻璃锦砖，由多块面积不大于 $9cm^2$ 的小砖经衬材拼贴成联的彩色饰面玻璃，四周呈斜角面，色泽绚丽多彩。具有表面光滑、质地坚硬等性能，适用于建筑物的外墙饰面，内墙亦可以采用。

（二）建筑节能用玻璃

一般有中空玻璃、镀膜玻璃、热反射玻璃、低辐射玻璃、吸热玻璃、光致变色玻璃等。

1. 中空玻璃

两片玻璃（双层中空玻璃）或多片玻璃（多层中空玻璃）以有效支撑均匀隔开并周边粘接密封，内部充以干燥剂，使玻璃层间形成有干燥气体空间的制品。其隔声、隔热、保温等性能比单片玻璃有较明显的改观，从节能角度考虑广泛用于建筑物的外门窗等。

2. 镀膜玻璃

表面镀有金属或者金属氧化物薄膜的玻璃。镀膜玻璃是一类玻璃的总称，包含有下列几种玻璃：

（1）热反射玻璃

具有较高的热反射能力而又保持良好可见光透过率的平板玻璃。具有良好的遮光性和隔热性能，并具有单向透视功能，一面（迎光面）像镜子，另一面（背光面）可以透视。可用于建筑的门窗、隔墙等。

（2）低辐射玻璃

一种对波长范围 $4.5\sim25\mu m$ 的远红外线有较高反射比（率）的镀膜玻璃。低辐射玻璃不单片使用，一般用于制造中空玻璃，用于寒冷地区建筑门窗、幕墙等，保温节能。

（3）吸热玻璃

能吸收大量的红外线辐射能而又保持良好可见光透过率的平板玻璃，多用在炎热地区或空调建筑物中门窗、玻璃幕墙等。

（4）光致变色玻璃

在长波紫外线或可见光照射下透光度降低或产生颜色变化，颜色随着光线的增强而逐渐变暗，光照停止后又能恢复到原始透明状态的玻璃，即可随光照的强弱而变色的玻璃，可用于建筑物的门窗等。

（三）安全玻璃

此类玻璃的特点是机械强度较高、抗冲击性较好、安全性较普通玻璃高，一般有钢化玻璃、夹层玻璃、防弹玻璃、防盗玻璃、防火玻璃等。

1. 钢化玻璃

通过热处理工艺，使其具有良好的机械性能，且破碎后的碎片达到安全要求的玻璃。具有良好的机械性能、耐热冲击性能等，可用于高层建筑的门窗、幕墙、商店橱窗等。

2. 夹层玻璃

两层或多层玻璃用一层或多层塑料作为中间层胶合而成的玻璃制品。具有抗冲击能力强、使用安全性高、透光性好等特点，适用于建筑物的门窗、隔墙、地板、工业厂房的天窗等。

3. 防弹玻璃

对枪弹具有特定阻挡能力的夹层玻璃。具有硬度大、强度高等特点，广泛用于银行、博物馆及重要部门的门窗玻璃等。

4. 防盗玻璃

用简单工具无法破坏，能有效地防止偷盗或破坏事件发生的夹层玻璃，用于有防盗要求的建筑物。

5. 防火玻璃

在火灾条件下，能在一定时间内满足耐火完整性要求的玻璃。具有一定的抗热冲击强度，能有效地限制玻璃表面的热传递，用于有防火要求的建筑物。

四、金属装饰材料

铝合金是常用的金属装饰材料，可浇成塑像、花饰，也可制成平板或波形板，也可压延成各种断面的型材，表面光平，光泽中等，耐腐蚀性强。有铝合金装饰板、铝合金装饰吊顶板等，可用作屋面，或包覆墙面、柱面、也可作门窗框及门窗花饰。

五、石膏装饰材料

将建筑石膏浇制成形状各异的花饰——石膏花饰，起着装饰效果。石膏花饰可安装在室内墙面、柱面和平顶棚上，立体感强。

六、装饰涂料

装饰涂料是直接涂刷于材料表面，与基体材料能很好地粘结且形成完整而坚韧保护膜的物质，起到一定的保护作用。具有质量轻、色泽鲜艳、附着力强、施工简便等特点。

（一）调合漆

调合漆是以油料、颜料、溶剂、催干剂等调和而成，有油性调合漆和磁性调合漆。漆膜有各种色泽，质地较软，具有耐腐蚀、耐老化、耐久不裂、遮盖力强、施工简便等特点。可用于室外一般金属、木材等表面的涂刷，如门窗、家具等，甚至可用作水泥基底的油漆，应用最普遍。

（二）瓷漆

瓷漆类似于调合漆的一种色漆，在清漆（不含颜料的透明油漆）内加入无机颜料制成，可呈各种色漆。漆膜光亮平整，细腻坚硬。可用于家具、门窗与木装修，也可用于金属表面的油漆。

（三）乳胶漆

乳胶漆是由合成树脂的乳胶加颜料配制而成，以水作为分散剂并随水分蒸发干燥成为一层薄膜。具有环保、低毒、不燃、透气性好等性能，施工方便，配剂灵活、涂膜细腻平滑。为建筑物内墙体的主要涂料。

（四）防锈漆

防锈漆是由油料与阻蚀性颜料（如铝粉等）调制而成，对于钢铁的防锈效果很好。

本 章 小 结

建筑装饰材料：用于建筑物及其构配件表面的材料。

建筑装饰材料的种类：建筑装饰石材（天然装饰石材和人造装饰石材）、建筑陶瓷装饰材料（釉面内墙砖、外墙砖、地面砖、陶瓷锦砖、琉璃制品）、玻璃装饰制品（装饰玻璃、建筑节能用玻璃、安全玻璃）、金属装饰材料、石膏装饰材料、装饰涂料。

复 习 思 考 题

3-8-1　什么是装饰材料？其作用是什么？

3-8-2　对装饰材料有哪些要求？

3-8-3　了解一些常用装饰材料品种的性能。

第四篇　民用房屋建筑构造基本知识

学习目标：通过本篇内容的学习，使学生能够熟悉建筑物各个组成部分的基本构造知识、构造要求，掌握建筑物的防火要求等。

第一章　概　　述

建筑包括建筑物和构筑物。

建筑物——用建筑材料构筑的空间和实体，供人们居住和进行各种活动的场所。

构筑物——为某种使用目的而建造的、人们一般不直接在其内进行生产和生活活动的工程实体或附属建筑设施，如烟囱、水塔、蓄水池等。

建筑构造是介绍建筑构造组成的设计原理、各构造组成部分的作用与要求、构造方法、材料做法以及各构造组成部分之间的相互关系。

第一节　建筑物的构造组成及影响因素

一、建筑物的构造组成及功能作用

建筑物本身构造是由基础、墙和柱、楼板、楼梯、屋顶、门窗等六个主要部分组成，见图 4-1-1 所示。它们在建筑物中所处位置的不同，其功能作用各异。

（一）基础

基础：建筑物底部与地基接触并把上部荷载传递给地基的部件。

基础是承重构件，起着承上传下的作用。

要求：坚固、稳定、耐久等。

（二）墙（柱）

墙是建筑物中的竖向构件，分别起承重、围护、分隔作用。

承重墙：直接承受外加荷载和自重的墙体。承重墙可将荷载传递给基础。

围护墙：指建筑物的外墙。可挡风遮雨、保温隔热，保护人们的正常活动免受自然气候的干扰。

分隔墙：指建筑物的内墙。按使用要求用内墙把房屋建筑的整个内部水平空间分隔成若干个小的空间，避免相互干扰。

要求：坚固、稳定、耐久、保温、隔热、隔声等。

柱：主要承受房屋竖向荷载并有一定截面尺寸的点状支撑构件。在建筑物中一般只起承重作用（构造柱除外）。

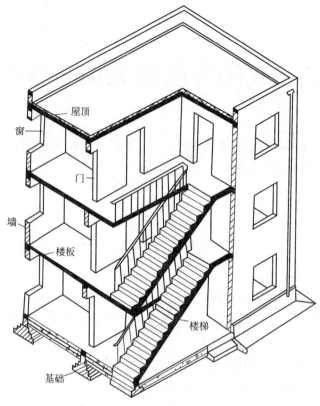

图 4-1-1　建筑物的组成

要求：具有足够的强度、稳定性。

（三）楼板

楼板：直接承受楼面荷载的板，也是建筑物中水平方向分隔空间的构件，具有承重、分隔、支撑作用。

承重作用：楼板直接承受着各种家具、设备、人体重量等，并把这些重量传递给（包括楼板自重）墙（柱），即为承重构件。

分隔作用：按使用要求楼板将房屋建筑沿高度方向分为若干层，即为分隔构件，与内墙共同组成各个独立的使用空间。

支撑作用：楼板对墙体起了一个支撑作用，即支撑构件，从而增强了建筑物的整体性能和抗震性能。

要求：具有足够的强度、刚度、隔声性能等。

（四）楼梯

楼梯在建筑物中是垂直交通工具，具有交通、承重作用。

交通作用：供人们上下楼和紧急疏散用。

承重作用：将楼梯上的荷载传递给（包括楼梯自重）墙（柱）。

要求：安全畅通，强度、刚度足够等。

（五）屋顶

屋顶是建筑物顶部起遮盖作用的围护部件，具有围护、承重作用。

围护作用：抵抗自然界风、雨、雪以及太阳辐射等侵袭；

承重作用：承受屋面上的荷载，如雪荷载、积灰荷载、检修荷载等，并将这些荷载传递给(包括屋顶自重)墙(柱)。

要求：不渗漏、保温隔热、坚固耐久、美观等。

（六）门窗

门窗与建筑物的墙(柱)紧密相连。

门：位于建筑物内外或内部两个空间的出入口处可启闭的建筑部件，用以联系或分隔建筑空间。门主要起交通、通风作用，有时亦起分隔房间的作用。

窗：为采光、通风、日照、观景等用途而设置的建筑部件，通常设于建筑物墙体上。窗主要起采光、通风、围护、分隔作用。

要求：使用方便，构造合理，保温隔热、隔声等。

建筑物除上述六个主要组成部分之外，还有为人们使用要求的和建筑物本身不可缺少的各种配件及设施，如阳台、雨篷、台阶等，将在以后各章节中加以介绍。

二、影响建筑构造的因素

建筑物在建造和使用过程中受到很多因素的影响，比如技术经济条件、外界环境等，这些因素在建筑构造设计过程中应该加以考虑。

（一）技术经济条件的影响

经济是基础，随着我国建筑业的发展，生产力水平的提高，人们对建筑物的使用要求也随之提高。由秦砖汉瓦时期的土木结构、砖木结构，到当今的钢筋混凝土结构、钢管混凝土结构、钢结构等现代建筑，一些新型材料、新型建筑结构、新型设备等的出现，从而带来新的施工技术和方法随之出现，相应的建筑标准、建筑造价亦随之变化。所以说建筑构造是随着建筑技术的发展而发展的。

（二）外界环境的影响

外界环境的影响应从以下几个方面来考虑：

1. 外力的影响

建筑物在使用过程中受到各种外力的作用，作用在建筑物上的各种外力称作为荷载，如：建筑物的自重；家具设备、人体的重量；风、雨、雪、地震荷载等，其大小和作用形式是建筑结构设计的主要依据。

2. 自然气候环境的影响

建筑物建造在地球表面上，位于自然界中，受到自然环境的影响，如：风吹、雨淋、日晒、冰雪、寒冻等，在构造上应采取相应的措施，如防水、防潮、防冻、保温、隔热、防变形等等，以满足建筑物的使用。

3. 人为因素的影响

建筑物在使用过程中会受到一些人为因素的影响，如：噪声、火灾、爆炸、振动等，在构造上应采取相应的措施，如隔声、防火、隔振等等，以满足建筑物的使用功能。

第二节 建 筑 物 的 分 类

建筑物的分类方式有多种，现分述如下：

一、按建筑物的使用性质分

有生产性建筑和非生产性的建筑，生产性建筑又包括工业建筑、农业建筑，非生产性的建筑即民用建筑。

（一）工业建筑

工业建筑是指以工业性生产为主要使用功能的建筑，如各类轻工业、重工业等生产用的厂房、仓库等。

（二）农业建筑

农业建筑是指以农业性生产为主要使用功能的建筑，如种植蔬菜果品、养殖牲畜、储存产品和农具等。

（三）民用建筑

民用建筑是指供人们居住和进行各种公共活动的建筑，包括居住建筑和公共建筑。前者是供人们居住使用的建筑，即生活起居之用，如住宅、宿舍、公寓等；后者是供人们进行各种公共活动的建筑，如办公楼、学校、医院、商场、图书馆、展览馆、体育馆、影剧院、火车站等等。随着市场经济的发展建筑业也随之而发展，一些大型的公共建筑由过去单一的使用功能转向为多使用功能的综合性的建筑物，比如写字楼集办公、娱乐、休闲、购物等于一体。

农业建筑的大部分构造方法与工业建筑相似，因此，人们又习惯于把建筑物分为工业建筑和民用建筑两大类。在此仅介绍民用建筑的构造。

二、按建筑物的主要承重结构所用材料分

（一）砖木结构

砖木结构：由砖、石、砌块砌体制成竖向承重构件，并与木楼盖、木屋盖组成的房屋建筑结构，即墙、柱为砖等材料砌筑，楼板、屋架、屋面板为木材制作。

砖木结构的建筑物造型古朴典雅，但其耐久性、耐火性等较差。而我国又是一个木材缺乏的国家，且此类建筑受到层数限制，所以这种结构类型的建筑物在现代房屋建筑工程建设中已很少使用。但是，由于我国很多重点保护的建筑物大多属于这种结构类型，譬如：北京天安门城楼、北京故宫博物院等等。所以，作为工程相关人员特别是物业管理工作者应对这种结构类型的建筑物有所了解和认识。

（二）砖混结构

砖混结构：由砖、石、砌块砌体制成竖向承重构件，并与钢筋混凝土或预应力混凝土楼盖、屋盖组成的房屋建筑结构，即墙体为砖砌筑，楼板、屋面板为钢筋混凝土制作。

由于砖这种材料的特性，建造砖混结构建筑物受到层数的限制。另外建造这种房屋还要毁掉大量的农用田地，从而使我国的农田拥有量大幅度减少，造成我国农用土地资源贫乏。我国政府已经提出禁止用黏土砖建造砖混结构的建筑物，故在当今建筑业中这种结构类型已不再被推广。可我国各地区砖混结构建筑物的数量还是很多的，尤为 20 世纪建造的大量居住建筑，为了管理亦应对这种结构类型的建筑物有一定的认识和了解。

（三）钢筋混凝土结构

钢筋混凝土结构：由配制受力的普通钢筋、钢筋网或钢筋骨架的混凝土制成的结构。即梁、板、柱、墙等。

钢筋混凝土结构的建筑物在当今建筑业中应用最为普遍、广泛，从居住建筑、公共建

筑到工业建筑；从多层建筑、高层建筑到超高层建筑，其耐久性、防震性好。但这种结构的自重相对较大，随着科学技术的迅速发展，一些新型轻质的建筑材料不断涌现，如轻质的墙体材料，从而钢筋混凝土结构的建筑物自重大的问题会相应地得到缓解。这种结构类型的建筑物在今后的建筑业中占有主导地位。

（四）钢结构

建筑物的主要承重结构是用钢材制作，即梁、柱、屋架等用钢材制作；墙体用砖、砌块或其他材料制作；楼板、屋面板用钢筋混凝土制作。

钢结构的强度高、防震性等好，但造价较高，一般适用于跨度要求比较大的建筑物。

三、按建筑物结构的承重方式分

（一）墙承重结构

墙承重结构就是以墙体作为建筑物的主要承重构件，楼板、屋面板搁置于墙上，见图 4-1-2 所示。适用于内部空间要求不大的低层、多层、高层建筑物（低层、多层建筑物可为砖混结构，高层建筑物可为剪力墙结构，即由纵向、横向钢筋混凝土墙组成的承受竖向和水平荷载作用的结构等），如住宅、教学楼、办公楼等。

（二）框架承重结构

框架承重结构是以梁、柱组成骨架作为建筑物的主要承重构件，楼板、屋面板搁置于梁上，墙体砌筑在梁上或楼板上，仅起围护、分隔的作用，见图 4-1-3 所示。这种类型的建筑物平面布置灵活，可随意分隔房间，既可用于内部空间要求比较大的商场建筑，也可用于住宅、办公楼、医院等建筑。层数受到一定的限制，一般用于 10 层以下的建筑物。当墙体采用的是砌块等轻质材料填充时，则称作为框轻结构，从而可以减轻建筑物自重或适当增加建筑物的层数。当建筑物的高度超过一定限度后，从抗水平力以及经济角度来考虑，在适当的柱与柱之间设置抗水平力的墙体——剪力墙，称作为框架-剪力墙结构，简称框剪结构，即由框架和剪力墙共同承受竖向和水平荷载作用的结构。

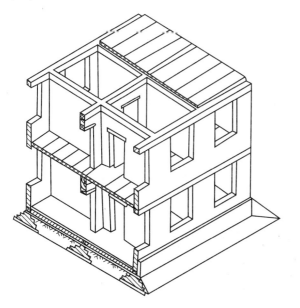

图 4-1-2 墙承重结构

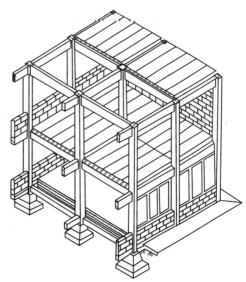

图 4-1-3 框架承重结构

（三）半框架结构（部分框架结构）

这种结构类型的建筑物可以有两种情况：

① 建筑物的外部用墙体来承重，内部采用梁、柱承重（框架），见图 4-1-4 所示。适用于层数不多而内部又要求有较大空间的建筑物，如综合楼、展览馆等。

② 建筑物的底部采用框架结构、上部采用墙承重结构，见图 4-1-5 所示。多为建筑物底层用于营业性的房间——商店，上部用于住宅或办公，即底商建筑。

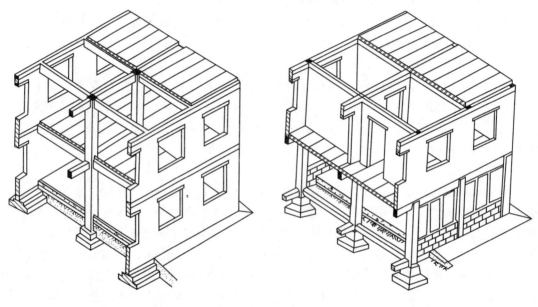

图 4-1-4　半框架结构　　　　　　　　　　图 4-1-5　半框架结构

（四）空间结构

空间结构就是由空间构架来承受荷载作用的建筑物，如网架结构、壳体结构等。多用于大空间、无视线遮挡的建筑物，如体育场馆、影剧院等。

四、按建筑物的层数与高度分

1～3 层为低层建筑物；4～6 层为多层建筑物；7～9 层为中高层建筑物；10 层以上为高层建筑物（10 层及 10 层以上或房屋高度大于 28m 的住宅建筑和房屋高度大于 24m 的其他高层民用建筑。房屋高度：自室外地面至房屋主要屋面的高度，不包括突出屋面的电梯机房、水箱、构架等高度），其中：当建筑物高度大于 100m 时，则为超高层建筑。

公共建筑及综合性建筑物总高超过 24m 为高层建筑物（不包括高度超过 24m 的单层主体建筑物）。

第三节　建　筑　物　的　等　级

建筑物的等级是建筑设计最先考虑的重要因素之一。

一、建筑物按其耐久年限划分

我国现行规范规定，民用建筑的设计使用年限可分为四类，见表 4-1-1 所示。

设计使用年限可分类 表 4-1-1

类 别	设计使用年限(年)	示 例
1	5	临时性建筑
2	25	易于替换结构构件的建筑
3	50	普通建筑和构筑物
4	100	纪念性建筑和特别重要建筑

二、建筑物按其耐火等级划分

建筑物的耐火等级是由组成房屋建筑构件的燃烧性能和最低的耐火极限所决定的。

根据我国现行《建筑设计防火规范》GB 50016、《高层民用建筑设计防火规范》GB 50045(2005 年版)规定，普通建筑物的耐火等级分为四级，高层建筑物的耐火等级分为二级。详见第九章。

第四节 建筑工业化及统一模数制

一、我国的建筑方针

新中国成立初期，国民经济状况还比较落后，我国制定的建筑方针是"适用、经济，在可能的条件下注意美观。"改革开放后，我国建筑业的蓬勃、迅猛发展，国民经济大幅度的增长，人们的物质生活水平不断提高，随之精神生活的需求、安全意识的提高，党和国家政府根据这些情况，特别是经历了 1976 年唐山大地震，在原有建筑方针的基础之上又对其进行了修订，即"适用、安全、经济、美观"八字方针，并且强调这四个方面的要求不分先后主次，应齐头并进，在建造建筑物时一并考虑。

二、建筑工业化

国家的兴旺昌盛，国民经济的发展是重要因素，而建筑业又是国民经济中的一个重要的部门。过去，人类建造房屋主要是依靠手工操作，如我国传统的砖木结构、石砌结构等等，从而使得人们的体力劳动强度极大，建设生产周期长，耗费人工量多。随着我国经济建设的发展，建筑业也随之迅速发展，单纯靠手工体力操作不能满足现代国民经济的发展需要。为适应国民经济的迅速发展的需要，建筑业必须改变手工操作劳动现状，而走向建筑工业化的道路。建筑工业化就是利用现代工业的机械化生产方式来取代传统的分散的手工操作生产方式，以提高生产效益，加快建设速度，同时也使人们脱离开繁重的体力劳动。

建筑工业化的主要特征表现在：房屋设计标准化；构配件生产工厂化；施工机械化；施工组织管理科学化和墙体改革，即称为"四化一改"。房屋设计标准化就是将建筑产品，即组成房屋的构配件如梁、板、墙、门窗等乃至整个房屋的规格设计标准化，所以房屋设计标准化是实现建筑工业化的前提。构配件生产工厂化就是在建筑产品规格设计标准化以后，在工厂进行大批量的统一生产，使得生产产品定型化，这样既改善了工作条件，提高了生产效率，又保证了产品的质量，同时也促进了构配件商品化。故构配件生产工厂化是实现建筑工业化的必要条件。施工机械化就是在房屋建设中各个生产施工环节利用机械设备来完成，由于构配件生产工厂化，通过运输工具、起重设备等机械化生产方式来替代传统的手工作业生产方式。在房屋建设中施工机械化程度越高，则人们的劳动强度就越低，生产效率越高，故施工机械化是实现建筑工业化的核心。施工组织管理科学化就是利用先进的科学管理方式来组织、指挥生产。即便施工机械化程度很高，如果没有科学的组织管理方式，生产效益也会很低。所以施工组织管理科学化是实现建筑工业化的重要保证。墙体改革就是对传统的烧结普通砖墙体加以改进。因为烧结普通砖尺寸较小，施工周期长，不利于施工机械化，更重要一点是生产烧结普通砖需要毁掉大量的农田，作为墙体材料使得建筑物的自重大。所以在现代建筑生产过程中，充分利用一些轻型材料如砌块作为墙体材料，从而节省了农田，降低了建筑物的自重，加快了施工速度。

三、建筑统一模数制

前述，实现建筑工业化的前提是房屋设计标准化。但是由于建筑物的使用要求、标准不同，形成建筑物的规模、大小不同，致使建筑物构配件的种类、规格、尺寸各异，无法组织规模性的批量生产，从而给构配件生产工厂化带来一定的困难。要想使建筑业走向建筑工业化，就必须实现房屋设计标准化。为了使建筑制品、建筑构配件和组合件实现工业化大规模生产，使不同材料、不同形式和不同制造方法的建筑物构配件等符合一定的标准规格，国家有关部门颁布了《建筑统一模数制》，从而使建筑物构配件之间的尺度能够进行协调统一，并具有较大的通用性和互换性，加快了设计速度，提高了施工质量和效率，降低建筑造价。建筑模数是房屋设计标准化的必然要求。所谓模数是房屋设计中选定的尺寸单位，作为尺度协调中的增值单位。《建筑统一模数制》规定以 100mm 为基本模数，其符号为 M，即 M＝100mm。整个建筑物和建筑物的一部分以及建筑组合件的模数化尺寸，应是基本模数的倍数。还规定了导出模数，导出模数又有扩大模数和分模数。扩大模数——基本模数的整数倍数；分模数——整数除基本模数的数值。其基数应符合下列规定：

（一）扩大模数

1. 水平扩大模数

水平扩大模数基数为 3M、6M、12M、15M、30M、60M，其相应的尺寸为 300mm、600mm、1200mm、1500mm、3000mm、6000mm。

2. 竖向扩大模数

竖向扩大模数的基数为 3M 与 6M，其相应的尺寸为 300mm 和 600mm。

（二）分模数

分模数基数为 (1/10)M、(1/5)M、(1/2)M，其相应的尺寸为 10mm、20mm、50mm。

以这些模数为基数和进级，在规定幅度内展开数值系统，称作为模数数列。如 1M 数列应按 100mm 进级，其幅度应由 1M 至 36M；3M 数列按 300mm 进级，其幅度应由 3M 至 75M。各模数数列见表 4-1-2 所示。

模数数列(单位 mm)　　　　表 4-1-2

基本模数	扩大模数						分模数		
1M	3M	6M	12M	15M	30M	60M	(1/10)M	(1/5)M	(1/2)M
100	300	600	1200	1500	3000	6000	10	20	50
100	300						10		
200	600	600					20	20	
300	900						30		
400	1200	1200	1200				40	40	
500	1500			1500			50		50
600	1800	1800					60	60	
700	2100						70		
800	2400	2400	2400				80	80	
900	2700						90		
1000	3000	3000		3000	3000		100	100	100
1100	3300						110		
1200	3600	3600	3600				120	120	
1300	3900						130		
1400	4200	4200					140	140	
1500	4500			4500			150		150
1600	4800	4800	4800				160	160	
1700	5100						170		
1800	5400	5400					180	180	
1900	5700						190		
2000	6000	6000	6000	6000	6000	6000	200	200	200
2100	6300							220	
2200	6600	6600						240	
2300	6900								250
2400	7200	7200	7200					260	
2500	7500			7500				280	
2600		7800						300	300
2700		8400	8400					320	
2800		9000		9000	9000			340	
2900		9600	9600						350
3000				10500				360	
3100			10800					380	
3200			12000	12000	12000	12000		400	400
3300					15000				450
3400					18000	18000			500

续表

基本模数	扩大模数						分模数		
1M	3M	6M	12M	15M	30M	60M	(1/10)M	(1/5)M	(1/2)M
3500					21000				550
3600					24000	24000			600
					27000				650
					30000	30000			700
					33000				750
					36000	36000			800
									850
									900
									950
									1000

扩大模数数列应主要用于建筑物中的开间或柱距、进深或跨度、层高、高度、构配件尺寸、门窗洞口等处。分模数数列主要用于缝隙、构造节点、构配件截面等处。

第五节 现代建筑简介

一、建筑节能

（一）基本理念

首先建筑应设计成节能型建筑，也就是说建筑在其规划、设计过程中应遵循当地的气候规律和节能的基本方法，对建筑的整体规划、体型、间距、房屋的朝向、太阳的辐射、夏季主导风向以及外部空间环境等进行研究后，设计出低能耗的建筑。并在其建造、改造以及使用过程中，执行相关的节能标准，且采用节能型的设备、工艺、技术、材料及其产品等，增强保温隔热功效，提高采暖供热、空调制冷制热系统的效率，加强建筑物用能系统的管理，保证其运行，充分利用可再生能源(从自然界获取的、可以再生的非化石能源，包括风能、太阳能、水能、生物质能、地热能和海洋能等)，在保证室内环境质量的前提下，减少供热、空调制冷制热等的能耗。我国《民用建筑节能条例》自 2008 年 10 月 1 日起施行。

（二）节能措施

建筑节能措施应从以下几个方面加以考虑：

1. 建筑物的朝向

建筑物朝向的选择应有利于节能，充分利用太阳能，建筑物尽量采用南北朝向布置，否则应加强建筑物围护结构的保温、隔热性能，从而增大了建筑物的成本造价，如南向房屋冬暖夏凉，西向房屋冬冷夏热。

2. 建筑物的体型

建筑物体型的选择应有利于节能，控制其外围护结构面积，因为建筑物围护结构的外表面积越大，其散热面就越大，从而使得采暖制冷的负荷面积越大，所以建筑物的体型应集中紧凑，尽量减少外墙的凹凸变化面积和架空楼板。

3. 建筑物群体的布置

建筑物群体的布置应充分考虑建筑物之间的距离，保证有良好的自然通风。在建筑物群体布置中将建筑物的主要用房（如住宅建筑的主卧室）迎着夏季主导风向布置，有利于风向直接通过窗洞口进入到室内，并且建筑物群体的整体布局应考虑高低错落，如以南北方向布局为例，低层建筑物一般置于南向，夏季主导风向的迎风面，多层建筑物置于中间，而高层建筑物则布置在北向。

4. 外围护构件

外围护构件——外墙、屋顶，寒冷地区房屋应考虑保温，炎热地区房屋应考虑隔热，所以应合理改善围护结构的保温隔热性能，如外墙设置保温层、坡屋顶宜设置结构平顶棚、东西向墙面种植可攀爬的植物、屋顶种植绿化等，从而节省能源。

5. 外窗的设置

房屋应尽量采用自然采光，但不宜设置过大的窗户，比如落地窗、外飘窗等，窗户的大小以满足采光要求为限，窗的材料采用节能材料，如玻璃采用节能玻璃、双层玻璃等。

6. 减少建筑群体间的硬地面面积

当建筑物之间的距离较大时，尽量减少建筑群体间的硬地面，从而降低了硬化地面对建筑物的反射辐射。当为硬地面时应采取一定的措施，如种植树木、植被或铺设植草砖地面，吸收太阳辐射热。

二、绿色建筑

（一）基本理念

绿色建筑是一种广义的概念，并不是指的一般意义的绿化。

在建筑的全寿命周期内，最大限度地节约资源（节能、节地、节水、节材）、保护环境和减少污染，为人们提供健康、适用和高效的使用空间，与自然和谐共生的建筑。具体指建筑对环境无害，能充分利用环境自然资源，并且在不破坏环境基本生态平衡条件下建造的一种建筑。所以，绿色建筑的设计应从节约能源与资源、回归自然等方面加以考虑。

节约能源就是充分利用太阳能，此外，围护结构的保温（隔热），充分利用自然通风，这就要求在建筑设计时充分有效地利用当地夏季主导风向，注意建筑物群体的布置。

节约资源就是充分利用可再生资源，如生活中的中水利用。

回归自然，强调建筑与外部周边环境相融合，做到保护自然生态环境。

（二）评价指标

建筑物从最初的规划、设计到施工再到投入运营使用直至拆除，形成一个全寿命周期。在评价绿色建筑时应统筹考虑建筑全寿命周期内，节能、节地、节水、节材、保护环境、满足建筑功能之间的辩证关系。之所以考虑建筑全寿命周期，这意味着不仅是在规划设计阶段充分考虑并利用周围环境的因素，而且确保施工过程中对周围环境的影响最低，在运营使用过程中能为人们提供健康的活动空间。国家有关部门制定的《绿色建筑评价标准》GB/T 50378 对此作出了相应的基本规定。

绿色建筑评价指标体系由下列六类指标组成：节地与室外环境、节能与能源利用、节水与水资源利用、节材与材料资源利用、室内环境质量和运营管理。以住宅建筑为例：

1. 节地与室外环境

场地建设与选址、人均居住用地指标、居住建筑的布局、住区的绿地率及种植种类的选用、住区内部排放污染源、施工过程中保护环境的具体措施；住区公共服务设施配建、旧建筑的可使用性、住区环境噪声、住区室外日平均热岛强度（城市内一个区域的气温与郊区气象测点温度的差值）、住区风环境及选址和居住区出入口的设置、住区非机动车道路；地下空间的开发利用、废弃场地的建设等。

2. 节能与能源利用

住宅建筑热工和暖通空调设计、集中空调系统性能系数及能效比；场地自然条件的利用、效率高的用能设备和系统的选用、公共场所和部位的照明、集中采暖或集中空调系统的能量回收、可再生能源的使用量；采暖或空调能耗等。

3. 节水与水资源利用

水系统规划方案、避免管网渗漏措施、节水措施、景观用水、使用非传统水源（不同于传统地表水供水和地下水供水的水源，包括再生水、雨水、海水等）的措施；地表与屋面雨水径流途径的规划、非饮用水的水源、绿化灌溉方式、非传统水源的利用率等。

4. 节材与材料资源利用

建筑材料中有害物质的含量、建筑造型要素；施工现场一定范围内生产建筑材料的重量、现浇混凝土的选用、建筑结构材料的选用、固体废弃物分类处理并将其中可再利用材料（在不改变所回收物质形态的前提下进行材料的直接再利用，或经过再组合、再修复后利用的材料）及可再循环材料（对无法进行利用的材料通过改变物质形态，生成另一种材料，实现多次循环利用的材料）回收和再利用、可再循环材料的使用量（保证安全和不污染环境）；土建与装修工程一体化、使用以废弃物为原料生产的建筑材料（保证性能）的用量；建筑结构体系的选用、可再利用建筑材料的使用率等。

5. 室内环境质量

每套住宅居住空间日照标准、各房间的采光要求、建筑围护结构的隔声减噪措施、居住空间自然通风、室内空气污染物的浓度；居住空间开窗的视野、屋面（地面、外墙、外窗）的内表面结露现象、房间的屋顶和东、西外墙内表面（自然通风）的最高温度、采暖或空调系统运行时室温调空、遮阳装置、室内空气质量；室内空气质量材料选用。

6. 运营管理

节能节水节材与绿化管理制度、水电燃气的计量与收费、垃圾的管理；垃圾站的管理、智能化系统的定位、病虫害的防治技术、树木成活率、物业管理部门环境管理体系的认证、垃圾分类收集率、设备管道的管理；对可生物降解垃圾管理等。

每类指标又包括控制项、一般项与优选项。

总的来说，绿色建筑的设计强调建筑在运营使用过程中减少排放废气、污物，室内布局应合理，尽量减少使用合成材料，充分利用阳光，节省能源，为使用者创造出一种接近自然的感觉，能够达到维系人类与自然生物和谐共存的生态环境的目的。

三、健康住宅

住宅建筑是人们生活的刚性需求，应该给居住者营造出一种舒适、健康的居住环境。根据世界卫生组织的定义，所谓"健康"是指在身体上、精神上、社会上完全处于良好的状态，而不是单纯指身体疾病或者体弱。由国家住宅与居住环境中心编制的《健康住宅建设技术要点》对健康住宅进行了相关规定说明。

（一）基本理念

健康住宅是在满足住宅建设基本要素的基础上，提升健康要素，保证居住者生理、心理、道德和社会适应等多层次的健康需求，促进住宅建设的可持续发展，进一步提高住宅质量，营造出舒适、健康的居住环境。也就是说，健康住宅应该是能使居住者在身体上、精神上、社会上完全处于良好状态的居住。

住宅建设有 4 个基本要素：适用性、安全性、舒适性和健康性。随着我国国民经济的发展，生活水平不断提高，人们对住宅建设提出更高的要求，即在适用性、安全性的基础上提出舒适性和健康性。健康性是以舒适性为基础，是舒适性的发展。健康住宅从两个方面去考虑，即居住环境的健康性和社会环境的健康性。

（二）居住环境的健康性

居住环境的健康性应从以下几个方面统筹考虑：

1. 居住环境

居住环境应考虑：①建设用地——应选择在适宜健康居住的地区，具有适合建设的工程地质和水文地质条件，远离污染源，有效控制水污染、大气污染、噪声、电磁辐射等的影响。②交通——合理组织住区内部动静交通，设置足够的停车位，防止机动车造成的环境污染和安全隐患。建设连续贯通的步行通道和无障碍设施，利于步行健身以及老年人和残疾人行走。③交往空间——住区环境设计应为邻里交往创造不同层次的交往空间。④视觉环境——住区建设应与周边环境相融合，住区色彩协调，标志牌位置恰当、统一、清晰。

2. 住宅空间

住宅空间应考虑：①套型设计——应以居住生活行为规律为准则，满足居住者生活、生理、心理等需求，实现舒适、健康的居住目标。套型面积取决于功能，套型功能的增量，除适量的面积外，尚应包括功能空间的细化和设备配置的质量，与日益提高的生活质量和现代生活方式相适应。住宅功能空间合理，低限净面积指标应符合相应的规定。②私密性——合理安排各种功能空间，避免各居住空间的相互干扰，以及邻里住户间的对视现象，保证私密性。③交往空间——住宅内部的交往空间，包括单元入口、大堂、楼梯、电梯、前厅、过道、平台、走廊等居住者过往和停留的空间，属于半公半私有空间，具有楼内人们活动的公共性和社会性。④灵活性——结构、设备及其管网布置应为住宅的可改造性创造必要的条件。宜采用大开间结构、竖向干管集中外移、横向支管不穿楼板等技术。⑤日常安全——针对老年人、残疾人以及儿童生活活动的安全需要，套内自然层应避免台阶和错层，设置扶手、护栏、防滑地面和报警装置等。

注：套型是指为满足不同户型住户的生活居住需要，按不同使用面积居住空间组成的成套住宅类型。户型是根据住户家庭人口构成的不同而划分的住户类型。

3. 空气环境

空气环境应考虑：①住区空气——住区空气质量标准应符合相应标准的规定，积极采取风环境优化技术，确保住区通风良好。②室内空气——室内空气质量标准应符合相应标准的规定，防止室内空气污染对人体健康的损害。③居室通风换气——居住空间应能自然通风，尤应注意凹口部位的通风问题。采暖制冷期间，在外窗密闭的情况下宜有可以调节的换气装置，补充新鲜空气，并预防和控制生物、化学、放射性等有害物的污染。室内新风量标准应符合相应标准的规定。④厨卫通风换气——厨房、卫生间应具有良好的通风换气条件，减少和控制空气污染。组织好进、出风口及气流走向，采用全面或局部换气设施，防止公共排风道烟气倒灌、窜气和窜味。公共排风道出口宜设置排风设备。设在建筑物凹口部位的厨卫外窗，凹口部位应处于负压区，以保证通风的可靠性。⑤装修污染——推行住宅装修一次到位，严格控制装修污染。室内装修材料有害物指标限量及室内装饰涂料安全性评价指标应符合相应标准的规定。

4. 热环境

热环境应考虑：①室内温湿度——住宅室内温度和相对湿度应符合相应标准的规定。②外围护结构——建立外围护结构保温隔热技术体系，其保温隔热性能应符合相应区域的国家节能设计标准要求。③采暖制冷——采暖、制冷系统的运行效率和能效比应符合相应区域的国家节能设计标准要求。空调室外机宜隐蔽、整齐安装，避免其噪声和气流对环境的影响，并应有组织地排放冷凝水。④可再生能源——创造条件，积极利用太阳能、地热、风能等可再生能源。

5. 声环境

声环境应考虑：①住区噪声——应做好住区防噪规划，集中布置住区内高噪声源，以公用区域作缓冲带，或以绿化作隔离带，并防治生活噪声，减少机动车在住宅组团内穿行，住区户外环境噪声标准应符合相应标准的规定。②室内噪声——应加强住宅室内防噪隔声措施，制定住户间和户外噪声的隔声对策，并对管道、泵和电梯等采取隔声、隔振措施。住宅室内允许噪声标准应符合相应标准的规定。③隔声——分户墙与楼板的选材选择及构造处理，应符合相应规定的隔声标准。

6. 光环境

光环境应考虑：①日照——住宅日照标准应符合相应标准的规定，每套住宅至少有一间居室，四居室以上户型至少有两间居室达到日照标准。②采光——住宅室内应自然采光，其采光标准应符合相应标准的规定。③照明——住宅室内人工照明应根据各功能空间的要求，合理选择电光源，确立灯具方式及安装位置，并确保用电安全。④光污染——住区室外照明包括道路、广场、绿地、标志、建筑小品等的照明，其光线照明不得射入住宅室内。⑤日常安全——住宅楼内的公共照明（入口、走廊、楼梯等）应满足居住者行走的安全要求和心理要求。楼外夜间照明应满足人行、车行的安全要求和住区的安全防范要求。

7. 水环境

水环境应考虑：①住区供水——住区内应建立完善的供水系统，生活饮用水水质标准应符合相应的规定，做到水质稳定，水压可靠，宜建立定期送检制度。②管道直饮水——管道供应直接饮用净水的，应采取独立封闭的循环管网。经过净化处理的用户龙头，出水水质应符合相应标准的规定，并建立定期送检制度，设置安全报警装置。③住区排水——住区排水系统应实行雨污分流，设有完善的污水收集、处理和排放的设施。按规定设置中水系统的住区，中水水质标准应符合相应标准的规定。④室内排水——住宅排水系统的选择，应根据排水性质及污染程度，结合室外排水体制和有利于综合利用与处理等要求确定。多层和高层住宅的卫生间生活污水立管应设置专用通气立管。采用的地漏应符合相关产品标准，排水支管应以本户为界。⑤雨水利用——在缺水地区，应将住区内屋面和路面的雨水，经收集、处理、储存，再作为杂用水回用，或将径流引入住区中水处理站，作为中水水源之一。对不便收集的雨水，宜通过绿地和渗水型地面铺材经土壤渗透净化后涵养地下水，以促进水土保持。⑥景观水——应自然融汇在绿化和建筑之间，岸形曲线流畅，水面与地面接近，应注意亲水空间的安全性。景观用水应为流动循环水。水景类景观环境用水的再生水水质标准应符合相应的规定，可通过物理方式、化学方式、微生物方式或生态方式进行水处理。有中水系统的住区应利用中水。

8. 绿化环境

绿化环境应考虑：①绿地指标——住区绿地率应大于35%。绿地率系指住区范围内各类绿地面积的总和占住区用地面积的比率（%）。②种植——绿地地形应有利于植物生长和排水。植物以乔、灌、草的合理比例配置，以乔木为主。住区主路两侧及开阔地宜种植高大乔木。植物种类选择应适地适种，不应种植对人体有害、对空气有污染和有毒的植物。③亲和——住区建设应科学合理地利用基地及其周边自然条件，保持住区对大自然的亲和性，体现人与自然和谐、融洽的生态原则。住宅设计应有利于人与自然的充分接触，鼓励发展阳台绿化、墙面绿化和屋顶绿化，扩充宅前绿地，改善绿地种植质量。

9. 环境卫生

环境卫生应考虑：①垃圾收运——多层住宅不应设垃圾道；高层住宅不宜设垃圾道，宜在每层设易清洗的垃圾收集间。推行袋装垃圾，分类收运。住区垃圾房应隐蔽、密闭，保证垃圾不外漏，且有风道或排风设施及冲洗、排水设施。②垃圾处理——垃圾处理宜压缩外运，有机垃圾宜采用生化处理。

（三）社会环境的健康性

1. 住区社会功能

住区除提供住宅和公共服务设施外，还应为居住者提供如下的社会功能：①提供物质上和精神上的互助。②提供感情上和思想上的交流。③提供行为上的约束。④提供闲暇的消遣和健身、保健等设施。

2. 住区心理环境

住区心理环境应考虑：①邻里关系——是社会关系系统的重要组成部分，应建立良好的邻里关系，以利于维护社会安定团结和长治久安。②安全防范——应开展社区安全防范环境设计研究，合理安排室内外空间，积极开拓影响人行为的环境设计，营造安全氛围，以预防和遏制犯罪行为的发生。③领域划分——应按功能要求，细致地划分住区空间层次，从公共领域、半公共领域、半私有领域，到达私有领域，创造出良好的空间秩序，促使居住者产生归属感，推动居住者自觉维护环境整洁和美观，协助建设和改善居住环境，并积极参加住区内各项社会活动。④应开展减轻住区压抑感的研究，包括高层住宅环境设计研究，增强邻里关系，提高防范性，开拓户外交往空间，吸引居住者参加户外活动。

3. 健身体系

健身体系应考虑：①应积极推广住区健身运动，科学地建立住区健身体系。健身体系的构成分为居室空间、楼间空间、广场空间和健身会所等四个层次，并与住区内外交通步行线、住区内休闲步行线、住区内局部健身步（跑）行线相结合，形成点线相连、有机组合的健身设施群体。②住区规划应为健身设施提供相应空间，满足健身方式的要求并为居住者交往创造条件。③宜构筑健身体系的组织管理系统，实现健身的科学性，生活方式的健康性，健身与社会交融的结合性，健身与心理调整的互补性，引导和吸引居住者参与健身运动。

4. 保健体系

保健体系应考虑：①应加强健康管理意识，宜建立健康管理系统化服务模式。②应建立有效获取健康保护与知识的主渠道，并有计划、有组织地开展健康教育活动。

5. 公共卫生体系

公共卫生体系应考虑：①卫生服务组织——应建立住区公共卫生体系，纳入所在地区公共健康建设与发展规划。居住区应设卫生服务中心，居住小区应设卫生服务站。②医疗急救站——宜设立医疗急救站，并与120急救中心联动。

6. 文化养育体系

文化养育体系应考虑：①文化养育——应营造良好的文化养育环境，以健康向上的文化主题塑造住区的文化氛围。关注下一代的培育、锻炼和成长，鼓励人们关心他人，关心社会，使住区成为培养健康人格的场所。②文娱设施——居住区应设文化活动中心，居住小区应设文化活动站。

7. 社会保险体系

应建立社会保险体系，在社会大病医疗统筹保险的基础上，探索其他商业保险方式予以补充，包括物业财产保险、运动保险、健康保险等。

8. 健康行动

健康行动应考虑：①公众参与——应开展健康行动，促进居住者知晓健康环境水平及其对健康的影响，树立维护环境和增强健康的意识，参与各种持续性的健康活动。②业主手册——应编制并宣传《健康住宅业主手册》，建立健康行动准则，培养和引导健康的生活意识和生活方式，提高健康住区生活品质，构筑健康住区文化。

9. 健康物业管理

健康物业管理应考虑：①管理模式——应从健康理念出发，结合住区的实际情况，建立健康物业服务模式。应对健康物业服务模式的框架进行论证，研究每个特色管理环节的可行性，并在此基础上制定各项物业服务制度及实施细则，培训物业服务人员。②管理特征——应深入居住者生活之中，提供健康物业服务，营造和睦、团结、充满温情的邻里关系和住区环境。

本 章 小 结

建筑包括建筑物和构筑物。

建筑物是供人们居住和进行各种活动的场所；构筑物是人们一般不直接在其内进行生产和生活活动的工程实体或附属建筑设施。

建筑物本身构造是由基础、墙和柱、楼板、楼梯、屋顶、门窗等六个主要部分组成。

影响建筑构造的因素：技术经济条件的影响及外界环境的影响（外力的影响、自然气候环境的影响、人为因素的影响）。

建筑物的分类：按建筑物的使用性质分有工业建筑、农业建筑、民用建筑；按建筑物的主要承重结构所用材料分有砖木结构、砖混结构、钢筋混凝土结构、钢结构；按建筑物结构的承重方式分有墙承重结构、框架承重结构、半框架结构（部分框架结构）、空间结构；按建筑物的层数与高度分有低层、多层、中高层、高层。

建筑物的等级按其耐久年限划分为四级；按其耐火极限划分为普通建筑物为四级，高层建筑物为二级。

我国的建筑方针：适用、安全、经济、美观。

建筑工业化的主要特征表现在：房屋设计标准化；构配件生产工厂化；施工机械化；施工组织管理科学化和墙体改革，即称为"四化一改"。模数是房屋设计中选定的尺寸单位，作为尺度协调中的增值单位。导出模数有扩大模数：基本模数的整数倍数；分模数：整数除基本模数的数值。

节能建筑、绿色建筑、健康住宅。

复 习 思 考 题

4-1-1　什么是建筑物？什么是构筑物？

4-1-2　建筑构造所介绍的内容是什么？

4-1-3　建筑物如何分类？

4-1-4　何谓墙承重结构、框架承重结构、半框架承重结构、空间结构？各自的使用范围是什么？

4-1-5　建筑物的构造组成有哪几个主要部分？简述各部分的作用与要求。

4-1-6　建筑物按耐久年限分为几个级别？各自耐久年限是多少？

4-1-7　建筑物按耐火极限分为几个级别？

4-1-8　我国的建筑方针是什么？

4-1-9　什么是建筑工业化？其基本内容包括什么？

4-1-10　何为模数？基本模数是多少？什么是扩大模数？分模数？

4-1-11　建筑节能的含义是什么？节能措施从哪几个方面考虑？

4-1-12　什么是绿色建筑？评价指标包含哪几个方面？

4-1-13　健康住宅的建设理念是什么？

第二章　基　础　构　造

第一节　概　　述

一、基础与地基的概念

万丈高楼平地起，建筑物建造在地面上。为了使建筑物具有足够的稳定性，应在地面上挖一个深度适中的坑，将建筑物的底部埋在坑中。当建筑物底部的土层受到压力后就要产生压缩变形，其变形量的大小取决于土层的种类。由于土层产生一定量的压缩变形，致使建筑物就有一定的沉降，为了减少建筑物的下沉，应将建筑物底部与土层接触的部分的面积适当加大，从而减小土层的压强（其单位是 kN/m^2），与土层接触的面积大，则单位面积所受到的力就小，沉降随之减小。

基础：建筑物底部与地基接触并把上部荷载传递给地基的部件。

地基：为支承基础的土体或岩体，即基础下面的土层就是地基。地基承受着由基础传下来的建筑物的全部荷重，见图 4-2-1 所示。

基础是建筑物的一个重要组成部分，并且在建筑工程中属于隐蔽工程。对于一个建筑物来说，没有一个坚固耐久的基础，即便上部结构建造得再好，建筑物也会出问题的。一旦基础出现问题维修起来比较困难，且维修费用较高。所以对于基础来说一定要坚固耐久，能够把上部的荷载均匀地传给地基。虽然地基不是建筑物的组成部分，但是它的好坏却直接影响到整个建筑物的安全使用。工程上有较多的事故并不是由于建筑物本身质量不好引起的破坏，而是由于地基的原因所造成的。典型的事例：某建筑（谷仓），该建筑物是由 65 个筒体组成，高 31m，宽 23m，见图 4-2-2(a)所示，片筏基础。建筑物下面的地基土层为软黏土层，深度达 16m，由于设计前对此了解不够，建成后的谷仓的荷重超过了地基所能承受荷载的能力，地基丧失稳定性，造成建筑物不均匀沉降而使其发生倾斜，谷仓西侧下沉了 8.80m，而东侧则抬高了 1.50m，谷仓本身倾斜角度达 27°，见图 4-2-2(b)所示。由于上部结构完好无损，事后采取了相应的补救措施将其校正过来，结果谷仓下沉了 4m。

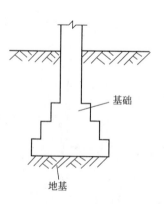

图 4-2-1　基础与地基

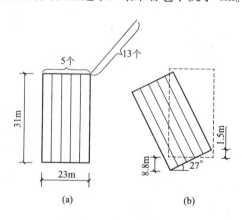

图 4-2-2　地基事故实例

二、基础和地基的关系

基础坐落在地基上，所以地基应该具有足够的承载能力来保证建筑物的稳定安全。作为地基土，其单位面积承受基础传来的荷载的能力，称作为地基承载力，简称地耐力。地基的种类很多，有岩石、碎石、砂石、黏土、淤泥等，其承载力的差别亦很大，如硬质的岩石地耐力可达 $4000kN/m^2$，而淤泥的地耐力则低到 $100kN/m^2$ 以下。应将建筑物建造在地耐力大的地基上，因为地耐力越大，基础与地基的接触面（即基础的底面积）就可以减小，材料也就越省，从而降低了造价，并且加快了施工速度。但是我国地域辽阔，地质情况复杂，除了有地耐力比较大的土层，如岩石类等，这种土层具有足够的承载能力，不需要经过任何人为改造，直接就可以在其上建造建筑物，这种地基称作为天然地基。还有一些大孔性的土壤，沿海一带的软土层等，其地耐力很低不足以支承上部建筑物的荷重，需要人为的进行土层加固来提高地基的承载力，这种地基称作为人工地基。地基加固的方法一般有：①人工或机械夯实法，就是在基槽挖好以后，将槽底的土层用人工或机械夯实，能在地基浅层起到一定的作用，一般用于上部荷载不大的建筑物的地基。②挤压法，当房屋建筑荷载比较大，而软弱土层又比较深时，一般采用挤压法，就是把桩打入土层中，即桩基础，见图 4-2-18 所示，使土壤挤压密实，从而起到加固地基的作用，提高了地耐力。桩多为混凝土或钢筋混凝土制作，可以是预制，也可以是现浇的。

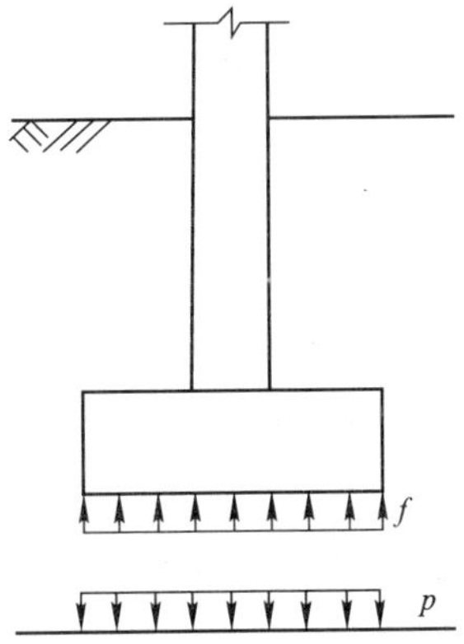

基础与地基之间的关系为

$$p \leqslant f$$

式中　p——基础底面传给地基的平均压力（kN/m^2）；

　　　f——地基允许承载力（地耐力 kN/m^2），见图 4-2-3 所示。

图 4-2-3　基础和地基的关系

第二节　基础的埋置深度

一、基础的埋置深度

基础的埋置深度：由室外设计地坪到基础底面之间的垂直距离，简称埋深，以字母 d 表示，见图 4-2-4 所示。

基础埋深的大小对建筑物的影响很大，不论是经济方面，还是施工方面以及建筑物使用方面等。如：基础埋得太深，不但增加土方工程量和基础材料用量，而且会增大基础施工困难，延长施工周期，由此必然要提高基础工程的造价。从经济角度来看，基础应尽量埋得浅一些，但埋得过浅，常常又不能保证房屋建筑的稳定性，亦即基础底面的土层受到压力后会把基础四周的土挤出，并向上隆起，因为没有足够厚的土层包裹住基础。同时，基础埋得过浅，很可能使基础上部外露，易受冻胀、磕碰。所以基础的埋置要有一个适当的深度，既要保证建筑物的稳固安全，又能节

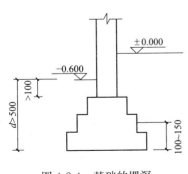

图 4-2-4　基础的埋深

省基础的材料和工程量，并加快施工速度。实践证明，在条件许可的情况下，基础的埋置深度不应小于 500mm，即 $d_{\min} \geqslant 500mm$；并宜使基础底面置于未被扰动的老土层以下 100～150mm。同时，为了保护基础，一般要求基础顶面低于室外设计地坪至少 100mm，见图 4-2-4 所示。

二、影响基础埋深的因素

前面已经分析过，基础埋深的大小对建筑物的造价、使用等都有很大的影响。那么如何来确定基础埋深尺寸的大小？需要考虑的因素有很多，如地基的情况、建筑物的类型及使用情况、新建房屋与周围建筑的关系等等。但必须根据建筑工程实际情况进行具体分析，合理地选择基础埋深的大小。一般工程主要从以下几方面来考虑：

（一）工程地基土质情况

地质构造是分层的，且土质的种类也很多。前述，地基土的种类不同，其承载力和压缩性也不尽相同。基础底面应尽量设置在承载力较大的土层上。如：在山区多为岩石类土壤，其承载力高，一般房屋的基础埋深可浅一些；而在平原地区，地表面常有一层人工填土或耕植土，再下面才是没有被扰动的老土层，此时基础应埋在老土层上。一般情况下是将基础埋置在尽可能靠近地表、承载力较高、压缩性较小、具有一定厚度的均匀土层上。

（二）地下水位线的情况

地下含有水分，含水量的大小——水位的高低及其变化对基础均有很大的影响。若水中含有酸、碱性等物质，则对基础还有腐蚀作用，而且在水中进行基础施工也比较麻烦。为了避免上述情况，一般在满足使用条件的情况下，基础底部宜设置在地下最高水位线以上，见图 4-2-5(a)所示。但是，当地下水位较高，基底不能埋在最高水位线以上时，则应将基础底部落至最低水位线以下 200mm 处，见图 4-2-5(b)所示。但在施工时应采取有效的排水措施来保证地基土在施工中不被扰动，再有基础本身应具有很好的耐水性、耐腐蚀性等。

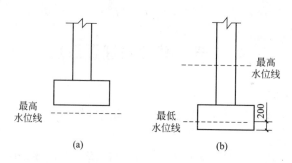

图 4-2-5　地下水位线情况

（三）地下冰冻线的影响

所谓冰冻线就是冻结土与非冻结土之间的交界线。地面下一定深度范围内的土层的温度受气温的变化影响较大。冰冻线的深浅取决于当地的气温条件，各地区气温的不同冻结深度亦各异，如哈尔滨大约为 2m，北京为 0.8～1.0m，上海为 0.12～0.2m。另外，地基土的冻胀还与土质种类有关，如岩石类土层冻胀性很小，我们就认为它属于不冻胀土，而黏土类土层的冻胀性较大，则应属于冻胀土范围。

当建筑物所在地区为冻胀土且温差较大时，基础的埋置深度要考虑土层冻胀的影响。当土层冻胀时由于地下水的冻结体积增大，致使土的体积随之膨胀隆起（称作为冻胀性），待春暖解冻时，冻土融化后将产生沉陷（称作为融陷）。如果将基础埋在冻胀土范围内，冬季土层会把房屋拱起，春季土层解冻房屋又会下沉，经过多次的冻融循环——拱起、下沉，建筑物就可能在其薄弱环节处出现裂缝，影响建筑物的安全使用。这种情况下，宜将基底设置在冰冻线以下 200mm 处，见图 4-2-6 所示，此时基础部位应采取防冻措施。

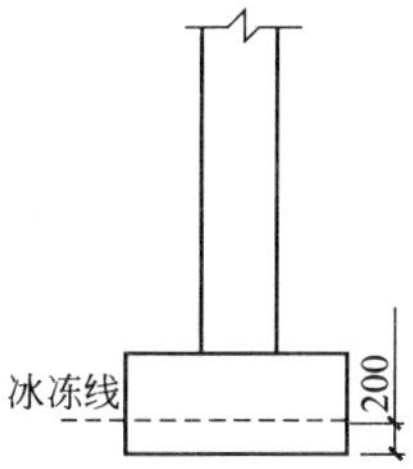

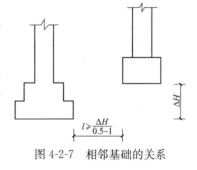

图 4-2-6　地下冰冻线情况

（四）建筑物的用途

建筑物的使用情况对基础的埋深有一定的要求，有无地下室、设备基础和地下设施、基础的形式和构造等，比如，高层建筑的基础埋深应大，而低层建筑物则较浅。如果建筑物设有地下室、地下管沟或设备基础等，则基础要埋得深一些。

（五）作用在地基上的荷载大小和性质

建筑物荷载的大小不同、性质不同，对基础埋深的选择也是不同的。建筑物荷载越大，则基础埋深亦越深；荷载有静荷载（如结构的自重）与活荷载（如家具、设备的重量；动力机械运转时产生的荷载等）之分，往往前者引起的沉降量要比后者大，因此，当静荷载很大时，基础宜埋得深一些。

（六）与相邻基础（原有建筑物）的关系

如果新建房屋的附近有原有建筑物时，应该注意对原有建筑物的影响。新建房屋离原有建筑物应有足够的距离，若规划条件不允许的话，宜将新建房屋的基础埋深不超过原有建筑物的基础埋深，以保证原有建筑物的安全和正常使用。如果必须将新建房屋的基础做到原有建筑物基础以下时，则应满足两基础之间的净距要求，见图 4-2-7 所示。

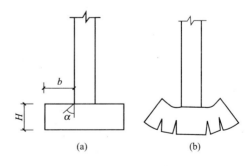

图 4-2-7　相邻基础的关系

第三节　基础的类型与构造

一、基础的断面形式

基础的断面形式与其本身所选用的材料有关，材料性能（如抗拉、抗压性能等）不同，其断面形式亦各异，一般按刚性基础和柔性基础划分。

（一）刚性基础

由刚性材料制作的基础，称作为刚性基础。刚性材料一般是指抗压强度高而抗拉强度低的材料。常用的材料中砖、石、混凝土等均属于刚性材料。

由基础概念可知，基础实际上就是建筑物墙、柱向地面以下的延伸，见图 4-2-8（a）所示。基底宽出墙厚或柱宽，在荷载的作用下，基底两翼受拉，而刚性材料的抗拉性能差，从而导

图 4-2-8　基础出裂情况

致基底出现裂纹，见图 4-2-8(b)示，严重的甚至出现断裂破坏。

如何来解决这一问题，其办法就是限制基础宽高比，提高基础的刚度，从而降低其弯曲变形。实践证明：在地基反力不变的情况下，基础两翼部分(由墙、柱边缘到基础底边线)越厚，即图 4-2-8(a)中 H 越大，就不易发生弯曲变形，故而基础两翼宽度 b 与基础高度之比(b/H)应加以限制。b/H 所形成的夹角，称作为刚性角，以 α 表示。

混凝土基础宽高比的允许值 $[b/H]=1:1$，即 $\alpha=45°$，砖基础宽高比的允许值 $[b/H]=1:1.5$，即 $\alpha<45°$。所以混凝土基础的断面形式一般可做成矩形，如图 4-2-9(a)所示；踏步形，如图 4-2-9(b)所示；锥形，如图 4-2-9(c)所示。

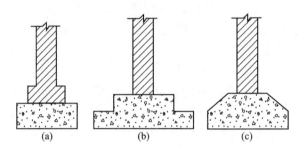

图 4-2-9　混凝土基础断面形式

砖基础的断面形式一般做成踏步形，又有等高式与间隔式之分。等高式——踏步高度相同，见图 4-2-10(a)所示；间隔式——相邻踏步高度不同，见图 4-2-10(b)所示。

(二) 柔性基础

当建筑物荷载很大时，或者地耐力较弱，这时就要求基础的底面加宽，从而使得基础两翼也随之加长。而刚性材料又受到刚性角的限制，由于两翼加长而使得基础高度增加，势必就要加大基础的埋深，亦即加大了挖土方工程量和材料用量。在这种情况下，宜改用非刚性基础，多采用钢筋混凝土材料制作，称作为柔性基础，就是在基础(一般指混凝土)的受拉区(基础底部)配置适量的抗拉性能很好的钢筋，利用钢筋来承受由于弯曲而产生的拉应力，此时基础就可以不受刚性角的限制，见图 4-2-21 所示。

图 4-2-11 所示，同样基底宽度，柔性基础的高度比刚性基础的高度小，从而可以减小基础的埋深。柔性基础的断面形式通常做成扁锥形。

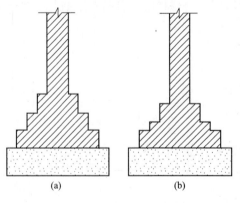

图 4-2-10　砖基础断面形式

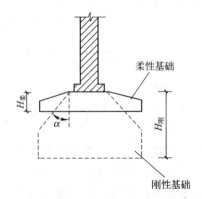

图 4-2-11　刚、柔基础埋深比较

二、基础的类型

基础的形式是与建筑物上部类型有关的，建筑物的形式有多种，则基础的类型亦有多种。

（一）按基础的埋深分：有深基础和浅基础，这就涉及上部结构荷载大小、地耐力大小。一般埋深 $d>4\sim5m$，称作为深基；反之为浅基。

（二）按基础的材料分：有砖基础、毛石基础、灰土基础、三合土基础、混凝土基础、钢筋混凝土基础等。

（三）按基础所用材料性能分：有刚性基础和柔性基础。

（四）按基础的形式分，常见的有：

1. 条形基础

墙承重的房屋建筑，其承重墙下往往形成连续的长条形基础（长度远大于高度和宽度），这种基础称作为条形基础（亦可称作为带形基础），见图 4-2-12 所示。

条形基础常用砖、石、混凝土、钢筋混凝土等材料制作。

2. 独立基础

框架结构房屋建筑其柱下成为块状的单个基础，这种基础称作为独立基础（亦可称作为单独基础）。可做成踏步形、锥形、杯口形，见图 4-2-13 所示。前两种用于现浇柱子；后一种则用于预制柱。一般选用混凝土、钢筋混凝土制作。

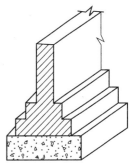

图 4-2-12 条形基础

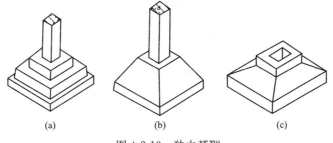

（a）　　　　　　（b）　　　　　　（c）

图 4-2-13 独立基础

3. 柱下条形基础

当上部结构荷载较大，地基土质不均匀，地耐力较弱时，为防止地基不均匀下沉，常将柱下独立基础四周及纵向连接起来，形成柱下条形基础，如图 4-2-14 所示。

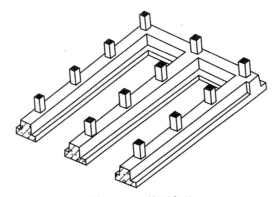

图 4-2-14 柱下条基

4. 井格基础

将柱下独立基础纵、横两个方向都连接起来，这种基础称作为井格基础，见图 4-2-15 所示。

5. 片筏（满堂）基础

当上部结构荷载很大，地基非常弱，这时采用上述基础（柱下条形基础、井格基础）尚不能满足变形条件要求，常将基础底部连成一片形成一个整体，这种基础称作为片筏基础（或称作为满堂基础），见图 4-2-16 所示。

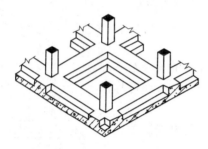

图 4-2-15　井格基础

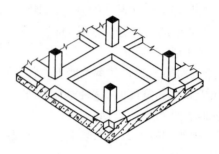

图 4-2-16　片筏基础

6. 箱形基础

箱形基础是由顶板、底板和隔墙板组成的连续整体式的基础，见图 4-2-17 所示，内部空间可用作地下室。箱形基础具有较大的强度和刚度，多用于高层建筑。

7. 桩基础

当建筑物荷载很大，地基上部软土层又较厚（一般指 4m 以上），若用浅基不能满足强度和变形要求，常采用桩基础。桩基础：由设置于岩土中的桩和连接于桩顶端的承台组成的基础。桩基础实际上是对地基的一种加固措施。

桩基的作用：将建筑物的荷载通过桩端（端承桩）或桩侧表面（摩擦桩）传给下面的地基土层，见图 4-2-18 所示。

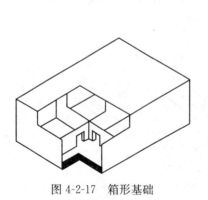

图 4-2-17　箱形基础

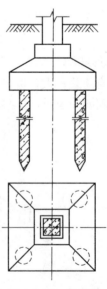

图 4-2-18　桩基础

通过上述介绍，建筑物以采用什么形式的基础为宜，主要取决于三个方面的因素：

（1）建筑物上部结构形式直接决定基础的类型；

（2）荷载大小与地耐力决定基础的类型；

（3）基础的材料决定基础的类型。

三、常见基础的构造

虽然基础的类型比较多，但在一般民用建筑中大量使用的主要是砖、石、混凝土、钢筋混凝土建造的条形基础或独立基础。当然，随着高层、超高层建筑物的增多，则相应采用柱下条形基础、井格基础、片筏基础、箱形基础、桩基础。但这些基础类型都是在独立基础类型的基础之上形成的。

条形基础和独立基础只是形式不同，其构造原理是一样的。在此，仅以条形基础为例，介绍几种常见基础的构造作法。

（一）砖基础

砖基础就是由普通烧结砖砌筑而成，其截面形式见图 4-2-10所示。

由于基础埋在地下经常受潮，而烧结普通砖的强度、耐久性、整体性的性能较低，所以砖基础一般用于荷载不大的 1～6层砖混结构、地基土质较好、地下最高水位线较低的地基上。

砖基础一般由垫层、大放脚和基础墙三部分组成，见图 4-2-19 所示。

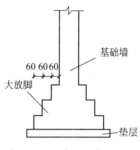

图 4-2-19　砖基础构造组成

1. 垫层

垫层在基础的最下部，直接与地基接触。垫层所用的材料要因地制宜，常用的有灰土垫层（配料：熟石灰与黏性土 3：7 或 2：8，由灰土垫层形成的基础也可称作为灰土基础）、三合土垫层（配料：石灰、砂、骨料——碎砖或矿渣 1：2：4 或 1：3：6；由三合土垫层形成的基础又可称作为三合土基础）、混凝土垫层（混凝土强度等级一般选用 C10）。厚度根据垫层的材料来选择。

2. 大放脚

在前面已经介绍过，基础实际上就是墙体（柱）的延伸，为减少建筑物下沉量，一般将基础底部面积适当加大，其措施就是做大放脚。大放脚是指比墙体宽出形成台阶的那一部分，见图 4-2-19 所示。大放脚的宽度和高度见图所示，应满足烧结普通砖的尺寸规格及刚性角的要求。等高式大放脚砌筑为每两皮砖向内收 1/4 砖长；间隔式大放脚砌筑，每两皮砖与一皮砖相间向内收 1/4 砖长，但基底必须满足两皮一收。

3. 基础墙

基础墙是指从设计地面±0.000 以下至大放脚顶面的墙体，通常与上部墙体相同。

由于我国大部分地区已限制烧结普通砖的使用，这种材料的基础逐步用其他材料来代替。

（二）混凝土基础

混凝土基础就是以混凝土材料制作而成，其断面形式见图 4-2-9 所示。当上部结构荷载不大时，即基础高度较小时，一般选用矩形截面；当基础高度较大时则宜选用踏步形或扁锥形。台阶的高度和宽度均不应小于 200mm，一般为 300mm 左右。扁锥形底部厚度不小于 50mm，顶部每边比墙、柱宽出 50mm，见图 4-2-20 所示。

（三）钢筋混凝土基础

前述，钢筋混凝土基础——柔性基础的断面形式为扁锥形，见图 4-2-21 所示。

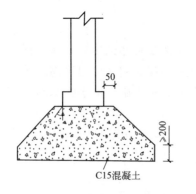

图 4-2-20　混凝土基础构造

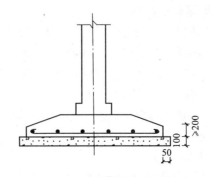

图 4-2-21　钢筋混凝土基础构造

有时为使基础底部坐落在一个比较平整的表面上，通常在基础底部做垫层。垫层多为混凝土，厚度一般为 70~100mm，宽度可与底板相同或比底板两边略宽，约 50mm。底板最薄处不应小于 150mm，根部厚度根据计算而得。底板在荷载的作用下，两翼向上弯曲，故应在底板下侧沿截面宽度方向配置受力钢筋，受力钢筋通过计算来设置，可用 HPB300 或 HRB335 级钢筋，直径不应小于 8mm，间距不应大于 200mm。垂直于受力钢筋方向按构造配置分布钢筋。钢筋距板底的保护层厚度为：当设有垫层时 35mm；无垫层时 70mm。

第四节　地下室的防潮与防水

地下室：室内地平面低于室外地平面的高度超过室内净高的 1/2 的房间。

半地下室：室内地平面低于室外地平面的高度超过室内净高的 1/3，且不超过 1/2 的房间。

在当今城市用地紧张的情况下，建筑物逐渐向空间发展，由最初的单层、低层向多层发展，到现在的高层、超高层，这也就促使基础的埋深加大，往往做成箱形基础，习惯称之为地下室。地下室的外墙、底板将受到地下潮气或地下水的侵蚀，所以应对地下室做防潮、防水处理。

一、防潮处理

当地下水常年水位和最高水位都在地下室地坪以下时，地下水不会直接渗入到地下室内，外墙和底板只受土壤中潮气的影响，这时地下室只需做防潮处理。如果地下室的墙体是砖砌体，则其构造要求是：必须采用水泥砂浆砌筑，并作到灰缝饱满；在外墙的外侧面抹 1:3 水泥砂浆厚 20mm，涂刷一道冷底子油（稀释的沥青）、两道热沥青（即为垂直防潮层）；墙体上设置两道水平防潮层，一道设在与地下室地坪相接处，另一道设在室外地面以上首层室内地面垫层厚度范围处，地下室地面应有一定防潮性能，见图 4-2-22 所示。如果墙体是混凝土墙，则防潮效果更好。

二、防水处理

当地下水的常年水位和最高水位都高于地下室地坪标高时，地下室的外墙和地坪被浸在水中，此时应做防水处理。

从目前实际情况来看，地下室墙体已极少采用砖墙，大多采用钢筋混凝土墙，构造要求见图 4-2-23 所示。

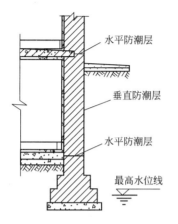
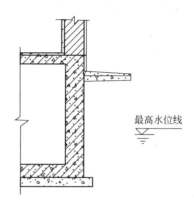

图 4-2-22　地下室防潮处理　　　　图 4-2-23　地下室防水处理

本 章 小 结

基础：建筑物底部与地基接触并把上部荷载传递给地基的部件，是承重构件。地基：为支承基础的土体或岩体，即基础下面的土层就是地基。基础是建筑物的一个重要组成部分，地基不是建筑物的组成部分，但是它的好坏却直接影响到整个建筑物的安全使用。基础与地基之间的关系为：p（基础底面传给地基的平均压力）$\leqslant f$（地基允许承载力）。

基础的埋深：由室外设计地坪到基础底面之间的垂直距离。影响因素：建筑物的用途、作用在地基上的荷载大小和性质、工程地基土质情况、地下水位线的情况、地下冰冻线的影响、与相邻基础（原有建筑物）的关系。

基础的类型：按埋深分有深基础和浅基础；按基础的材料分有砖基础、毛石基础、灰土基础、三合土基础、混凝土基础、钢筋混凝土基础等；按基础所用材料性能分有刚性基础和柔性基础；按基础的形式分有条形（带形）基础、独立（单独）基础、柱下条形基础、井格基础、片筏（满堂）基础、箱形基础、桩基础。

地下室的防潮与防水

地下室：室内地平面低于室外地平面的高度超过室内净高的 1/2 的房间。

半地下室：室内地平面低于室外地平面的高度超过室内净高的 1/3，且不超过 1/2 的房间。

防潮处理：当地下水常年水位和最高水位都在地下室地坪以下时。

防水处理：当地下水的常年水位和最高水位都高于地下室地坪标高时。

复 习 思 考 题

4-2-1　什么是基础？什么是地基？什么是天然地基、人工地基？

4-2-2　地基不是建筑物的组成部分，它的好坏对建筑物的正常使用有影响吗？

4-2-3 何为地耐力？基础与地基之间的关系如何？

4-2-4 何为基础埋深？最小埋深是多少？影响埋深的因素主要有哪些？

4-2-5 什么是柔性基础？刚性基础？

4-2-6 常见的基础形式有哪几种？

4-2-7 砖基础的构造组成有哪几个部分？

4-2-8 什么情况下对地下室进行防潮、防水处理？

第三章 墙 体 构 造

墙体是建筑物的一个重要组成部分，在建筑物中是竖向构件。

第一节 概 述

一、墙体的分类

墙体的分类方式很多，对于同一片墙来说，由于其作用、位置等的不同，可以有各种不同的名称。

（一）按作用分

承重墙、围护墙、分隔墙。

（二）按受力情况分

承重墙和非承重墙。而非承重墙又有：

自承重墙——只承受自身重量的墙体；

隔墙——分隔房屋内部空间，其重量由楼板或梁承受的墙体；

填充墙——框架结构中填充柱子之间的墙体；

幕墙——悬挂于外部骨架间的轻质墙。

但应注意一点，幕墙虽不承受上部楼板层和屋顶的荷载，却承受风荷载(尤为高层建筑)，并将它传递给骨架。

（三）按位置分

外墙——位于建筑物四周的墙体，外墙根据其外侧面是否抹面又分为清水墙和混水墙；

内墙——位于建筑物内部的墙体；

横墙——沿建筑物横轴(短轴)方向布置的墙体；横向外墙又称作为山墙。

纵墙——沿建筑物纵轴(长轴)方向布置的墙体；纵向外墙又称作为檐墙。

在同一片墙上，窗与窗或门与窗之间的墙称为窗间墙，窗洞下方的墙称为窗下墙，见图 4-3-1 所示。

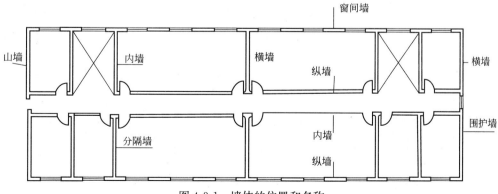

图 4-3-1 墙体的位置和名称

（四）从材料和构造方法分

实砌砖墙、空心砖墙、板筑墙、轻质墙、大型块材和大型板材墙等。

二、对墙体的具体要求

（一）具有足够的强度和稳定性，以保证建筑物的坚固耐久

墙体的强度与其所用材料强度、施工技术有关。如砖墙：砖的强度等级、砂浆的强度等级、砌筑质量等。砌体中如果砂浆铺的不均匀，灰缝厚度不一致，就会造成传力不均，强度会明显降低。墙体的稳定性与墙体的高度、长度、厚度有关。另外，外墙本身必须具有抵抗风的侧压力的能力。

（二）节能

从节能角度考虑，墙体(特别是外墙)应该具有保温隔热的性能，以保证室内有良好的气候条件和卫生条件，使人们生活舒适。目前多用复合墙体。

（三）具有隔声性能

噪声干扰着人们正常的工作、学习、生活，所以墙体应具有一定的隔声性能。

（四）具有防火、防潮、防射线等性能

对于用火房间的墙体，应具有一定的防火性能，如厨房间的墙体；对于用水房间的墙体，应具有一定的防潮性能，如厨房间、卫生间的墙体；医院的 x 光室的墙体应具一定的防射线性能，因为放射线对人身体有一定的危害。

三、墙体结构的布置方案

墙体结构的布置方案即是承重墙的布置形式(也可称作为承重方案)。常用的承重方案有横墙承重、纵墙承重、纵横墙混合承重，见图 4-3-2 所示。

（一）横墙承重

横墙承重是将楼板、屋面板沿建筑物横向布板，板的两端搁置在横墙上，见图 4-3-2(a)所示。其荷载传递线路：荷载→楼板、屋面板→横墙→基础→地基。

特点：建筑物的横墙间距小，数量较多，其横向刚度较好，纵墙为自承重墙，开设门窗洞口较为自由；且容易组织起穿堂风。但开间小，房间尺寸受到一定限制，材料消耗多。

适用于房间开间尺寸不大且较为整齐的建筑物，如住宅、宿舍等建筑物。

（二）纵墙承重

纵墙承重是将楼板、屋面板沿建筑物的纵向布板，板的两端搁置在纵墙上，见图 4-3-2(b)所示。其荷载传递线路：荷载→楼板、屋面板→纵墙→基础→地基。

特点：房间开间大小划分灵活，能分隔出较大房间，材料消耗少。但楼板的跨度相对较大，从而使楼板的厚度加大，占用竖向空间较多，即房屋的净高减小，在纵墙上开设门窗洞口受到一定限制，房屋刚度较差。

适用于需要较大房间的建筑物，如医院、教学楼、办公楼等，但不宜用于地震区。

（三）纵横墙混合承重

纵横墙混合承重就是在同一建筑物中，既有横墙承重，也有纵墙承重，见图 4-3-2(c)所示。这种承重方案综合上述两种承重方案的优点，房屋平面布置灵活，建筑物刚度也比较好。

适用于开间、进深尺度较大且房间类型比较多的建筑物，如教学楼、医院等。

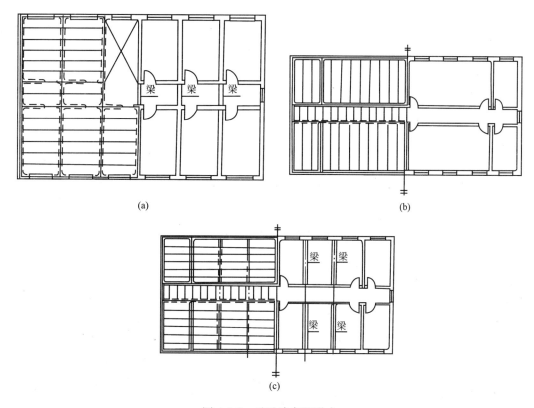

图 4-3-2 承重墙布置形式

第二节 砖 墙 的 构 造

一、墙体厚度

墙体厚度的大小取决于多种因素，如从经济方面考虑薄一些为好，因为这样可以节省材料，降低造价；从房屋的使用面积来考虑薄一些为好，可增加使用面积；但是太薄就可能使墙体产生不稳定的因素。在寒冷地区又希望厚一些，从而可以提高保温的性能，炎热地区又可以隔热。

墙体的厚度是随着砌体材料的规格尺寸而定，亦即符合砌体材料的尺寸。而砌墙用的砖块的种类很多，如烧结普通砖、烧结多孔砖和烧结空心砖、轻型砌块砖等。墙体的厚度一般以砖长来表示。

以烧结普通砖作为墙体材料为例。烧结普通砖的标准尺寸为 240mm × 115mm × 53mm，墙体厚度有：

半砖墙	厚 115mm	通称 12 墙
3/4 砖墙	厚 178mm	通称 18 墙
一砖墙	厚 240mm	通称 24 墙
一砖半墙	厚 365mm	通称 36 或 37 墙
两砖墙	厚 490mm	通称 50 墙

灰缝的宽度为 10mm，一砖长＝2 块砖宽＋1 条灰缝＝4 块砖厚＋3 条灰缝，如 18 墙为：砖宽＋砖厚＋灰缝＝115＋53＋10＝178mm。

二、墙体加固

当墙身的长度（净长）及高度（层高）大于规定时，其稳定性就差，因而就需要加固。一般可采用以下三个措施：

（一）加墙墩

如图 4-3-3（a）所示，墙墩为柱状的凸出部分，通常为一直到顶，承受上部梁及屋架的荷载，并增加墙身的强度及稳定性。

（二）加扶壁

见图 4-3-3（b）所示，扶壁与墙墩的主要不同在于扶壁是增加墙身的稳定性，其上不承受荷载的作用。

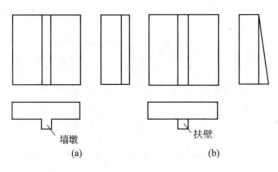

墙墩　　　　　　　　扶壁
(a)　　　　　　　　　　　(b)

图 4-3-3　墙体加固

（三）加圈梁

圈梁就是在房屋的檐口、窗顶、楼层、吊车梁顶或基础顶面标高处，沿砌体墙水平方向设置封闭状的按构造配筋的混凝土梁式构件。其作用：提高房屋的刚度，增加墙身的稳定性，减少地基不均匀沉降而引起的墙身开裂。

三、墙体的细部构造

墙体的细部构造一般包括下列内容：

（一）勒脚

勒脚：在建筑物的外墙与室外地面接触部位墙体的加厚部分。即勒脚位于外墙身与室外地面接触的墙面上。

勒脚的作用是保护墙体。因为勒脚部位经常接触地面雨水、墙身吸收地下土壤中水分等，这些水分造成墙体材料（尤其是砖砌墙体）风化、墙面潮湿、粉刷脱落，从而影响到房屋的坚固、耐久、使用及美观。因此，勒脚部位应采取防潮、防水的措施。

1. 在勒脚部位处抹 1：3 水泥砂浆或水刷石

见图 4-3-4（a）所示，标准较高的建筑物可用外贴天然石材等防水、耐久性较好的材料，以保护墙身不受雨雪的侵蚀。其高度可根据建筑物的不同要求进行设计，一般为300～600mm 高。

2. 做散水或明沟

散水（明沟）和勒脚的位置关系是：勒脚做在外墙面上，而散水（明沟）则是做在与勒脚相接触的地面上，见图 4-3-4（b）所示。其作用是将建筑物周围地面上的积水迅速排走。散水是将雨水散开到离建筑物较远的地面上去，属于自由排水的方式，适用于降雨量较小的

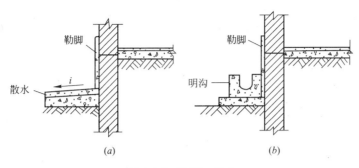

图 4-3-4 勒脚、散水

地区；明沟则是将雨水集中排入下水管道系统中去，属于有组织排水形式，适用于降雨量较大的地区。

散水的宽度应比建筑物的屋檐挑出宽度大 100～200mm，一般宽度为 500～1200mm，并向外倾斜坡度为 $i=2‰～5‰$，且外缘约比周围地面高出 20～50mm，可用砖、块石、混凝土制作。

明沟的横截面尺寸应视当地雨水量而定，一般沟深为 100～300mm，沟宽为 150～300mm，其中心线至外墙面的距离应和屋檐宽度相等，沟底面应有不小于 1‰ 的纵向排水坡度，以便于将雨水排向集水口，流入下水管道系统中去，其使用材料同散水。

3. 设置防潮层

基础埋在地下，就会受到地下潮气和水分的侵袭。潮气和水分会沿着基础上升到墙体，使墙体受潮而腐蚀，见图 4-3-5(a)所示。所以应在墙体适当的部位设置能够阻止地下水分沿基础墙上升的阻隔层，称作为防潮层。防潮层一般设置在室外地坪之上、室内地坪之下的墙体上，见图 4-3-5(b)所示，且房屋所有的墙体均应设置并形成连续封闭状。当基础墙两侧有不同标高的室内地坪时，则应在墙体上适当位置设置二道水平防潮层，并在高室内地坪一侧的墙面上做一道竖直防潮层，将二道水平防潮层连接起来，见图 4-3-5(c)所示。

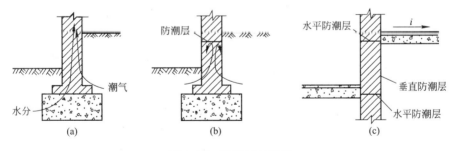

图 4-3-5 防潮层的设置

防潮层根据其所选用材料不同，一般有油毡防潮层、防水砂浆防潮层、细石钢筋混凝土防潮层等类型。油毡防潮层的防潮效果好，有一定韧性，但阻隔了墙体与基础之间的连接，从而降低了建筑物的抗震(振)能力，故油毡防潮层不宜用于有强烈振动或地震区的建筑物。防水砂浆防潮层施工简便，且能与砌体结合成一体，但砂浆属于脆性材料，若遇到地基产生不均匀沉降时容易出现裂缝，影响防潮效果。细石钢筋混凝土防潮层不但与砌体能很好地结合为一体，而且抗裂性能亦较好，故细石钢筋混凝土防潮层适用于整体性要求较高或地基条件较差或有抗震要求的建筑物中。

（二）过梁

房屋建筑由于其使用上的要求，如通风、采光、通行等，需要设置门窗，从而就要在墙体上预留门窗洞口。为了支承门窗洞口上部墙体的重量，并将其传递到洞口两侧的墙体上，一般需要在洞口的上方设置横梁，称之为过梁，即设置在门窗洞口上方的承受上部荷载的构件。在现代建筑中常用的过梁主要是以钢筋混凝土材料制作——钢筋混凝土过梁。当然在传统的砖木结构中有砖拱过梁（砖砌平拱过梁、砖砌弧拱过梁）、钢筋砖过梁，见图4-3-6所示。在此仅介绍钢筋混凝土过梁的构造要求。

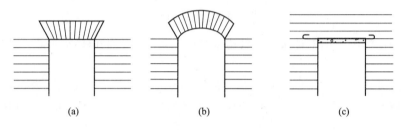

（a）　　　　　　　（b）　　　　　　　（c）

图 4-3-6　过梁

钢筋混凝土过梁不受门窗洞口大小的限制，有现浇和预制之分。截面形状可以是矩形——用于内墙、外墙且外侧为混水墙面，见图4-3-7（a）所示；可以是 L 形——用于外墙且外侧为清水墙面，见图4-3-7（b）所示。内部配筋是根据计算来确定。

（a）　　（b）

图 4-3-7　过梁截面形式

（三）圈梁

在前面已经讲过圈梁是增加墙体稳定性的措施之一，它也是多层砖砌体房屋有效的防震措施之一。《建筑抗震设计规范》GB 50011 加强了砌体房屋圈梁的设置和构造，取消了工程中很少应用的钢筋砖圈梁的规定，一般多采用现浇钢筋混凝土圈梁，在此仅介绍现浇钢筋混凝土圈梁的构造要求。2008 年我国汶川发生的大地震，有关部门结合震害经验，修订了《建筑抗震设计规范》，即现行的《建筑抗震设计规范》GB 50011，采用现浇钢筋混凝土圈梁，其设置应符合表 4-3-1 的要求。

多层砖砌体房屋现浇钢筋混凝土圈梁设置要求　　　　　　表 4-3-1

墙类	地震烈度		
	6、7	8	9
外墙和内纵墙	屋盖处及每层楼盖处	屋盖处及每层楼盖处	屋盖处及每层楼盖处
内横墙	同上；屋盖处间距不应大于4.5m；楼盖处间距不应大于7.2m；构造柱对应部位	同上；各层所有横墙，且间距不应大于4.5m；构造柱对应部位	同上；各层所有横墙

现浇钢筋混凝土圈梁在浇筑时应尽量与现浇楼板、屋面板、门窗过梁等设计成一体。当圈梁兼作过梁时，过梁部分的钢筋应按计算用量另行增配。断面形式一般为矩形，其尺寸为：

高度应与砖的皮数相适应，并不应小于 120mm，通常为 120mm、180mm、240mm 等。

宽度一般应与墙厚相同，当墙厚超过 240mm 时其宽度不宜小于墙厚的 2/3。如果外墙的外侧为清水墙时，考虑到墙的外侧美观要求，可以设置在墙的内侧。

混凝土的强度等级不应低于 C15 级，梁内配筋应符合表 4-3-2 的要求。

多层砖砌体房屋圈梁配筋要求　　　　　　　　　　表 4-3-2

配筋	地震烈度		
	6、7	8	9
最小纵筋	4Φ10	4Φ12	4Φ14
最大箍筋间距(mm)	250	200	150

钢筋混凝土圈梁与预制楼板相连接的位置情况见图 4-3-8 所示。

图 4-3-8(a)为板侧圈梁(要求墙厚不小于 370mm)；图 4-3-8(b)为板底圈梁(适用于各种墙体)。

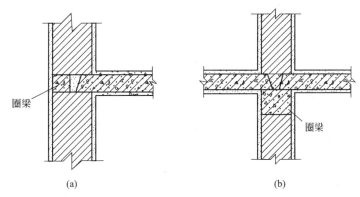

图 4-3-8　圈梁与预制板连接

前已述，圈梁宜连续设置在同一水平面的墙体中，并且尽可能形成封闭交圈。当遇到洞口被截断而不能闭合时，应在洞口上部增设一根截面不小于原有圈梁截面的过梁，称作为附加圈梁，上下搭接，见图 4-3-9 所示，其内部配筋亦应与原有圈梁截面配筋相同，两端与原有圈梁的搭接长度 l 不小于两梁之间距离 h 的 2 倍，亦不小于 1m。

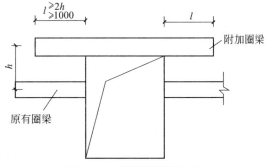

图 4-3-9　截断圈梁的补救

（四）构造柱

在多层砌体房屋墙体的规定部位，按构造配筋，并按先砌墙后浇灌混凝土柱的施工顺序制成的混凝土柱，通常称作为混凝土构造柱，简称构造柱。

图 4-3-10 所示构造柱位置示意图，图 4-3-11 所示构造柱立面示意图。

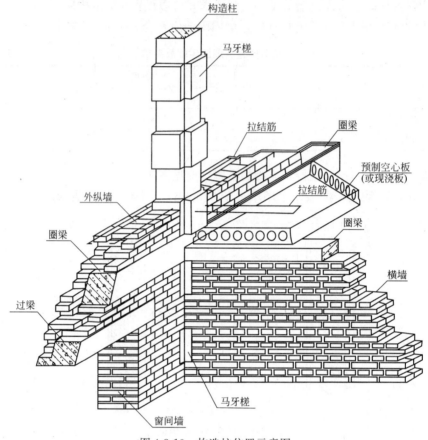

图 4-3-10 构造柱位置示意图

构造柱与圈梁组成一空间骨架，类似于框架结构中的骨架，但是它不承重——不承受竖向荷载，起加固房屋的作用，可以提高砖砌房屋的整体性，在抗水平荷载（如风荷载、地震荷载，特别是地震荷载）方面起着相当重要的作用。现行规范规定：构造柱设置的部位一般情况下应符合表 4-3-3 的要求。

多层砖砌体房屋构造柱设置要求　　　　　表 4-3-3

房屋层数				设置部位	
6 度	7 度	8 度	9 度		
四、五	三、四	二、三		楼、电梯间四角，楼梯斜梯段上下端对应的墙体处；	隔 12m 或单元横墙与外纵墙交接处；楼梯间对应的另一侧内横墙与外纵墙交接处
六	五	四	二	外墙四角和对应转角；错层部位横墙与外纵墙交接处；	隔开间横墙（轴线）与外墙交接处；山墙与内纵墙交接处
七	≥六	≥五	≥三	大房间内外墙交接处；较大洞口两侧	内墙（轴线）与外墙交接处；内墙的局部较小墙垛处；内纵墙与横墙（轴线）交接处

构造柱最小截面可采用 180mm×240mm，一般选用 240mm×240mm。纵向钢筋宜采

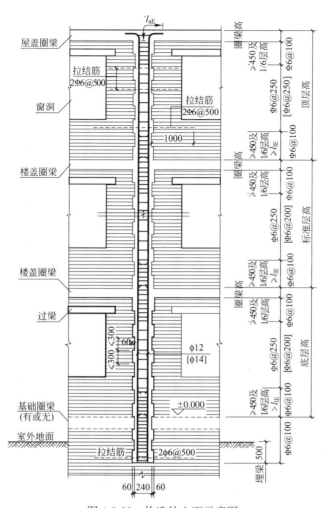

图 4-3-11 构造柱立面示意图

用 4φ12；箍筋φ6，箍筋间距不宜大于 250mm，且在柱上下端应适当加密；混凝土强度为 C15 或 C20。

构造柱与墙连接处应砌成马牙槎，并沿墙高每隔 500mm 设 2φ6 水平钢筋和φ4 分布短筋平面内点焊组成的拉结网片或φ4 点焊钢筋网片，每边伸入墙内不宜小于 1m。

构造柱可不单独设置基础，但应伸入室外地面下 500mm，或与埋深小于 500mm 的基础圈梁相连。

构造柱与圈梁连接处，构造柱的纵筋应在圈梁纵筋内侧穿过，保证构造柱纵筋上下贯通。

（五）窗台

窗台：建筑物的窗户下部的台面。外墙上的窗台的作用是避免雨水沿窗框缝隙流入室内。所以，窗台表面应有一定向外的坡度，但不宜过陡，一般凸出墙面，且窗台的下侧应做滴水口，是为了将窗台表面流下来的雨水排离墙面，见图 4-3-12 所示。

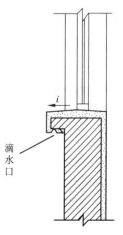

图 4-3-12 窗台

第三节 隔墙与隔断

隔墙与隔断均是分隔房间内部水平方向的空间，不承重，且自身的重量由楼板或梁来承担。不同的是隔墙一通到顶，能满足一定的隔声、遮挡光线的要求，而隔断是不完全分隔房间内部空间，其高度一般不到顶，具有一定的通透性。

一、对隔墙、隔断的要求

隔墙、隔断的作用在于分隔建筑物内部水平方向的空间，故对隔墙、隔断的要求为：

（一）自重轻

因为隔墙、隔断的重量作用于板、梁上，所以隔墙的自重越轻越好。

（二）厚度薄

因为隔墙、隔断是分隔房间的，所以在满足一定强度和稳定性的情况下，其厚度越薄占用房间的使用面积就越少。

（三）安装活

即灵活方便，可拆装或折叠，以满足空间变化的使用要求。

（四）其他方面

根据具体情况隔墙还应满足其他一些使用要求，如：用于居住房间的隔墙——隔声；用于盥洗室房间的隔墙——防潮；用于厨房房间的隔墙——耐火，等等。

二、隔墙

隔墙的类型很多，现介绍几种常见类型隔墙的构造：

（一）烧结普通砖隔墙

烧结普通砖隔墙一般为半砖墙——12墙。由于隔墙厚度薄，稳定性差，故需要采取加固措施。即与承重墙连接时，两端每隔500mm高用2Φ6的钢筋拉结，并砌筑马牙槎，增加墙身的稳定性；隔墙上部与楼板、屋面板相接处，用立砖斜砌，使墙和楼板、屋面板挤紧，见图4-3-13所示。隔墙高度不宜超过4m。

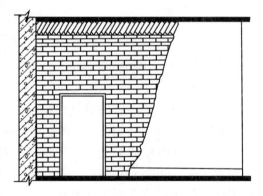

图4-3-13 隔墙构造

（二）空心砖隔墙

为了减轻隔墙的自重，可采用空心砖砌筑。空心砖质轻、块大，目前常用的有烧结空心砖，炉渣空心砖，其规格形状在建筑材料篇幅中已作介绍。由于空心砖的吸水性能比较强，所以在砌筑隔墙之前先在隔墙下部砌2～3皮烧结普通砖，其他方法类似烧结普通砖隔墙。另外需注意一点的是空心砖隔墙应整块砖砌筑，不够整块砖时宜用烧结普通砖填充，避免用碎空心砖。

（三）板材隔墙

加气混凝土板材的特点是块体大，其高度相当于房间高，约为2700～3000mm，可锯、钉、刨等，直接安装，在安装时板材之间的缝隙可用粘结剂粘结，缝宽一般控制在

2～3mm 为宜。

三、隔断

由于隔断具有一定的通透性，所以在形式上一般采用花格式、屏风式、玻璃墙式等，能够满足其通透性的要求，见图 4-3-14 所示。

图 4-3-14　隔断形式

第四节　墙　面　装　修

一、墙面装修的作用与类型

墙面装修分为外墙面装修和内墙面装修。

（一）外墙面装修的作用与类型

1. 外墙面装修的作用

保护墙身不受风、雨、雪的侵蚀，提高墙面防潮、防风化、保温隔热的能力，增加墙身的耐久性，也是增加建筑物美观的措施之一。

2. 外墙面装修的类型

有抹灰类墙面、贴面类墙面、涂刷类墙面、幕墙类墙面、清水墙面等。

（二）内墙面装修的作用与类型

1. 内墙面装修的作用

可改善室内环境条件，增强光线反射，增加美观，在浴室、厨房等有水湿情况的房间装修，主要是保护墙身不受水和潮气的影响，延长墙体的耐久性。

2. 内墙面装修的类型

有抹灰类墙面、贴面类墙面、涂刷类墙面、裱糊类墙面等。

二、抹灰类墙面

抹灰类墙面是指墙面为水泥砂浆、混合砂浆等做成的各种饰面抹灰层，做在室外墙面上（外墙的外侧）的抹灰，称作为外抹灰，做在室内墙面上（内墙及外墙的内侧）的抹灰，称作为内抹灰。建筑物的标准、等级和使用要求不同，抹灰部位、范围和采用的种类也不同。抹灰层的总厚度视基层材料性质、所选用抹灰种类和抹灰质量要求而定。一般情况下，外抹灰厚平均为 15～25mm，内抹灰厚平均为 15～20mm。

为了保证抹灰表面平整，避免裂缝、脱落，便于操作，抹灰要分层进行施工，而且每层不宜太厚。一般按质量要求有三种标准，即：

普通抹灰（两层）：底层、面层；

中级抹灰（三层）：底层、中层、面层；

高级抹灰（多层）：底层、数层中层、面层。

（一）底层：主要起着与基层粘结和初步找平的作用，又可称作为找平层，厚度一般为 10～15mm。其用料根据基层材料的不同而各异。砖墙一般采用石灰砂浆，但对墙面有防水防潮要求时，则用水泥砂浆。混凝土墙一般采用混合砂浆。

（二）中层：主要起进一步找平的作用，弥补底层因灰浆干燥后收缩出现的裂缝，厚度一般为 5～12mm。其用料基本上同底层。

（三）面层：主要起装饰作用，要求大面平整，无裂缝，均匀，厚度一般为 3～5mm。其用料随抹灰种类而定，可以是水泥砂浆、混合砂浆、纸筋灰等。

一般民用建筑多采用普通抹灰和中级抹灰，见图 4-3-15 所示。

外墙外侧抹灰的墙称作为混水墙，按上述要求进行操作。

抹灰类装饰墙面构造简单，施工方便，造价较低。

若外墙外侧不抹灰的墙称作为清水墙，此时则须进行勾缝，勾缝也称作为嵌灰缝，其作用是防止雨水浸入，整齐美观。形式有平缝、方槽缝、斜缝、弧形缝等，见图 4-3-16 所示。

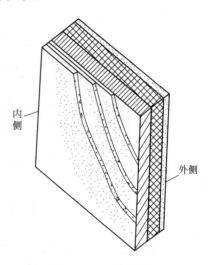

图 4-3-15　墙面抹灰

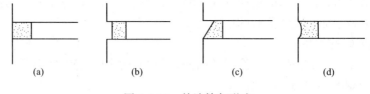

图 4-3-16　外墙抹灰形式

勾缝用的砂浆为 1：1 或 1：2 水泥细砂浆，此外也可用砌墙砂浆，随砌随勾，称作为原浆勾缝。

三、贴面类墙面

贴面类墙面是指墙面为陶瓷面砖、玻璃面砖等块材材料直接粘贴于或通过构造连接于基层墙面上做成的各种饰面。一般是打底——找平——面层，如陶瓷面砖，在基层抹水泥砂浆，起粘结、找平的作用，而后将面砖材料粘贴于找平层上，在贴砖之前先将其用水浸透阴干，然后水泥细砂浆勾缝。

贴面类装饰墙面构造简单，施工方便，易于清洗。

四、涂刷类墙面

涂刷类墙面是指墙面用涂料材料涂刷形成连续的薄膜做成的饰面。外墙涂料有有机涂料、无机涂料，内墙有乳胶涂料、大白浆涂料等。一般是对基层即墙体作处理，然后做抹灰面层，最后涂刷涂料，可涂刷、滚刷或喷刷。

贴面类装饰墙面构造简单，施工方便。

五、裱糊类墙面

裱糊类墙面是指用各种具有装饰性的壁纸、壁布等柔性材料用胶粘剂裱糊在墙面上的一种装饰，用于室内墙面装饰。裱糊类墙面应做在平整的表面上，一般先将壁纸做湿润处理，并对基层——墙体做找平等处理，即将墙面清扫干净，刮腻子并用砂纸磨平，然后涂胶粘剂等，按一定顺序粘贴。

裱糊类装饰墙面的装饰效果好。

六、幕墙类墙面

是指由金属构件与各种板材组成的悬挂在主体结构上的饰面，用于外墙面的饰面。根据材料的不同有玻璃幕墙、金属幕墙、石板幕墙等。以玻璃幕墙为例：

玻璃幕墙就是面板材料为玻璃的幕墙。玻璃面板周边由金属框架（横梁和立柱）支承的玻璃幕墙称作为框支承玻璃幕墙。按幕墙形式，可分为：

（一）明框玻璃幕墙

金属框架的构件显露于面板外表面的框支承玻璃幕墙。

（二）隐框玻璃幕墙

金属框架的构件完全不显露于面板外表面的框支承玻璃幕墙。

（三）半隐框玻璃幕墙

金属框架的竖向或横向构件显露于面板外表面的框支承玻璃幕墙。

玻璃幕墙的装饰使建筑具有豪华、明亮感，多用于公共建筑的外墙面。

本　章　小　结

墙体是建筑物的一个重要组成部分，在建筑物中是竖直方向的构件。

墙体的分类：按作用分有承重墙、围护墙、分隔墙；按受力情况分有承重、非承重墙（自承重墙、隔墙、填充墙、幕墙）；按位置分有外墙、内墙、横墙（横向外墙：山墙）、纵墙（纵向外墙：檐墙）；窗间墙、窗下墙；从材料和构造方法分有实砌砖墙、空心砖墙、板筑墙、轻质墙、大型块材和大型板材墙等。

墙体结构的布置方案：横墙承重、纵墙承重、纵横墙混合承重。

墙体的细部构造：勒脚、散水或明沟、防潮层、过梁、圈梁、构造柱、窗台等。

隔墙和隔断均为分隔构件，不承重。隔墙一通到顶，能满足一定的隔音、遮挡光线的要求，而隔断是不完全分隔房间内部空间，其高度一般不到顶，具有一定的通透性。

墙面装修的类型：按位置分有外墙面装修和内墙面装修；按材料分有抹灰类墙面、贴面类墙面、涂刷类墙面、裱糊类墙面、幕墙类墙面、清水墙面等。

复 习 思 考 题

4-3-1　墙体如何分类？

4-3-2   承重墙的布置方案有哪几种？各自特点是什么？使用范围如何？

4-3-3   墙体加固从哪几个方面去考虑？

4-3-4   勒脚在建筑物的什么部位？其作用是什么？

4-3-5   防潮层在建筑物什么部位？作用是什么？有哪几种类型？

4-3-6   过梁在建筑物什么部位？作用是什么？常用的是哪种？

4-3-7   构造柱在建筑物中起什么作用？

4-3-8   圈梁在建筑物什么部位？其作用是什么？遇到洞口如何处理？

4-3-9   墙面装修的作用是什么？有哪些类型？

第四章　楼板及楼地面构造

第一节　概　　述

一、楼板的种类

楼板是多层建筑物中分隔建筑物空间的水平承重构件，一般由面层（楼面）、结构层、顶棚层组成。在现代建筑中钢筋混凝土楼板是目前使用最为普遍的一种。钢筋混凝土楼板的强度和刚度较高，耐火性和耐久性良好，不易腐蚀；但自重大，隔声、保温性能差。在木材较多的林区也有采用木制楼板。在此，仅介绍钢筋混凝土楼板。

二、对楼板的要求

设计楼板时应满足以下几个方面要求。

（一）坚固方面的要求

1. 楼板应具有足够的强度，以承受作用在其上的荷载而不破坏，并应有一定的耐久性。

2. 楼板应具有足够的刚度，使其在一定荷载的作用下不发生超过规定的弯曲变形。

（二）隔声方面的要求

在多层建筑物中应考虑楼板的隔声问题，要视经济条件以及特殊要求而定。某些大型公共建筑，如医院、广播室、录音室等要求安静和无噪声，因此需要考虑隔声问题。居住建筑上下层房间之间的步履声和家具移动声等，也应考虑隔声要求。首先应防止在楼板上出现太多的撞击声，在结构上采取一些措施，如采用空心板等，另外，在做地面铺设时尽量利用一些富有弹性的面层材料，如木地板、地毯等等，从而降低了声音的传播。

（三）经济方面的要求

楼板层在建筑物的造价中占有一定的比例，所以在楼板设计选材时，应以就地取材为原则，并且采用轻质高强材料，以减轻楼板层的厚度和自重。

另外，还应满足其他一些要求，如保温、防火、防水等。以保温性能为例，楼板构件搁入外墙部分，如果没有足够的隔热性能——热阻，可能使热量通过那里散失。

第二节　钢筋混凝土楼板

钢筋混凝土楼板根据其施工方法不同，可分为现浇钢筋混凝土楼板和预制钢筋混凝土楼板。

现浇钢筋混凝土楼板是指在楼板所在建筑物的位置上制作，其整体性好，故又称作为现浇整体式钢筋混凝土楼板。抗震性能好，坚固耐久，但施工时模板费用大，施工进度慢，受季节性限制。

预制钢筋混凝土楼板是在工厂内以定型的方式进行制作的。节省模板，不受季节性限制，加快了建筑物的施工进度，且可以做成预应力钢筋混凝土楼板。但这种楼板是一块块拼装，故又称作为预制装配式钢筋混凝土楼板，由于施工时是一块块拼装的，其整体性不如现浇楼板，所以在安装时应加其整体性，从而提高抗震性能。另外还需要考虑运输、起重吊装等情况。

一、现浇钢筋混凝土楼板

现浇钢筋混凝土楼板制作的工序为：支模板→绑扎钢筋→浇筑混凝土→振捣→养护→拆模板。

按其结构布置方式可分为板式楼板、梁板式楼板和无梁楼板。

（一）板式楼板

板式楼板：板直接搭在墙上的楼板，见图 4-4-1 所示，这时荷载的传递线路为：

荷载→板（楼板、屋面板）→墙→基础→地基

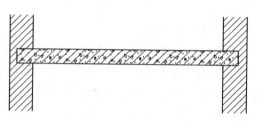

图 4-4-1 板式楼板

现浇板式楼板多用于跨度较小的房间或走廊。

（二）梁板式楼板

当房间尺寸比较大时，如果仍采用板式楼板，这时要使板保持一定的刚度，则板的厚度要加大，自重相应增加，且增加板内配筋。另外，板厚的增加降低了房间的净高，或增加房屋的总高，从经济角度来考虑是比较浪费的。为了保持板的刚度又不过多增加板厚，以免增大配筋量，从而使楼板更为经济合理，可在板的下方设置梁来作为板的支承点，以减小板的跨度。这种由梁、板组合的楼板称作为梁板式楼板。根据梁的构造又可分为单梁式、复梁式和井梁式，见图 4-4-2 所示。

荷载的传递线路为：

荷载→板（楼板、屋面板）→梁（次梁→主梁）→墙或柱→基础→地基

主梁：指将楼盖荷载传递到柱、墙上的梁。

次梁：指将楼面荷载传递到主梁上的梁。

井梁：指由同一平面内相互正交或斜交的梁所组成的结构构件。

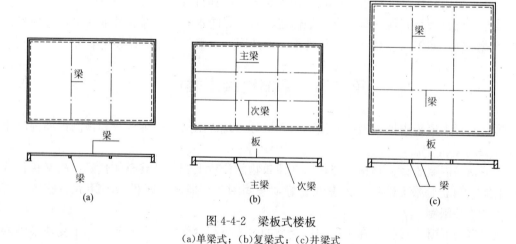

图 4-4-2 梁板式楼板
(a)单梁式；(b)复梁式；(c)井梁式

楼板依其受力特点和支承情况又有单向板和双向板之分。当板的长边与短边之比大于2时，在荷载的作用下，板基本上沿短边方向承受荷载，仅短边方向发生弯曲，这种板称作为单向板见图4-4-3(a)所示。

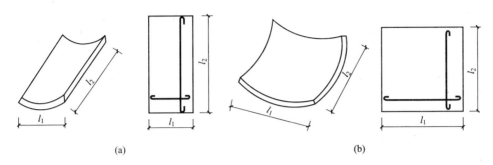

图 4-4-3　单、双向板

(a)单向板；(b)双向板

当板的长边与短边之比小于或等于2时，板在荷载作用下沿双向传递，在两个方向都产生弯曲，这种板称作为双向板，见图4-4-3(b)所示。单向板的受力钢筋沿短方向布置；双向板中受力钢筋沿两个方向布置，见图4-3-3所示。

梁的跨度、截面的确定：

主梁跨度为5～8m，梁高为跨度的1/14～1/8，梁宽为梁高的1/3～1/2，其间距为次梁的跨度。

次梁跨度为4～7m，梁高为跨度的1/18～1/12，梁宽为梁高的1/3～1/2，其间距为板的跨度。

板的跨度一般为1.5～2.5m，双向板不宜超过5m×5m。板的厚度根据施工和使用要求规定：

单向板：屋面板厚 60～80mm，民建楼板厚70～100mm。

双向板：板厚为80～160mm。

（三）无梁楼板

无梁楼板也是现浇钢筋混凝土楼板中的一种形式，它是将板直接支承在墙和柱子上，见图4-4-4所示。为增大柱的支承面积和减小板的跨度，可在柱顶加柱帽和托板等。柱子尽可能按方形格网布置，间距6m左右较为经济。因为板跨较大，一般厚度不小于120mm。

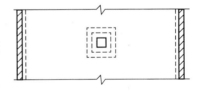

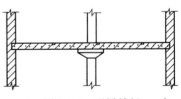

图 4-4-4　无梁楼板

无梁楼板顶棚平整，室内净空大，采光通风好，模板简单，但用钢材较多。适用于楼板上荷载较大的商店、仓库、展览馆等。

二、预制钢筋混凝土楼板

预制钢筋混凝土楼板常用的类型有：

（一）实心平板

实心板见图4-4-5(a)所示，制作简单，板厚比较薄，跨度较小，直接支承在墙或梁上，适用于过道、卫生间等平面尺寸较小的房间，隔声差，也可用作搁板、管道盖板等。

（二）空心板

空心板就是在板厚的适当位置上预留孔洞，多采用圆孔板，见图 4-4-5(b)所示。其优点是两面平整，中间设置的孔洞既节省材料又便于安放电气管线，较实心板有一定的隔声效果。

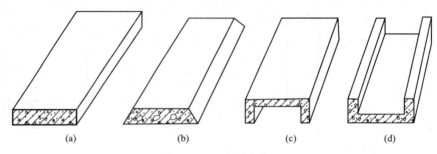

（a）　　　　　　（b）　　　　　　（c）　　　　　　（d）

图 4-4-5　预制楼板类型

空心板有预应力与非预应力之分。预应力钢筋混凝土空心板是在制作楼板构件时，通过张拉钢筋对混凝土预加一定的压力，从而可以提高钢筋混凝土楼板的强度及抗裂性能。

其工序一般为：

张拉钢筋→浇筑混凝土→解除钢筋拉力，见图 4-4-6 所示，这种预加应力的方法称作为先张法。非预应力楼板的跨度为 2400～4200mm。板厚为板跨的 1/25～1/20。而预应力楼板在与非预应力楼板厚度相同的情况下板跨可达 6000mm。预应力楼板厚常用 110～180mm，板宽为 400～1200mm。

空心板一般在安装前应在板两端的洞口处用碎砖及砂浆或混凝土填充，为的是在接头灌缝时避免跑料，并且也可提高端部的承压能力，同时提高隔声、保温效果。

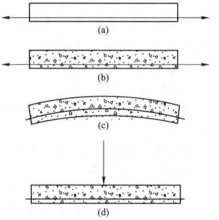

图 4-4-6　预应力施加示意图

（三）槽形板

槽形板属于梁板结合的一种构件，就是在板的两侧设置纵肋——边梁，形成槽形截面，有槽口向上和向下两种。槽口向下的板为正置，见图 4-4-5(c)所示，楼面平整，但顶棚呈凹凸不平状，一般用于使用要求不高的房屋，如果考虑隔声和美观则应做吊顶。槽口向上的板为倒置，见图 4-4-5(d)所示，顶棚平整，楼面凹凸不平，需另做面层，可利用槽口内的空间放置隔声、隔热材料。

槽形板的跨度一般为 3000～6000mm，板宽为 500～1200mm，肋高为 150～300mm，板厚一般为 30～35mm。为了防止板两端被挤压破坏，常将板两端用端肋封闭，同时在板的中间部位每隔 500～700mm 处增设横肋，从而加强楼板的刚度。

三、预制楼板的细部处理

由于预制楼板是一块块拼装的，其整体性欠佳，所以需要提高预制楼板的整体性，从而有一些细部环节需要处理好。

（一）楼板的布置

各地区生产的楼板有多种不同规格和型号，在选用时可以选用一种，也可以选用几种，但尽量选择少一些为好，因为板的规格、型号多往往会给施工带来麻烦。

在安装布板时，板与板之间应留有一定宽度的缝隙，其允许宽度为 10～20mm。而布板时往往会出现不足以放置一整块板的缝隙，称作为剩余缝隙，超出板缝的允许宽度，这时就应采取一定的措施使其满足使用条件，具体采取的措施为：

1. 调整板缝的宽度

当剩余缝隙宽度不大于 60mm 时，可调节板缝的宽度。因为最初布板时板缝一般是 10mm，调整后的板缝适当加大，见图 4-4-7(a)所示。

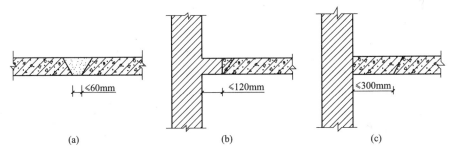

图 4-4-7 布板余缝的处理

2. 做砖挑头

当剩余缝隙宽度≤120mm 时，可沿墙处做砖挑头，见图 4-4-7(b)所示。

3. 做现浇板带

当剩余缝隙宽度≤300mm 时，可增加局部现浇板带，见图 4-4-7(c)所示。

（二）楼板的搁置

楼板的支承有两种情况：一是支承于墙上，一是支承于梁上。要保证预制楼板的稳定性和整体性，应采取以下的措施：

1. 应使楼板的端部与墙或梁有良好的连接，这就要求：

（1）楼板搁置在墙或梁上应具有足够的搁置长度，当圈梁未设在板的同一标高时，板端伸进外墙的长度不应小于 120mm，伸进内墙的长度不应小于 110mm，在梁上的长度不应小于 80mm。

（2）应在楼板与墙或梁接触的地方抹水泥砂浆，俗称坐浆，厚 20mm 左右。

2. 应使楼板与楼板之间、楼板与墙或梁之间有良好的锚固，即在它们相接之间放置锚固筋，又称作为拉结筋，加以锚固，见图 4-4-8 所示。

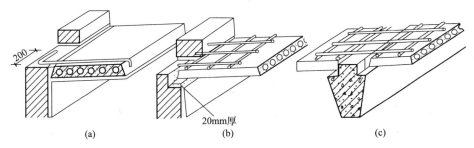

图 4-4-8 预制楼板设置锚固筋

在布置楼板时板的纵边不允许搁置于墙或梁上，这是因为预制板内部配筋都是按单向板状态设置的。若纵边架在墙上，则形成三边支承，而三边支承是双向受力状态，从而板的纵边上侧出现裂缝。

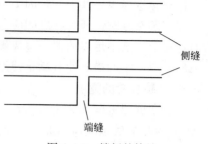

（三）楼板的接缝处理

楼板的接缝有端缝和侧缝两种，见图 4-4-9 所示。

图 4-4-9 楼板的接缝

端缝的处理：一般将板缝内灌以砂浆或细石混凝土，使之相互连接即可。为了增强房屋抗水平力的能力，也可将板端留出的钢筋连接在一起，然后浇细石混凝土，以加强板的整体性。

侧缝的处理：侧缝的处理方法一般是直接灌砂浆或细石混凝土即可，当板缝较大时，可在板缝中配置钢筋再灌缝，见图 4-4-10 所示。

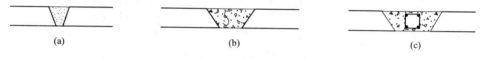

     (a)   (b)   (c)

图 4-4-10 板的侧缝处理

第三节 楼 地 面

楼地面是建筑物首层地面和各层楼板面的总称。

地面指的是建筑物首层地面，楼面则是指建筑物除首层地面以外其他各楼层面。

一、楼地面的组成及要求

底层地面的基本构造层宜为面层、垫层和地基；楼层地面的基本构造层宜为面层和楼板。底层地面的基层是混凝土垫层，通常是在夯实的素土层上浇筑 60～100mm 厚混凝土；楼层地面的基层即是楼板。当底层地面或楼面的基本构造不能满足使用或构造要求时，可增设结合层、隔离层、填充层、找平层、保温层等其他构造层。基层是承重结构，而面层直接与人体、设备相接触，承受各种荷载、摩擦、冲击、洗刷等作用。

楼地面是人们在室内生活、工作、学习时经常接触的地方。为了创造良好的室内环境，因而对楼地面的基本要求是：坚固耐磨、平整、光洁但防滑、防污染、隔声、不起尘、便于清扫。此外，对于有特殊要求房间的楼地面还应要求：有弹性、能保温、耐腐蚀、不透水等。

二、楼地面的种类及构造

前已述，楼地面属于面层，是人们在房屋中接触最多的地方，也是最容易受到磨损之处，其质量的好坏对房屋的使用的影响很大。在选择楼地面种类时应根据房屋的实际使用情况。目前，材料市场楼地面材料的种类繁多，下面列举几种常用的地面构造，楼面的构造与其类似，只是做在楼板上。

（一）现浇整体地面

常见的现浇整体地面有水泥砂浆地面、细石混凝土地面、水磨石地面等。

1. 水泥砂浆地面

水泥砂浆地面就是用水泥与砂一般按 1：2 或 1：2.5 的比例配合，在混凝土垫层上抹成的整体地面，厚度一般为 20mm 左右。其构造简单，施工简便，造价低，坚固，但易起灰。一般用于使用要求不高的房屋建筑中。当房间的面积超过 20m² 时，一般应进行分格处理，避免表面出现收缩裂缝。

2. 细石混凝土地面

为了减少水泥砂浆地面出现裂缝，在水泥砂浆中加入一些粒径不大的石子，形成细石混凝土地面。一般在垫层上铺 30mm 左右厚的细石混凝土，随后夯拍直至表面泛出水泥浆再干撒一些水泥，最后用铁抹子抹平。细石混凝土地面强度高、干缩性小、不起灰尘、耐久性及耐磨性好。

3. 水磨石地面

水磨石地面又称为磨石子地面，是一种较水泥砂浆地面高级的地面，其做法类似于水泥砂浆地面。即在混凝土垫层上抹 20mm 厚左右的水泥砂浆，然后将天然石料的石屑用水泥拌合在一起做面层，最后再磨光上蜡。水磨石地面坚固、美观、耐磨、易清扫，不起灰尘。常用于公共建筑的地面。

（二）铺块地面

铺块地面是指由预制好的块状材料做成，其种类很多，如大理石地面、陶瓷锦砖地面、缸砖地面、釉面地砖地面等等，现介绍几种：

1. 大理石、花岗石地面

大理石、花岗石地面材料为 500～1000mm² 见方，厚约 20mm，用 1：3 水泥砂浆粘结，应做在刚性的垫层上。光滑、纹理美观，一般用于高级装修。

2. 陶瓷锦砖地面

陶瓷锦砖是由小块状拼接成 300～500mm 的大块。先在垫层上做水泥砂浆找平层，然后铺贴陶瓷锦砖压实，再用水泥浆嵌缝。这种地面坚硬耐磨、耐酸碱、不透水、表面光滑平整。

其他地面——缸砖地面、釉面地砖地面等的构造作法类似于大理石地面、花岗石地面、陶瓷锦砖地面，在此就不一一介绍。

（三）木制地面

木制地面有铺实木地板和复合木地板。

1. 实木地板

实木地板材料就是将木材做成有一定规格尺寸的条形木块。当木条长度比较短时可以直接在垫层上（或结构层上）做水泥砂浆找平层，然后铺粘木地板。当木条长度比较长时，一般在垫层上（或结构层上）以截面一般为 50mm×50mm 的木条作为龙骨，然后在龙骨上拼铺木地板。实木地板的弹性好，天然纹理清晰美观，表面光滑，但随温度、湿度的改变，拼接的板缝容易变形。

2. 复合木地板

复合木地板是一种以中密度纤维板为基础，用特种耐磨塑料贴面板为面材的新型地面装饰材料。与实木地板相比较，其施工简单，可直接在较平整的垫层上（或结构层上）铺设，为了防潮一般在铺板之前铺贴一层防潮垫层。这种地面耐磨耐碰撞，耐污性及耐水性好，给人的感观效果较好。

三、踢脚板及墙裙

踢脚的位置是位于室内楼地面与墙体相接触的墙面上，即设于室内墙面或柱身根部一定高度的特殊保护面层，高度一般为 100～200mm，厚为 20mm 左右。

踢脚的作用是在清扫楼地面时避免弄脏墙面，从而保证墙面的清洁，同时也起到一定的装饰作用。

踢脚的种类有水泥砂浆抹制的、有水磨石的、瓷砖踢脚及木制踢脚。

墙裙实际上是踢脚的延伸，即设于室内墙面或柱身下部一定高度的特殊保护面层，高度一般为 900～1800mm，常用于厨房间的墙体上，为的是清擦油烟污渍，从而保证墙面的清洁易擦。常见的墙裙有水泥砂浆抹制、水磨石、瓷砖等。

第四节 顶 棚 装 饰

顶棚是指室内空间上部——屋顶、楼板层下表面的装饰构件，即建筑物房间内的顶板。具有装饰性，并改善室内环境，满足室内使用要求。

一、顶棚的类型

顶棚的类型可分为两大类：直接式顶棚和悬吊式顶棚。

（一）直接式顶棚

直接式顶棚是指在楼板或屋面板结构层下面直接做饰面材料，可以采用直接抹灰、喷涂、粘贴等方式进行施工。

直接式顶棚构造简单，施工方便，造价较低。

1. 直接抹灰式顶棚

直接抹灰式顶棚就是在楼板或屋面板结构层下面直接抹灰。一般是在楼板或屋面板结构层下面抹灰（水泥砂浆、混合砂浆等）找平，然后做面层，喷刷大白浆、乳胶漆的涂料。

2. 直接喷涂式顶棚

直接喷涂式顶棚就是在楼板或屋面板结构层下面填缝刮平，然后直接喷刷大白浆、乳胶漆的涂料。

3. 直接粘贴式顶棚

直接粘贴式顶棚就是在楼板或屋面板结构层下面用砂浆打底找平，然后粘贴面砖、墙纸等材料。

（二）悬吊式顶棚

悬吊式顶棚是指将装饰面层悬挂在屋面板或楼板结构层下方，并与屋面板或楼板层有一定的距离，又可称作为吊顶。一般用于较大空间或装饰要求较高的房间。

悬吊式顶棚一般由吊筋、骨架（龙骨）和面层组成，见图 4-4-11 所示。

吊筋：用来连接骨架（龙骨）和承重结构的传力构件。顶棚一般是通过吊筋悬吊在楼板、屋面板结构层上的，有木吊筋、金属吊筋等。

骨架（龙骨）：由主龙骨、次龙骨组成的网格骨架体系，主龙骨与吊筋相连，次龙骨固定在主龙骨上，承受面层的荷重并通过吊筋传递给楼板、屋面板结构层。有木龙骨、金属龙骨等。

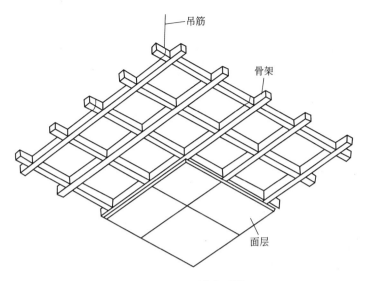

图 4-4-11　悬吊式顶棚

面层：起装饰作用，有抹灰面层(板条抹灰等)、板材面层，当今多用板材面层，有石膏板面层、矿棉装饰吸声板等。

第五节　阳台和雨篷

一、阳台

阳台：附设于建筑物外墙设有栏杆或栏板，可供人活动的室外空间。可凸出于外墙面或凹在墙内，前者称作为挑阳台，后者称作为凹阳台，也可做成半挑半凹阳台，还可做成转角阳台(建筑物拐角部位)，见图 4-4-12 所示。

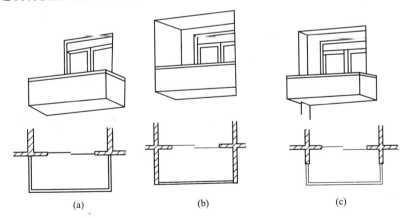

图 4-4-12　阳台类型
(a)挑阳台；(b)凹阳台；(c)半挑半凹阳台

建造阳台时应注意：坚固、耐久、安全、适用；排水防渗；栏杆形式的艺术性；施工方便。

阳台深度为1m左右，宽度一般为开间，栏杆高度不低于1m，竖向栏杆间净距不大于120mm。

一般阳台常采用钢筋混凝土结构，可现浇也可预制，其结构布置应与楼板结构布置统一。

凹阳台外口一般与外墙面齐平，也有略挑出外墙的，顶部为上层所遮盖，支承在两侧墙上。其构造简单，如同布置楼板。

挑阳台为悬挑结构，可分为悬挑板或悬挑梁支承板。其结构布置一般有三种，见图4-4-13所示。

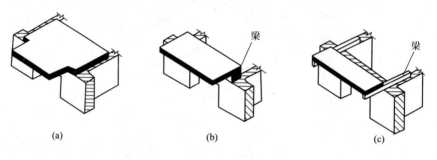

图 4-4-13 挑阳台结构类型
(a)挑板式；(b)压梁式；(c)挑梁式

（一）挑板式

如图4-4-13(a)所示，这种阳台结构的形式即是将楼板扩大，成为带阳台的楼板向外挑出。

（二）压梁式

如图4-4-13(b)所示，将阳台板与过梁或圈梁做成一体，梁压在墙内。这时梁受扭，因此梁上要有足够的压重，且悬挑不宜过长，多采用现浇式。

（三）挑梁式

如图4-4-13(c)所示，将阳台梁从墙内挑出，然后在梁上搁板，这时阳台宽度与房间开间相同，挑梁伸入墙内的长度不小于悬挑长度的1.5倍。

阳台板的厚度根据计算确定。为防止雨水泛入室内，阳台板面应低于室内地面的标高，至少相差30mm，如按砖墙考虑，至少一皮砖。排水方式可以向外或向内，但都应是有组织排水，见图4-4-14所示，亦即地面抹出排水坡度，将水导入排水孔排出。

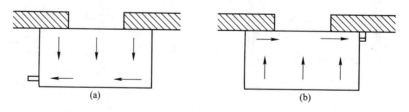

图 4-4-14 阳台地面排水形式

阳台设置栏杆或拦板是一种安全设施，以防止人坠下。有漏空和实体两种，也有部分漏空的，其装置必须坚固。栏杆又要注意空格的形式，最好不要采用横向空格，以防止小孩攀登，发生危险。实体挡板以钢筋混凝土为主，厚为 60mm 左右。

二、雨篷

雨篷：建筑物出入口上方为遮挡雨水而设的部件。

雨篷受力作用实际上与挑阳台相似，也是悬挑结构，不过荷载不同，仅承担雪载、积灰荷载、自重等，一般不上人。其悬挑长度一般为 1000～1500mm。通常将雨篷与建筑物出入口上过梁或圈梁浇筑在一起，但梁面必须高出板面至少一皮砖，以防止雨水渗入到室内。由于雨篷受荷不大，一般将雨篷板做成较薄的变截面形式，根部稍厚，挑沿处较薄，板的外沿厚度一般为 50～70mm。在雨篷板的外沿处通常做一向上的翻口，为的是作集中排水之用。雨篷板顶面需做抹面，用掺有防水剂的 1：2 水泥砂浆抹面厚 20mm，并翻向墙面至少 250mm，抹至板底 80mm 深处，并做滴水槽，见图 4-4-15 所示。

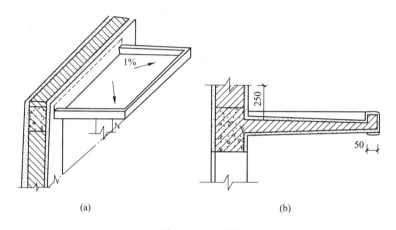

(a)　　　　　　　　　(b)

图 4-4-15　雨篷

当雨篷挑出尺寸较大时，一般在入口处设置柱子，形成门廊形式。

本 章 小 结

楼板是多层建筑物中分隔建筑物空间的水平承重构件。一般由面层（楼面）、结构层、顶棚层组成。有钢筋混凝土楼板、木制楼板。

钢筋混凝土楼板根据其施工方法不同，可分为现浇钢筋混凝土楼板和预制钢筋混凝土楼板。现浇钢筋混凝土楼板按其结构布置方式可分为板式楼板、梁板式楼板和无梁楼板；预制钢筋混凝土楼板常用的类型有实心平板、空心板、槽形板等。加强预制板整体性的措施：具有足够的搁置长度，抹水泥砂浆，放置锚固筋。预制板的纵边不允许搁置于墙或梁上。

楼地面是建筑物首层地面和各层楼板面的总称。其类型有现浇整体地面、铺块地面、木制地面等。

顶棚是指室内空间上部——屋顶、楼板层下表面的装饰构件，其类型可分为两大类：直接式顶棚和悬吊式顶棚。

阳台：附设于建筑物外墙设有栏杆或栏板，可供人活动的室外空间。有挑阳台、凹阳台、半挑半凹阳台，阳台周围设置栏杆或挡板。挑阳台的结构布置一般有挑板式、压梁式、挑梁式。

雨篷：建筑物出入口上方为遮挡雨水而设的部件。当雨篷挑出尺寸较大时，一般在入口处设置柱子，形成门廊形式。

复习思考题

4-4-1　现代建筑中常用的楼板类型是哪种？

4-4-2　什么是现浇钢筋混凝土楼板、预制钢筋混凝土楼板？各自的特点是什么？

4-4-3　现浇钢筋混凝土楼板的类型有哪几种？各种类型的荷载如何传递？

4-4-4　什么是单向板？什么双向板？

4-4-5　预制楼板的类型有哪几种？如何加强预制楼板的整体性？

4-4-6　预制圆孔板的纵边可以搁置在支承上吗？为什么？

4-4-7　布置预制楼板时的余缝如何处理？

4-4-8　楼、地面的构造组成是什么？

4-4-9　踢脚在建筑物的什么部位？墙裙一般设置在什么房间里？作用是什么？

4-4-10　阳台的类型有哪几种？

4-4-11　雨篷在建筑物的什么位置？

第五章 楼梯构造

两层以上的房屋就需要有上下交通和疏散设施，即楼梯、电梯、自动扶梯等。设有电梯和自动扶梯的建筑物，也必须同时设置楼梯，这是因为需要考虑遇到特殊情况时，如停电、发生火灾等，人们通过楼梯进行疏散。在此，楼梯作为本章主要介绍的内容。

通常在建筑物的出入口处需设置踏步来连接室内外地面（由于室内外地面有一定的高差），称作为台阶，需行车的出入口处宜设坡道。其性质与楼梯类似，故列入本章叙述。

第一节 概　述

一、楼梯的组成

楼梯由楼梯段、休息平台和栏杆（板）扶手组成，见图 4-5-1 所示。

（一）楼梯段

楼梯段就是一段带有踏步的梯段板。踏步由踏面和踢面组成，见图 4-5-1 所示。

踏步的每一个踢面代表一级（或一步）。每一块梯段的踏步级数（步数）不宜超过 18级，以免上下楼过于疲劳；但也不宜少于 3级，以免忽略而踩空。

（二）休息平台

建筑物的层高一般 3m 左右。当梯段踏步级数较多时，为了行走时调剂人们的疲劳，往往将梯段分成几段（层高较小的建筑物亦可一段），中间设置平台以供休息，也起联系梯段且转换梯段方向的作用。

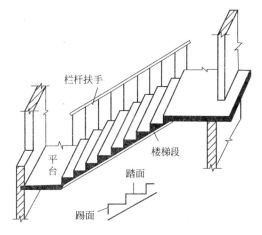

图 4-5-1　楼梯的组成

（三）栏杆（板）扶手

栏杆（板）：高度在人体胸部至腹部之间，用以保障人身安全或分隔空间用的防护分隔构件。设置在梯段板的边缘处以及顶层楼层平台边缘处（亦称安全栏杆）。

二、楼梯的类型

楼梯的分类方式有多种。

（一）按楼梯本身的材料分，有木楼梯、钢筋混凝土楼梯、钢楼梯等。在现代建筑中钢筋混凝土楼梯使用最为普遍。

（二）按其形式分，常用的有单跑楼梯、双跑楼梯、三跑楼梯、其他形式楼梯等，见图 4-5-2 所示。

1. 单跑楼梯

单跑楼梯也可称直跑楼梯。一般多用于层高较小的建筑物，中间不设休息平台，见图 4-5-2(a)所示。

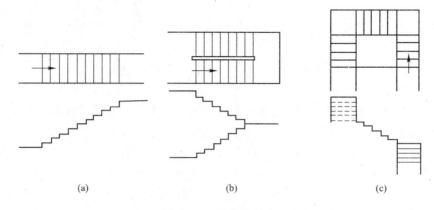

图 4-5-2　楼梯的形式

(a)单跑楼梯；(b)双跑楼梯；(c)三跑楼梯

2. 双跑楼梯

双跑楼梯是建筑物中最常见的一种，见图 4-5-2(b)所示。在一些公共建筑中的主要楼梯，由于人流量较大也以两部双跑楼梯合二为一，形成合上分下等形式。

3. 三跑楼梯

当楼梯间平面形状接近于正方形时，可以做成三跑楼梯，见图 4-5-2(c)所示。楼梯段的空间（称作为楼梯井）较大时可用来布置电梯，多用于大型公共建筑，如商场等。

4. 其他形式楼梯

楼梯形式是由楼梯所在位置的平面形状及建筑物上的要求等决定的。如有的公共建筑美观要求较高，可将楼梯设计成螺旋形、弧形等。这样的楼梯造型优美，有很丰富的艺术效果，但结构受力复杂，材料用量较多，施工也较麻烦，一般用于美观要求较高的公共建筑、别墅建筑中。

（三）按其使用性质分有主要楼梯、辅助楼梯、消防楼梯等。

三、对楼梯的具体要求

楼梯主要是供上下层楼之间交通联系的，所以应满足下列要求：

（一）满足结构、构造方面的要求

楼梯作为上下通道，除了本身自重外，使用荷载也比较大。所以，楼梯四周必须有坚固的墙体或框架来支承，并且具有足够的强度和刚度。

（二）满足防火、安全疏散的要求

应从几个方面去考虑：一是对楼梯的数量、位置、间距、梯段的宽窄，要保证满足交通使用方便和安全疏散方面的要求；二是楼梯间必须有一定的采光和通风，来保证遇到火灾时停电以及空气流通；再有楼梯四周必须是耐火墙体。楼梯的数量、位置、宽窄、间距是根据建筑物的人流量的大小及防火疏散的要求而定。

（三）满足美观要求

楼梯也可作为一个装饰构件，故从造型上应尽可能追求美观。

（四）满足施工及经济方面要求

楼梯的设计、构造及造型应符合施工技术要求，以便于施工，并造价合理。

第二节 楼梯各组成部分的尺寸要求

一、楼梯的坡度和踏步尺寸

因为楼梯在建筑物中是垂直交通构件，而楼梯段是倾斜构件。楼梯段的倾斜坡度的大小应适合于人们行走舒适、方便，同时又要考虑经济节约。楼梯坡度平缓人们行走起来较为舒适，但楼梯所占的长度较大，亦即增加了楼梯间的进深，相应地增加了建筑面积和造价。所以，在满足使用要求下，应尽量缩短楼梯段的水平投影长度，以减少建筑物的交通面积。一般在人流量较大的场所，应使楼梯坡度平缓些，如影剧院、医院、学校等。对于仅供少数人使用的楼梯坡度可稍陡些，如住宅建筑的楼梯。楼梯的坡度一般在 $20°\sim45°$ 之间，以 $30°$ 左右为宜。小于 $20°$ 形成坡道，大于 $45°$ 则形成爬梯。

楼梯的坡度取决于踏步的高度（踢面）与宽度（踏面）之比，见图 4-5-1 所示。为了使人们上下楼时的感觉与在平地行走时接近，踏步的高度与人们的步距有关，宽度应与人的脚长相适应。

由于建筑物的用途不同，其楼梯的坡度也不尽相同，楼梯踏步的高宽比应符合表 4-5-1 的规定。

楼梯踏步最小宽度和最大高度（m）　　　　　　　　表 4-5-1

楼梯类别	最小宽度	最大高度
住宅共用楼梯	260	175
幼儿园、小学校等楼梯	260	150
电影院、剧场、体育馆、商场、医院、旅馆和大中学校等楼梯	280	160
其他建筑楼梯	260	170
专用疏散楼梯	250	180
服务楼梯、住宅套内楼梯	220	200

二、楼梯梯段宽度

楼梯梯段宽度：墙面至扶手中心线或扶手中心线之间的水平距离。

楼梯梯段的宽度除应符合防火规范的规定要求外，供日常主要交通用的楼梯的梯段宽度应根据建筑物的使用特征，按每股人流为 $0.55+(0\sim0.15)$m 的人流股数确定，并不应少于两股人流。其大小是使楼梯具有一定通行能力以保证人流畅通。一般与通行人数（同时通行）有关。供单人通行时楼梯段宽度不小于 850mm；供双人通行时楼梯段的宽度为 1000～1200mm；供三人通行时楼梯段的宽度为 1500～1650mm。居住建筑楼梯净宽一般为 1100mm；公共建筑楼梯净宽一般为 1500～2000mm。辅助楼梯的宽度至少 900mm，作疏散用时不小于 1100mm。

休息平台的最小宽度不应小于楼梯段的宽度，且不得小于 1200mm，见图 4-5-3 所示。当休息平台上设有暖气片或消防栓时，应扣除它们所占的宽度。当有搬运大型物件需要时应适量加宽。

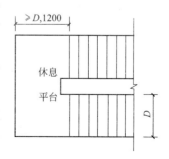

图 4-5-3　休息平台宽度

三、扶手高度

扶手高度：从踏步的踏面宽度中点至扶手面的竖向高度，室内楼梯扶手的高度不宜小于900mm，见图4-5-4(a)所示。

顶层楼层平台的水平栏杆(安全栏杆)扶手高度一般不小于1000mm，见图4-5-4(b)所示。

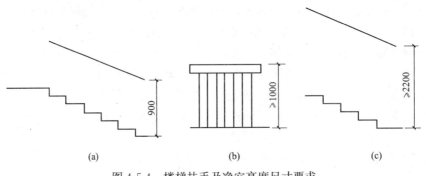

图4-5-4　楼梯扶手及净空高度尺寸要求

四、楼梯空间的净空高度——梯段净高

楼梯净空高度是指楼梯踏步或休息平台上(下)通行人时的竖向净空高度，计算是以踏步的踏面到顶棚的净高度来考虑，其净高必须保证行人及家具能顺利通过。楼梯平台上部及下部过道处的净高应不小于2.00m，梯段净高不宜小于2.20m，见图4-5-4(c)所示。在人流较少或次要出入口处，亦不应低于1.90m。

很多建筑物将出入口设在休息平台下方，这样楼梯休息平台下的净高就不能满足使用上的要求，此时楼梯布置往往要作特殊处理，可采取将部分台阶移进室内，如果还不能满足要求，同时将一层的楼梯段做成长短跑——第一梯段长、第二梯段短，从而抬高了休息平台的高度，以满足使用上的要求。

第三节　钢筋混凝土楼梯

按施工方法的不同有现浇钢筋混凝土楼梯和预制钢筋混凝土楼梯。

一、现浇钢筋混凝土楼梯

现浇钢筋混凝土楼梯适用于无大型起重设备、楼梯形式复杂或有防震要求的建筑物中。按其结构形式的不同，一般有板式楼梯和梁式楼梯之分。

（一）板式楼梯

板式楼梯是将楼梯段做成一块斜板，两端支承在平台梁上，此时两平台梁之间的距离就是梯段板的跨度，见图4-5-5(a)所示，平台梁则支承在墙或柱上。其荷载传递路径为：

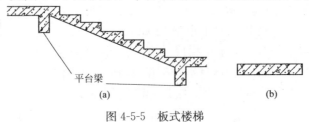

平台梁

(a)　　　　　　　　　　　　　　　　(b)

图4-5-5　板式楼梯

荷载→梯段板→平台梁→墙(柱)→基础→地基

板式楼梯段的横剖面为矩形，见图 4-5-5(b)所示。其特点是结构及外形简单，底面平整，施工方便。但自重较大，材料消耗较多。板式楼梯适用于跨度不大于 3m 的楼梯。

（二）梁式楼梯

当梯段板的跨度比较大、当楼梯段较长、荷载较大时，采用板式楼梯是不太经济的，为了减小梯段板的跨度，在梯段板的纵向设置斜梁，成为梁式楼梯。即梯段板支承在斜梁上，斜梁支承在平台梁上，见图 4-5-6(a)所示，其荷载传递线路为：

荷载→梯段板→斜梁→平台梁→墙(柱)→基础→地基

梯段板沿墙的一侧可搭在墙上不做斜梁，见图 4-5-6(b)所示。这种做法比较经济，但因需在墙上预留踏步槽，给砌筑墙体工作带来不便。另一种做法是在墙的一侧也做斜梁，故踏步就不必伸入墙内，见图 4-5-6(c)所示，从而有利于砌墙工作。

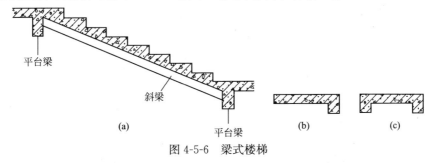

图 4-5-6 梁式楼梯

由于有斜梁支承梯段板，则梯段板的厚度可以减薄，从而节省了材料。

梁式楼梯可适用于各种长度的楼梯段，用料较为经济，但支撑比较复杂，当斜梁截面尺寸较大时其造型显得笨重。

现浇钢筋混凝土楼梯平台板的做法和一般现浇钢筋混凝土楼板的做法基本相同，不再叙述。

二、预制钢筋混凝土楼梯

预制钢筋混凝土楼梯根据其生产、运输和吊装的不同，有许多个同的构件形式。大致可分为小型预制构件装配式楼梯和大型预制构件装配式楼梯两大类。

（一）小型预制构件装配式楼梯

小型预制构件装配式楼梯的主要特点是构件尺寸小，重量较轻，容易制作。但构件数量多，施工繁琐而慢，需用较多的人力。适用于施工条件比较落后的地区。一般预制踏步和它们的支承结构是分开的。

1. 预制踏步

钢筋混凝土预制踏步的断面形式，一般有一字形、L 形、三角形，见图 4-5-7 所示。

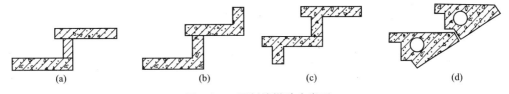

图 4-5-7 预制楼梯踏步类型
（a）一字形；（b）正 L 形；（c）倒 L 形；（d）三角形

一字形踏步制作比较方便，施工时在踏板之间可用立砖做踢板，然后用1∶2水泥砂浆抹面，见图4-5-7(a)所示。

L形踏步就是将踏板和踢板作为一个小构件，L形踏步有正L形——肋向上，见图4-5-7(b)所示；倒L形——肋向下，见图4-5-7(c)所示。

三角形踏步的最大优点是拼装后底板平整。为了减轻自重，在构件内可抽孔，形成空心踏步，见图4-5-7(d)所示。

在预制踏步时能把面层及防滑条做好则更为方便。

2. 预制踏步的支承结构

预制踏步的支承结构一般有墙支承和梁支承两种。

(1)墙支承楼梯是将踏步板搁置于墙上，见图4-5-8所示，施工时将踏步板逐级砌入墙中即可，给砌墙工程带来不便。

(2)梁支承楼梯由踏步板、斜梁、平台梁组成，见图4-5-9所示。安装时先放平台梁，后放斜梁，再放踏步板。斜梁的形式根据踏步形式的不同而不同，当踏步为一字形、L形时斜梁可做成锯齿形梁，见图4-5-9(a)所示；当踏步为三角形时斜梁可做成斜面梁，见图4-5-9(b)所示。

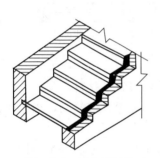
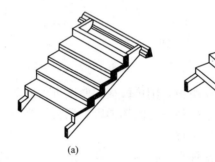
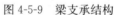

图 4-5-8　墙支承结构　　　　　　　　(a)　　　　　　　　(b)

图 4-5-9　梁支承结构

(二)大型预制构件装配式楼梯

大型预制构件装配式楼梯即是将整个梯段板预制、平台板和平台梁整个预制，亦即楼梯由两大构件组成，可以减少预制构件的品种和数量，从而利用吊装工具进行安装，简化施工过程，加快施工速度，降低劳动强度，实现施工机械化。楼梯段本身也可分为板式和梁式，支承在预制的平台梁上，它们之间也是预埋件焊接。

三、楼梯细部构造

楼梯的细部构造包括踏步、栏杆和扶手。

(一)踏步

前述，踏步是由踏面和踢面组成。踏面应平整、耐磨，便于清扫，防止滑跌。一般建筑物的楼梯踏面用水泥砂浆抹面即可，对于使用要求较高的建筑物楼梯踏面可做成水磨石面或缸砖贴面等。

由于楼梯段为倾斜构件，为避免行走时滑跌，应采取防滑措施，一般在踏面前方做防滑条，见图4-5-10所示。

(二)栏杆、扶手

栏杆、扶手是楼梯的围护构件，同时在建筑物中又起到一个装饰作用。因此，要求其

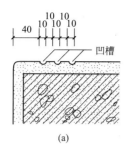

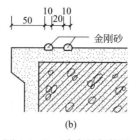

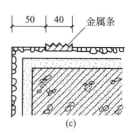

图 4-5-10　踏步细部构造

坚固、耐久、美观大方。

栏杆的形式类似阳台栏杆，可用方钢、圆钢、扁钢或木材制作，其式样见图 4-5-11 所示。

栏杆可焊在楼梯段的预埋件上；或者在楼梯段上预留孔洞，将栏杆插入后浇 1：2 水泥砂浆或细石混凝土固定。

扶手一般用木材制作，形式不一，见图 4-5-12 所示。其宽度以能手握为原则。

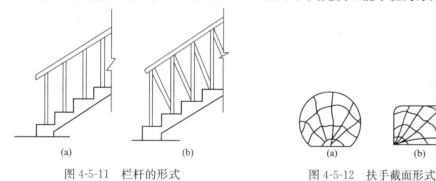

图 4-5-11　栏杆的形式　　　　　图 4-5-12　扶手截面形式

第四节　台 阶 与 坡 道

一、台阶

台阶：联系室内外地坪或楼层不同标高而设置的阶梯形踏步。

在房屋建筑中，室内首层地面比室外地面要高，按高差的大小在出入口处设置台阶来连接室内外地面。台阶是由平台和踏步组成，见图 4-5-13 所示。公共建筑室内外台阶的踏步宽度不宜小于 300mm，踏步高度不宜大于 150mm，并不宜小于 100mm，踏步应防滑。室内台阶踏步级数不应少于 2 级，当高差不足 2 级时，应按坡道设置。平台长度应大于门洞口的尺寸，宽度至少应保证在门扇开启后还应有站立一个人的位置。平台表面高度应比室内地面略低 10～20mm，表面应有向外的坡度，以利排水。

台阶应具有抗冻性和耐磨性。台阶的基础较为简单，只要挖去腐殖土做一层垫层即可。台阶的施工一般情况下是在建筑物的主体结构施工完毕并有了一定的沉降以后再做，从而避免了台阶与建筑物之间出现裂缝。

台阶的面层一般情况下水泥砂浆抹面即可，使用要求较高的建筑物台阶可用水磨石做面层等。

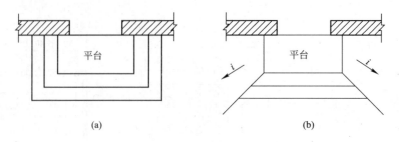

图 4-5-13　台阶与坡道

(a)台阶；(b)台阶与坡道

二、坡道

一些大型公共建筑物的室外门前为便于车辆行驶，出入口处也常做成坡道。坡道即为联系室内外地坪或楼层不同标高而设置斜坡，室内坡道的坡度不宜大于 1∶8，室外坡道的坡度不宜大于 1∶10，供轮椅使用的坡道不应大于 1∶12。

有的建筑物为了满足人员和车辆出入的需要，同时设置台阶和坡道，见图 4-5-13(b)所示。

坡道也应具有抗冻性和表面耐磨的要求。坡道应采取防滑措施，其表面常做成锯齿形。

第五节　电梯与自动扶梯

一、电梯

电梯：以电力驱动，运送人员或物品，作垂直方向移动的机械装置。多用于高层及大型公共建筑中。

建筑设计规范规定：七层以上住宅建筑须设置电梯。有的建筑物虽不到七层，但有其特殊使用要求的，也应设置电梯，如医院的住院部、高级宾馆、办公楼等。

电梯一般由轿厢、井道和机房组成，见图 4-5-14 所示。

轿厢是供人们乘电梯之用，是由电梯厂家设计生产。

井道是轿厢运行的通道，可用砖砌或钢筋混凝土浇筑。在每层楼地面处设置出入口。

机房一般设置在井道的上方，也可砖砌，也可钢筋混凝土浇筑。

二、自动扶梯

自动扶梯：以电力驱动，自动运送人员上下楼层的阶梯式机械装置，多用于大型商场、火车站、地铁站等。

自动扶梯由阶梯踏步、栏板、扶手带、机房等组成。由电动机械牵引，运行时阶梯踏步与扶手带同步运转，栏板不动。既可作提升使用，也可作下降使用，当运行停止时可作为普通楼梯使用。机房悬挂在楼板下方。

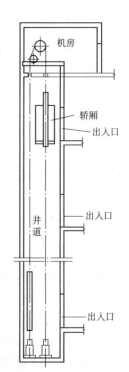

图 4-5-14　电梯的组成

自动扶梯的倾斜角度不应超过 30°，当提升高度不超过 6m，额定速度不超过 0.50m/s 时，倾斜角度允许增至 35°。自动扶梯的阶梯上空，垂直净高不应小于 2.3m。栏板应平整、光滑、无突出物。另外，自动扶梯不得计作安全出口。

自动扶梯的布局形式有连贯排列、平行排列、交叉排列等。

本　章　小　结

两层以上的房屋就需要有上下交通和疏散设施，即楼梯、电梯、自动扶梯等，设有电梯和自动扶梯的建筑物，也必须同时设置楼梯。在建筑物的出入口处设置台阶、坡道。

楼梯由楼梯段、休息平台和栏杆(板)扶手组成。

楼梯的类型：按楼梯本身的材料分有木楼梯、钢筋混凝土楼梯、钢梯；按其形式分常用的有单跑楼梯、双跑楼梯、三跑楼梯；按其使用性质分有主要楼梯、辅助楼梯、消防楼梯等。每一块梯段的踏步级数(步数)不宜超过18级，也不宜少于3级。

钢筋混凝土楼梯按其施工方法的不同有现浇钢筋混凝土楼梯和预制钢筋混凝土楼梯。现浇钢筋混凝土楼梯按其结构形式的不同有板式楼梯和梁式楼梯。预制钢筋混凝土楼梯可分为小型预制构件装配式楼梯和大型预制构件装配式楼梯。楼梯的细部构造包括踏面防滑、栏杆扶手的安装等。

台阶、坡道位于室外，应防滑、防冻。

电梯一般由轿厢、井道和机房组成。

自动扶梯由阶梯踏步、栏板、扶手带、机房等组成。布局形式：连贯排列、平行排列、交叉排列等。

复　习　思　考　题

4-5-1　楼梯由哪几部分组成？每一梯段的踏步级数一般控制在几级？

4-5-2　楼梯如何分类？住宅建筑中常用的是哪几种形式？

4-5-3　楼梯的基本尺寸如何规定？

4-5-4　现浇钢筋混凝土楼梯结构类型有哪几种？其特点是什么？使用范围？

4-5-5　预制钢筋混凝土楼梯的类型？

4-5-6　在设有电梯、自动扶梯的建筑物中为何还须设置楼梯？

第六章 屋 顶 构 造

第一节 概 述

一、屋顶的要求

由于屋顶具有双重功能——围护、承重，所以必须解决好防水、排水、保温隔热、承重问题等，应满足以下要求：

（一）屋面防水

防水和排水是屋顶最基本的功能要求，一般的做法是通过屋面材料的不透水性以及合理的构造组织搭接来达到其目的。工程实践证明：排水是防水的主要措施，排防结合。根据屋顶形式的不同，有的以排为主，而有的则以防为主。屋面工程防水设计应遵循"合理设防、排防结合、因地制宜、综合治理"的原则。

（二）屋顶保温隔热

因为屋顶是外围护结构，为了保持室内的正常气温，有一个舒适的工作、学习、生活环境，屋顶应具有一定的保温隔热性能。保温隔热通常采用导热系数小的材料，阻止室内外热量的交流，即严寒地区的屋顶应阻止室内的热量散失，炎热地区的屋顶应阻止太阳向室内的辐射。

（三）屋顶承重

屋顶是水平承重构件，应能承受风雨雪荷载、检修荷载以及自重等，如果是可上人屋面，还需考虑人群的重量，因此要求其具有足够的强度和刚度。

（四）美观要求

建筑物耸立在大地上，屋顶又是建筑物的外围护构件，其形式直接影响到建筑物的造型，可以起到一个美化生活环境的作用，尤其现代人们的生活注重美的要求，故屋顶设计时应考虑美观方面的要求。

二、屋顶的组成

屋顶一般由屋面与支承结构(承重层或结构层)两个基本部分组成。

屋面是屋顶的面层，它直接接受大自然的侵袭，故应有很好的防水性能，耐大自然的长期侵蚀，也应有一定的强度。

支托屋面荷载的结构——承重结构。按材料分有：木结构——木屋架；钢筋混凝土结构——钢筋混凝土屋面板；钢结构——钢屋架。应具有一定的强度和刚度。

另外，根据需要还应有其他一些构造层，如保温隔热层、顶棚层等，这在后面加以介绍。

三、屋顶的类型

（一）屋顶的坡度

因为屋顶是外围护水平构件，为了排水的需要，屋顶应有一定的坡度。屋顶坡度的大小主要与屋面防水材料尺寸的大小有关，如屋面防水材料覆盖面积小，接缝较多，则要求屋顶坡度大一些，以便将雨水尽快排走。此外，还与当地的气候条件（如降雨量的大小等）、结构技术条件、构造方法以及建筑物形式等要求有关。

屋顶的坡度一般用百分比来表示，如 $i=1\%$、$i=2\%$、$i=3\%$ 等等，即屋顶的高度与其坡面的水平投影长度之比，见图 4-6-1 所示，$i=h/(l/2)$。

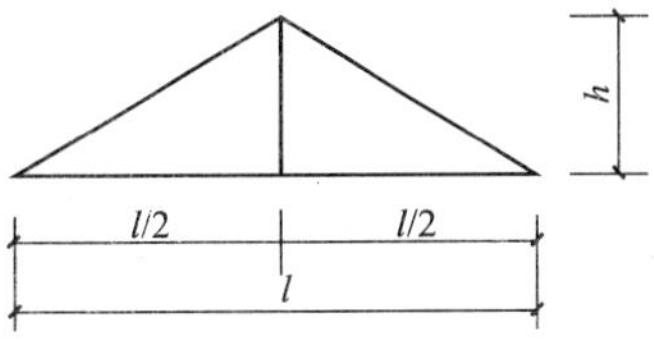

图 4-6-1 屋顶的坡度

（二）屋顶的类型

屋顶按其所用的材料不同、结构的不同，有各种类型，见图 4-6-2 所示，大致可分为坡屋顶、平屋顶和曲面形屋顶三类。

1. 坡屋顶

坡屋顶：屋面坡度在 $i=10\%$ 以上的屋顶。在传统的砖木结构中常见，其屋面材料多以小型瓦块为防水材料，其形式有单坡、双坡、四坡等。在现代建筑中也有做成坡屋顶的，因为坡屋顶变化形式较多，使建筑物的造型多样化，漂亮美观。由于坡屋顶的坡度大，排水速度快，故坡屋顶是以排为主，以防为辅。但坡屋顶的构造较为复杂。

2. 平屋顶

平屋顶为了能比较顺畅地排水，也应有一定的坡度，只不过是坡度较小而已，一般在 $i=10\%$ 以内。平屋顶

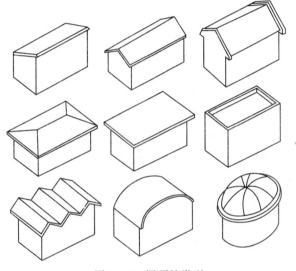

图 4-6-2 屋顶的类型

的承重结构和楼板相似，多为钢筋混凝土结构，其构造简单。平屋顶应选用防水性能好的防水材料，保证其施工质量，否则容易渗漏，这是因为平屋顶是以防水为主，排水为辅。

3. 曲面形屋顶

建筑物中除了采用上述两种屋顶形式外，还有其他一些曲面形屋顶，如拱形屋顶、薄壳屋顶、网架屋顶、悬索屋顶等等。这种屋顶形式多用于钢结构或大跨度的建筑物中。这种类型的屋顶结构受力合理，且能充分发挥所用材料的力学性能，又能节省材料。但多因造型较为复杂而对施工质量要求很高。

在本章中主要介绍平屋顶、坡屋顶的构造。

第二节 坡 屋 顶

一、坡屋顶的组成

坡屋顶一般由屋面、支承结构、顶棚等主要部分组成。

坡屋顶的屋面是由一些相同坡度的斜面相互交接而成的，见图 4-6-3 所示。

由于斜面交接的不同而形成脊和沟，当两斜面相交形成的角是凹角时的交线称作为

沟——天沟、斜沟，特别是水平天沟，如果构造上处理不慎易积水渗漏，一般应尽量避免出现。当两斜面相交成的角是凸角时称作为脊——正脊、斜脊。

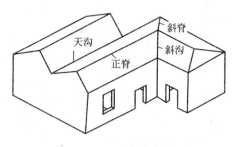

图 4-6-3　坡屋顶的形成

坡屋顶的基层主要承受屋面荷载，一般包括檩条、椽子、屋面等。

坡屋顶的形式应尽可能的简单，因为复杂的外形将会使屋面产生许多斜沟，这些斜沟往往容易漏水，且斜沟部分冬季易于积雪，使屋顶的附加荷载增大，支承构件的截面尺寸就得加大，从而用料增多，不经济。

坡屋顶的屋面材料多用黏土瓦、水泥瓦或石棉瓦，其构造简单，生产量大，比较经济耐久。但重量大，瓦块尺寸小，不利于机械化施工的应用。

二、坡屋顶的承重结构

坡屋顶的承重结构分山墙（横墙）承重和屋架承重两种形式，前者适用于房屋开间较小的低层住宅、旅馆等建筑中，后者适用于房间开间面积较大的建筑中，如食堂等建筑。

（一）山墙承重

山墙系指房屋的横墙。山墙作为屋顶的承重结构，其结构布置为：将山墙上部砌成尖顶形状而形成坡面，把檩条直接搁置在山墙的坡面上，在檩条上架立椽子，然后再在椽子上铺屋面板，见图 4-6-4(a)所示。在现代建筑中，也可在山墙上直接搁置挂瓦板，挂瓦板多为钢筋混凝土制作，见图 4-6-4(b)所示。

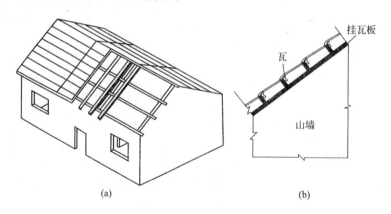

图 4-6-4　山墙承重

（二）屋架承重

1. 屋架的组成

屋架是由一组杆件（杆件是指其纵向尺寸远比横向尺寸要大得多，如梁、柱）在同一平面内互相组合成整体的构件，整体地承担荷载，这组杆件为上弦杆、下弦杆和内腹杆，而内腹杆又有斜杆和竖杆之分，见图 4-6-5 所示。

2. 屋架的类型

屋架的类型有很多。按材料分有木、钢木混合、钢及钢筋混凝土屋架，在现代建筑中多采用钢筋混凝土屋架或钢屋架。按屋架的形式分有三角形屋架、梯形屋架、多边形屋架

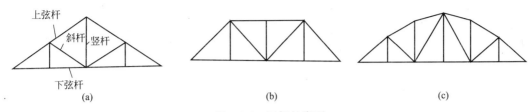

图 4-6-5 屋架的类型

(a)三角形屋架；(b)梯形屋架；(c)多边形屋架

等，见图 4-6-5 所示。

钢木混合屋架的上弦杆常用木制，下弦杆多为钢材，内腹杆按其内部受力(拉力、压力)情况来选材。

由于屋架是承重构件，所以屋架在承重过程中，除了具有足够的强度，还应有足够的稳定性，以便将荷载均匀地传给支承构件。这就要求在架设屋架时应：①在各榀屋架之间设置支撑以加强屋架间的联系；②在屋架的支撑处设置垫块，并用螺栓将屋架固定。

三、屋面支撑构件

前述，承重结构形式有山墙承重和屋架承重，无论哪种都是在山墙或屋架上放置檩条、椽子、屋面板或挂瓦板。所以屋面支撑构件包括檩条、椽子、屋面板或钢筋混凝土挂瓦板。

（一）檩条

檩条一般沿房屋建筑的纵向搁置在山墙或屋架的节点上。可用木、钢筋混凝土或钢制作，如果承重结构是屋架，则应与屋架用料相同。檩条之间的间距必须相等，且其顶面应在同一个平面上，从而便于铺钉屋面板。檩条间距的大小与屋面板的薄厚或椽子的截面尺寸有关。当采用檩条——屋面板形式时，称为无椽方案，檩条的间距约为 700～900mm；当采用檩条——椽子——屋面板形式时，称为有椽方案，檩条间距为 1～1.5m。

（二）椽子

当檩条的间距比较大时，应采用有椽方案，即在垂直于檩条的方向架立椽子，然后铺钉屋面板。椽子的截面多为方形，一般应连续搭在三根檩条上，其间距应相等。

（三）屋面板

当采用无椽方案时，直接在檩条上铺设屋面板；当采用有椽方案时，屋面板铺设在椽子上。屋面板的长度(跨度)应连续搭在三根檩条或椽子上，见图 4-6-4(a)所示。

（四）钢筋混凝土挂瓦板

钢筋混凝土挂瓦板就是把屋面支撑构件檩条、屋面板等组合成一个整体的预制构件，直接铺放在山墙或屋架上，见图 4-6-4(b)所示。

四、屋面防水

坡屋顶常用的屋面防水材料有平瓦、小青瓦、石棉水泥波形瓦等，见图 4-6-6 所示。

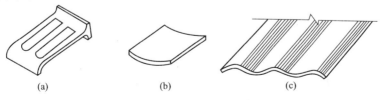

图 4-6-6 屋面防水材料类型

(a)平瓦；(b)小青瓦；(c)波形瓦

（一）平瓦屋面

平瓦是用黏土烧成，其形状见图 4-6-6(a)所示。将平瓦挂在挂瓦条上，其构造层次为：檩条——椽子——挂瓦条——平瓦，构造简单，见图 4-6-7 所示。

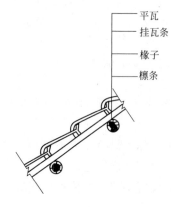

图 4-6-7　平瓦屋面的构造

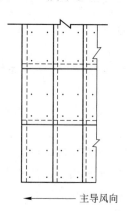

图 4-6-8　波形瓦的铺设

（二）小青瓦屋面

小青瓦也是用黏土烧制而成，其形状见图 4-6-6(b)所示。在我国传统的民居建筑中常用小青瓦作为屋面材料。其铺设方法一般是在屋面板上铺摊灰泥，然后将小青瓦铺在其上。

（三）石棉水泥波形瓦屋面

石棉水泥波形瓦是用石棉纤维与水泥混合压制而成，其形状见图 4-6-6(c)所示。波形瓦的平面尺寸比平瓦、小青瓦大，可用螺栓固定在檩条上或屋面板上。铺设搭接时应顺着主导风向，见图 4-6-8 所示，以免风将瓦吹起。

五、坡屋顶的顶棚

由于坡屋顶的底部是倾斜的，而且露出屋架、檩条等，故一般需做顶棚，也可称作为吊顶。顶棚的结构一般是将龙骨架固定在屋架或檩条上，然后在龙骨架上铺钉板，再进行抹灰。在现代坡屋顶的建筑中，屋顶底面尽管是倾斜的，但已经是光平的斜面，一般不需要再做吊顶。

六、坡屋顶的保温隔热

坡屋顶的保温隔热层一般可以做在下列部位：

（1）将保温隔热层设置在檩条之间。

这种设置需在檩条的下侧铺钉一层板，然后在檩条之间填充保温隔热材料。

（2）将保温隔热层设置在屋架下弦之间。

这种设置也需做吊顶，然后将保温隔热材料填充在屋架下弦之间或龙骨之间。

（3）将保温隔热层设置在防水瓦与屋面板之间。

第三节　平　屋　顶

一、平屋顶的特点

屋顶坡度小于 10% 的称为平屋顶，常用的坡度为 $i=1\%\sim5\%$。现代建筑物的平屋顶的支承结构大多采用钢筋混凝土屋面板，类同钢筋混凝土楼板。平屋顶的构造较简单，能适合各种平面形状的建筑物，因此，当建筑物平面较为复杂时多采用平屋顶。平屋顶在使用上可分为不上人屋面与上人屋面。不上人屋面结构层主要考虑雪荷载、检修荷载、屋顶自重等。上人屋面除考虑上述荷载以外，还需考虑人在屋顶上活动时产生的活荷载。平屋顶还方便利用，如可作为一些活动场所，做成屋顶花园美化城市等。这就要求可上人屋面应具有耐磨损的性能。

由于平屋顶的坡度小，造成排水缓慢，从而屋面积水的机会多，容易产生渗漏现象。所以在设计平屋顶时，应特别注意排水与防水问题，即排水与防水相结合，以防为主，以排为辅。

二、平屋顶的组成与构造

由屋顶的作用可知，平屋顶是由结构层、保温(隔热)层和防水层三个主要部分组成。当然，建筑物的使用标准不同，所处地区的不同等等，在这三个主要部分组成的基础上还可以有其他的一些构造组成部分，如保护层、找平层、隔汽层等。在介绍主要组成部分的同时需要哪些构造层再加以介绍。

（一）结构层

结构层是承重构件，必须具有足够的强度和刚度。屋顶结构层的布置和选用与楼板结构层相同，凡用于楼层的钢筋混凝土板均可用于屋顶，也有板式和梁板式之分。

（二）保温(隔热)层

由于屋顶是外围护构件，为了保证室内有一个舒适的生活环境，并从节能角度去考虑，一般在冬季寒冷地区的建筑物屋顶设置保温层，在夏季炎热地区的建筑物屋顶设置隔热层。对保温隔热层所用的材料，要求其表观密度小，孔隙率大，有较好的热阻效果，并有一定的强度。

保温隔热层一般设置在结构层的上面，其厚度按所选材料的性能和对室外温差的计算决定。一般选用无机颗粒状散料或块状制品，如焦碴、水泥焦碴、泡沫混凝土等。

当屋面下为有水蒸气的房间，如厨房、浴室等，冬季室内温度高，室外温度低，这时室内空气中的水蒸气将向屋顶内部渗透，见图 4-6-9(a)所示，而面层又有防水层的阻碍，水蒸气扩散不出去聚集在屋顶内部，特别是聚集在吸水能力较强的保温隔热材料中，这样一来使得保温隔热材料受潮而降低其作用效果，甚至出现保温隔热层冻结现象，从而在防水层的下面产生大量的凝结水。到了夏季屋顶外表面的温度升高，聚集的凝结水变成了水蒸气，产生很大的蒸气压力，可使防水层(油毡)起鼓，见图 4-6-9(b)所示，甚至拱破，使屋面遭到破坏，见图 4-6-9(c)所示。

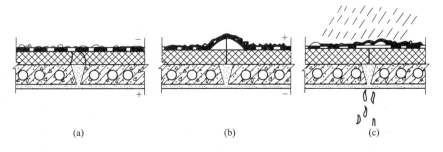

| (a) | (b) | (c) |

图 4-6-9　柔性防水屋面起鼓的形成

因此，为防止上述现象出现，目前一般的处理方法是在保温层下设置一道隔汽层，以阻止水蒸气进入保温层，保护防水层。隔气层的做法按建筑物的标准要求去做，标准较高的做法是一毡二油，较低标准的做法是涂热沥青二道。

（三）防水层

平屋顶的防水层根据其材料的不同有柔性防水层和刚性防水层。

1. 柔性防水层

柔性防水层就是以柔性材料铺设粘结的屋面防水层，目前使用的柔性防水材料多为沥青油毡防水卷材、高聚物改性沥青防水卷材、合成高分子防水卷材等。以沥青油毡防水卷材为例，即用沥青将油毡叠层粘结成防水覆盖层，其层次顺序是沥青——油毡——沥青——油毡——沥青……住房和城乡建设部关于治理屋面渗漏的若干规定中规定：屋面防水材料选用石油沥青油毡的，其设计应不少于三毡四油，俗称七层做法。

现以七层做法为例：防水层应做在干燥、平整的基层上，所以在结构层上（如有保温隔热层的应在其上）做1∶3水泥砂浆找平层，厚20～30mm。待找平层干透后刷冷底子油（即稀释的沥青，又称结合层，其作用是使防水层与找平层粘结牢固）一道，然后边浇热沥青边铺油毡，涂刷沥青的厚度宜在1～2mm之间，过厚将会引起龟裂。油毡铺设时一般有两种情况，一种是平行于屋檐方向铺设，另一种是垂直于屋檐方向铺设，①屋面坡度小于3%时，卷材宜平行屋脊铺贴；②屋面坡度在3%～5%时，卷材可平行或垂直屋脊铺贴；③屋面坡度大于15%或屋面受振动时，沥青防水卷材应垂直屋脊铺贴，高聚物改性沥青防水卷材和合成高分子防水卷材可平行或垂直屋脊铺贴；④上下层卷材不得相互垂直铺贴。平行于屋脊的搭接缝，应顺流水方向搭接；垂直于屋脊的搭接缝，应顺年最大频率风向搭接。卷材铺设时应从坡底处开始，之间应有搭接宽度，并在分水线处用整幅油毡压住坡面油毡。整个屋面铺好后再做第二、第三层，方法同前一层。但应注意：上一层搭接处应与下一层搭接处错开。最后浇一层稍厚的沥青，约2～4mm，随即铺撒一层洗净、干燥的绿豆砂（砂子）作为保护层。因为油毡防水层表面呈黑色，易吸热，夏季在太阳辐射下表面温度相当高，沥青易流淌，油毡老化，从而使防水层破坏，产生渗漏。故设置保护层保护防水层，以延缓沥青、油毡的老化，且防止沥青流淌。

如果是上人屋面，宜做混凝土保护层或块材保护层。

另外，为改善室内环境应做顶棚层。

综上所述，柔性防水屋面构造层次见图4-6-10所示。

以上是平屋顶的一般构造层次。除此之外，根据使用要求还可以在此基础上有其他一些层次，如多道找平层、找坡层、通风层等。

2. 刚性防水屋面

刚性防水屋面：以密实细石混凝土、防水水泥砂浆等刚性材料作为防水层的屋面。

刚性防水屋面避免了柔性防水屋面受强阳光暴晒沥青软化而流淌的现象，其耐久性比较好，构造简单，施工方便。但是刚性材料的抗拉性能较差，容易出现裂缝而形成渗漏。为防止刚性防水屋面开裂，一是在防水层与结构层

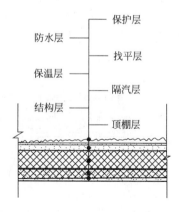

图4-6-10　平屋顶的构造层次

之间设置隔离层，其目的是减少由于结构层的变形而对防水层产生不利的影响。隔离层的做法一般可采用低强度的砂浆做找平层，再刷沥青或干铺油毡一层。一是应将刚性防水层做分格缝，又称作为分仓缝，是用以适应屋面变形、防止不规则裂缝的人工缝隙。分格缝应设置在屋顶结构变形敏感的部位，如现浇板和预制板相接处、预制板搁置方向改变处、预制板的支承端等，见图 4-6-11 所示。分格缝的间距不宜大于 6m，一般以 3～5m 为宜，缝宽宜为 5～30mm，缝内应嵌填密封材料，上部应设置保护层，如图 4-6-12 所示。

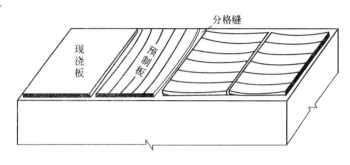

图 4-6-11 刚性屋面分隔缝的设置

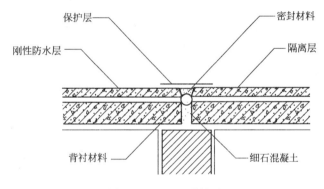

图 4-6-12 屋面分格缝

背衬材料：用于控制密封材料的嵌填深度，防止密封材料和接缝底部粘结而设置的可变形材料。

刚性防水屋面多适用于我国日温差较小的南方地区，不适用于受较大振动或冲击的建筑屋面。

三、平屋顶的排水

（一）排水坡度的形成

平屋顶的坡度一般可通过构造垫置或结构搁置两种方法来形成。

1. 构造垫置

构造垫置也称构造找坡或材料找坡，是在水平搁置的屋面板上用轻质廉价的材料（如水泥焦碴）垫置成所需要的坡度（即找坡层），然后再在上面做保温隔热层，也可直接用保温隔热材料找坡，即保温隔热层带有一定的斜坡，见图 4-6-13(a) 所示。

2. 结构搁置

结构搁置也称结构找坡，它是将屋面板按所需的坡度倾斜搁置，此时屋面板的支承构件的上表面是带有一定的斜坡，见图 4-6-13(b)所示。这种方法的室内顶板是倾斜的，多用于生产性建筑物或加设吊顶。

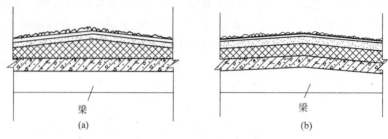

图 4-6-13 平屋顶找坡

（二）排水方式

平屋顶的排水分为无组织排水和有组织排水。

1. 无组织排水

无组织排水又称自由落水。建筑屋盖挑出墙面的部分，称作为挑檐。屋面雨水经挑檐自由落下。挑檐的作用是防止屋面落水冲刷墙面，渗入墙内。因此，挑檐应有足够的宽度，檐头下面做滴水。无组织排水构造简单，造价低廉，不易漏雨和堵塞。适用于低层建筑物。

2. 有组织排水

有组织排水即是通过一定的措施将雨水排离建筑物，分为外排水和内排水。

在一般情况下应尽量采用外排水，因为外排水的构造简单，造价较低，维修方便。而内排水构造复杂，造价较高，维修不便，只宜在特殊情况下采用，如多跨结构找坡的屋顶（中跨）；严寒地区外排水管冻结堵塞；高层和超高层建筑等。

有组织排水应使排水线路简捷畅通，避免堵塞。适用于建筑物较高或年降雨量较大的地区。

四、泛水的构造要求

当平屋顶上设有突出物件时，如女儿墙（女儿墙：建筑外墙高出屋面的部分），屋面防水层与女儿墙交接的地方容易形成渗漏，从而损坏墙体，影响建筑物的使用。一般应在防水屋面与垂直墙面交接处做防水处理——泛水，即以防止水平屋面与女儿墙等垂直墙面接缝处的渗漏，由水平面沿垂直面向上翻起的防水构造。泛水有柔性、刚性两种做法，见图 4-6-14 所示，图 4-6-14(a)为柔性泛水的做法，图 4-6-14(b)为刚性泛水的做法。

（一）柔性泛水构造要求

1. 在做泛水处用砂浆抹成圆弧状，使油毡粘结牢固，从而避免了把油毡折成直角或者架空出现裂缝；

2. 油毡应沿女儿墙等竖直构件表面粘贴高度不小于 150mm；

3. 盖住油毡向上的缝，防止其"张嘴"。

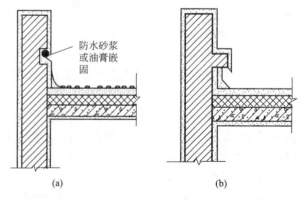

图 4-6-14 屋面泛水类型

（二）刚性泛水构造要求

刚性防水层与山墙、女儿墙交接处，应留宽度为 30mm 的缝隙，并应用密封材料嵌填；泛水处应铺设卷材或涂膜附加层。

本 章 小 结

屋顶位于建筑物最上部位。屋顶的组成一般由屋面与支承结构(承重层或结构层)两个基本部分组成。

屋顶的类型：按其所用的材料不同、结构的不同有坡屋顶、平屋顶和曲面形屋顶。屋面排防结合，坡屋顶以排为主、以防为辅；平屋顶以防为主、以排为辅。

坡屋顶的坡度一般在 $i=10\%$ 以上。其形式有单坡、双坡、四坡等，形成脊和沟，凹角时的交线称为沟——天沟、斜沟；凸角时称为脊——正脊、斜脊。坡屋顶一般由屋面、支承结构、顶棚等主要部分组成。坡屋顶的承重结构形式有山墙(横墙)承重和屋架承重。

平屋顶的坡度一般在 $i=10\%$ 以内，其坡度一般可通过构造垫置或结构搁置。平屋顶的构造组成由结构层、保温(隔热)层和防水层三个主要部分组成，根据其使用标准的不同、所处地区的不同等等，在这三个主要部分组成的基础上还可以有其他的一些构造组成部分，如保护层、找平层、隔汽层、顶棚层等。平屋顶在使用上可分为不上人屋面与上人屋面。平屋顶根据其防水材料的不同有柔性防水屋面和**刚性防水屋面**(设置隔离层、分仓缝)。平屋顶的排水分为无组织排水和有组织排水(外排水、内排水)。

一般应在防水屋面与垂直墙面交接处做防水处理——泛水，有柔性、刚性两种做法。

复 习 思 考 题

4-6-1 对屋顶的具体要求从哪几个方面考虑？

4-6-2 屋顶的外形有哪几种类型？

4-6-3 坡屋顶的特点是什么？你能说出几种常见的坡屋顶的形式吗？

4-6-4 坡屋顶的承重形式有几种？简述其结构布置形式。

4-6-5 如何加强屋架的稳定性？

4-6-6 平屋顶的特点是什么？平屋顶带有坡度吗？一般为多少？

4-6-7 平屋顶根据防水材料的不同有哪两种类型？

4-6-8 什么是柔性防水屋面？常说的五层做法指的是什么？

4-6-9 什么是刚性防水屋面？如何预防刚性材料出裂而形成渗漏？

4-6-10 什么是分仓缝？一般设置在屋顶的什么部位？

4-6-11 平屋顶的排水坡度如何形成？排水方式有哪几种？使用范围各是什么？

4-6-12 柔性平屋顶的构造有哪几个层次？简述各层次的作用。

4-6-13 什么是泛水？

第七章 门 窗 构 造

第一节 概 述

前述，门窗是建筑物的一个重要组成部分之一，属于房屋围护结构中的两个重要构件。它们在不同情况下应有分隔、保温、隔热、防火、防水、防风尘以及防盗等要求。门主要供人或物出入，兼作通风采光，在遇到紧急情况疏散时应畅通。窗主要是采光、通风、眺望等。另外，门窗在建筑物立面造型及处理和室内装修中也起着重要作用。对门窗的基本使用要求从以下几个方面考虑：

1. 交通（疏散）安全方面

门是交通疏散的必经要道，其数量、大小、位置以及开启形式、方向均必须达到人流通畅，符合防火规范的要求，以便保证正常交通的需要与紧急疏散的安全。

2. 采光通风方面

房屋建筑是为人而服务的，它应该为人们工作、学习、生活等提供一个舒适的环境，如室内的亮度、空气清新度等，还是以自然状态下人们的感觉比较舒服，所以建筑物应该具备天然采光和自然通风的条件，一般通过门窗的设置来满足。室内采光、通风效果的好坏与选择窗户（门）的形式、面积、位置有关，形式不同室内采光面积比（采光面积比——房间窗洞口面积与该房间地面面积之比）也就不同，长方形或正方形的采光效果比其他形状的要好，且构造简单，在建筑物的窗户形式中采用较为普遍。图 4-7-1 所示为房间内门窗位置而形成的通风情况。采光效果好，室内照度适宜，通风效果佳，室内空气流通。

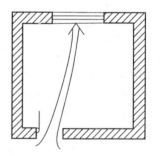

图 4-7-1 门窗的通风

当窗洞口的大小相同，即面积相等，由于放置位置不同，如长方形横放，还是竖放，采光面积虽然相同，但室内采光的均匀性由于房间的开间和进深的不同其效果也不同。当窗户面对进深方向时应选用竖放；当窗户面对开间方向时应选用横放效果好。

3. 围护作用方面

门窗在关闭的情况下，应尽可能的封闭，从而达到防风尘、防雨水。窗户又是热量散失、噪声传入的主要途径，故应有一定的隔热、隔声的性能。

4. 建筑造型方面

门窗属围护结构，其比例尺寸、排列方式及形状对建筑立面效果有着重要意义。如大片玻璃门窗给人以明快感觉，而狭小的门窗洞口会使人感到封闭厚实。门窗有序的排列组合，可以避免呆板和零乱。

5. 制作安装方面

门窗是建筑物中大批量的构件，为适应现代建筑业的发展，门窗生产要符合标准化、规格化、商品化的要求。门窗的构造力求简单，便于施工和维修，开启灵活，使用方便。

第二节 窗

一、窗的分类

窗户的类型有多种。

（一）按其使用材料的不同可有如下几种：

1. 木窗

木制窗在我国建筑史上具有悠久历史，其构造简单，保温性能好，制作技术要求不高。但木材易腐，特别是外墙上的窗。再有我国木材较为紧缺，在 20 世纪 80～90 年代，建筑采用木窗的渐少，取而代之的是钢窗、铝合金窗，以及近年来出现的塑钢窗。

2. 钢窗

最初取代木窗的是钢窗。由于钢材的强度高，窗户构件的横截面尺寸要比木窗的小，故室内采光率比木窗高。再有钢窗的耐久性、防火性等均高于木窗，曾被广泛用于建筑物中。但钢窗容易生锈，重量较大，保温隔声性能差，由于其横截面小，长期使用后易变形而导致关闭不严，造成透风漏雨。这种窗户近年来已很少使用。

3. 铝合金窗

铝合金窗相对于钢窗而言重量减轻，横截面尺寸增大，不锈蚀，造型美观，密封性能好。但保温隔热性能较差，造价略高。

4. 塑钢窗

近几年来，人类对保护资源、节能、环保等认识的提高，传统的木窗、钢窗的发展受到一定的制约，随之而产生了新型材料生产的窗——塑钢窗。塑钢窗的使用率逐渐提高。它是以塑裹钢，即以塑料为结构主材，挤压成型后在塑料型材中插入扁钢或其他型钢，使窗框的刚度提高。塑钢窗的密封性、保温隔声性、耐久性、装饰性等均好于木窗、钢窗及铝合金窗，但其造价较高。

（二）按窗户开启方式的不同有多种类型，见表 2-2-2 所示窗的形式。

1. 固定窗

这种窗不需要窗扇，将玻璃直接镶在窗框上，不能开启，只供采光而不能通风，通常用于外门的亮子、商店橱窗等。一般窗中也可有部分固定的。

2. 平开窗

窗扇用合页与窗框联系，可向内或向外开，窗扇在平面 90°范围内开启。

外开窗——关闭时可以避免雨水沿窗缝流入室内，开启时不占室内的面积；但窗扇经常受到风吹、雨淋、日晒，易损坏。尤其是对多层以上的楼房来说，在擦洗和维修时不方便。

内开窗——该种窗正好与外开窗相反。

目前多采用的是外开窗，但高层建筑不宜使用。

3. 推拉窗

开关方向是向左右或上下推拉。左右推拉窗的窗扇常双扇设置，前后交叠，不在一条直线上，目前使用较为普遍。上下推拉窗需要固定平衡措施。推拉窗开启时不占空间位置，玻璃也不易破碎，通风可随意调节。

4. 悬窗

这种窗是以旋转方式开关的，可有上悬窗、中悬窗、下悬窗、立转窗。这种形式的窗多用于生产建筑房屋中，如侧窗、气窗等；民用建筑中常用于高窗、亮子窗上。

二、窗的一般尺寸

窗的大小一般是根据采光通风的要求、结构构造的需要和建筑造型等因素决定的，同时应符合建筑模数的要求。目前各地区均生产标准窗，基本尺度一般多以 300mm 为扩大模数，高为 900mm、1200mm、1500mm、1800mm 和 2100mm，宽为 600mm、900mm、1200mm、1500mm、1800mm、2100mm 和 2400mm。

三、窗的构造组成

窗由窗框（窗樘）、窗扇、五金零件组成。

（一）窗框

窗框由上槛、中槛、下槛、边框榫接成框，见图 4-7-2 所示。

（二）窗扇

窗扇由上冒头、下冒头、边挺组成的框，并用窗芯分格，在分格时应注意水平窗芯不要阻挡水平视线。窗扇有玻璃窗扇、纱窗扇、百叶窗扇等。

（三）五金零件

五金零件有风钩、合页、插销等。

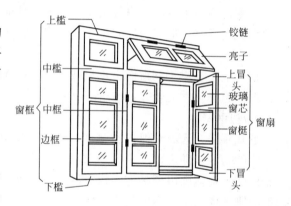

图 4-7-2　窗的构造组成

四、遮阳

人们在日常工作、学习、生活当中需要一些阳光。但是在酷热的夏季，灼热的阳光照入室内，如西晒的房间，会使室内温度升高，产生耀眼的眩光，容易使人产生烦躁情绪，从而影响正常的工作、学习等活动，这个时候则需将阳光遮挡住。在西晒房间的窗户上设置遮阳设施，可防止阳光直射室内，避免太阳辐射热影响室内温度，但对房间的采光和通风多少有影响。

遮阳一般有水平式和垂直式或二者组合，见图 4-7-3 所示。水平遮阳能够遮挡住高度角较大的且从窗口上方照射下来的阳光，适用于南向的窗口。垂直遮阳能遮挡住高度角较小的且从窗口侧边照射过来的阳光，使用于东西向的窗口。

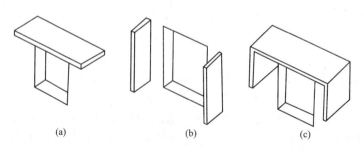

(a)　　　　　　(b)　　　　　　(c)

图 4-7-3　遮阳构件形式

第三节 门

制作窗的材料同样适用于门，有木门、钢门、铝合金门、塑钢门等。

一、门的数量及开启方式

（一）房间门的数量

房间门数量多少，可根据房间的使用情况、面积的大小、人数的多少而定。一般的居住房间面积小、人数少，可设一个门。对于公共建筑房间来说，当房间的面积不超过60m²，且人数不超过50人时，可设一个门，否则不应少于2个。

（二）门的开启方式

门的开启方式主要由使用要求来决定，通常有平开门、弹簧门、推拉门、转门等，见表2-2-2所示。

1. 平开门

这种门类似与平开窗，有向内、向外开之分。作为安全疏散门应向外开启。有单、双扇门，使用较为普遍。

2. 弹簧门

弹簧门的开关方式同平开门，只是门扇可在平面180°范围内开启，并装有弹簧铰链能自动关闭，常用于公共建筑。

3. 推拉门

门的开启方式是向左、右推拉。门也可以隐藏于夹墙内或悬于墙外。

4. 转门

转门美观、华丽，但构造要求较为复杂，一般用于大型的公共建筑。

二、门的一般尺寸

门的尺寸决定于使用要求(如人流多少、搬运家具等)、安全与建筑物的立面造型。

（一）居住建筑中门的尺寸

宽：单扇900～1000mm，双扇1200～1400mm。

高：2000～2200mm，有亮子的增加400～500mm。

厕所门：650mm×2000mm。

（二）公共建筑中门的尺寸

宽：单扇 950 ～ 1000mm，双扇1400～1800mm。

高：2100～2300mm，带亮子的增加500～700mm。

三、门的构造组成

门由门框(门樘子)、门扇和五金零件组成，见图4-7-4所示。

（一）门框

门框一般由上槛和两根边梃(框)榫

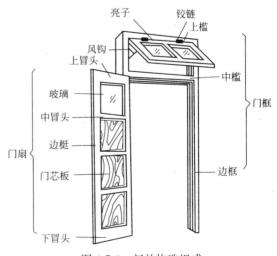

图4-7-4 门的构造组成

接而成，有亮子的还应有中槛，多扇门的还应设有中立梃。至于下槛可设可不设，内门一般不设下槛，而外门应设下槛，可防止灰土和昆虫侵入室内。

（二）门扇

门扇主要由上、下冒头和两根边梃组成框子，有时中间还有一条或几条横向中冒头，见图 4-7-4 所示。

门扇的类型有镶板门、玻璃门、纱门、百叶门等。

本 章 小 结

门窗是建筑的一个重要组成部分之一，属于房屋围护结构中的两个重要构件。

窗的分类：按其使用材料的不同有木窗、钢窗、铝合金窗、塑钢窗；按窗户开启方式的不同有固定窗、平开窗(外开窗、内开窗)、推拉窗、悬窗。

窗的构造组成：由窗框(窗樘)、窗扇、五金零件组成。

门的分类：按其使用材料的不同有木门、钢门、铝合金门、塑钢门；按开启方式有平开门、弹簧门、推拉门、转门等。

门的构造组成：由门框(门樘子)，门扇和五金零件组成。

遮阳一般有水平式和垂直式或二者组合。

复 习 思 考 题

4-7-1　对门窗的使用要求从哪几个方面考虑?

4-7-2　什么是采光面积比?

4-7-3　窗户按其材料分有哪几种类型? 试简述其特点。

4-7-4　窗户按其开启方式分有哪几种类型?

4-7-5　门按其开启方式分有哪几种类型?

4-7-6　什么情况下设置遮阳设施? 作用是什么?

第八章　建筑结构构件之间的相互关系

第一节　结构的概念及其组成

结构：建筑物中用以支承荷载而起骨架作用的部分。结构一般由多个构件组成，称之为承重构件。如墙承重结构中：楼板、屋面板、墙、基础等为承重构件；框架结构中：楼板、屋面板、梁、柱、基础等是承重构件。为了便于后面学习上的理解，在此对梁、板、柱、墙这些组成结构的基本构件的受力特点进行分析。

（一）梁

梁：将楼面或屋面荷载传递到柱、墙上的横向构件，即水平构件，通常横放在柱或墙上，上面承受荷载，荷载的作用方向与梁的纵轴线相互垂直，见图 4-8-1(a)所示。梁受力后要发生变曲变形，见图 4-8-1(b)所示，所以，梁是一种"受弯构件"。

（二）柱

柱在建筑物中是竖直方向构件。荷载的作用方向与纵轴线相平行(或重合)，自上向下作用于柱的顶端，见图 4-8-2(a)所示。受荷后柱子发生压缩变形，见图 4-8-2(b)所示，故柱是一种"受压构件"。

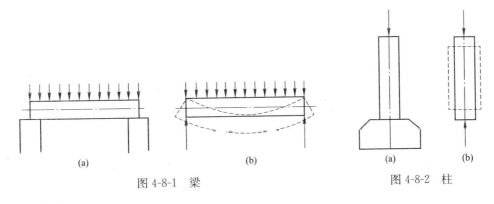

图 4-8-1　梁　　　　　　　　　　　图 4-8-2　柱

（三）板

板的受力特点与梁基本相同，区别在于板的截面宽而薄，梁的截面窄而高。所以，板也是一种"受弯构件"。

（四）墙

墙在荷载的作用下，其受力特点与柱基本相同，它们的区别如同板与梁的区别，前者的截面宽而薄，后者截面大多呈方形或矩形。墙亦是"受压构件"。

承重构件应具有足够的强度。对于"受弯构件"的梁、板还应具有足够的刚度，刚度是指构件抵抗弯曲变形的能力。"受压构件"的柱、墙应具有足够的稳定性，才能使由承重构件组成的结构体系的强度、稳定性好。当然构件与构件之间的连接必须满足要求，从而保证建筑物在使用过程中的安全度足够高。

第二节　组成结构的构件之间的约束关系

前述，结构是由多个构件相互连接而成，梁与柱或墙、楼板与梁或墙、墙柱与基础等，所以各个构件不是孤立的，而它们之间是相互联系制约的，单个构件是不能承受任何荷载作用的，必须形成一个整体受力结构。

一、荷载的概念

建筑物在荷载的作用下应该具有足够的安全度。荷载就是建筑物在使用和施工过程中所受到的各种力，如结构自身重量（简称自重）、家具设备的重量、人体的重量等等。此外，还有其他的因素造成结构产生内力和变形，比如温度变化、地基不均匀沉陷、地震作用、刮风下雪等等，从广义上说都可以看作为是作用在建筑物上的荷载。

二、荷载的分类

建筑物在使用过程中所受到的荷载形式有多种。

（一）根据荷载分布的情况

1. 集中荷载

集中荷载就是以一点的形式作用在结构上。但空间没有独立点存在，只是相对而言，也就是说作用在结构上的荷载，一般总是分布在一定面积上的。若荷载分布面积远远小于结构构件某一表面的几何尺寸时，则可以认为此荷载作用在结构的一点上，这种荷载就称作为集中荷载，如一个人站在空旷的地面上，则认为是以一点的形式作用，见图4-8-3（a）所示。又如图4-8-3（b）所示，砖对于板来说可以近似地看成是一个集中荷载作用。集中荷载的单位是：牛顿（N）、千牛顿（kN）。

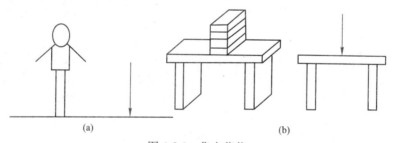

（a） （b）

图4-8-3　集中荷载

2. 分布荷载

分布荷载是指布满在结构构件某一表面上的荷载，见图4-8-4所示。当分布在各点上的力大小相等时，称作为均布荷载，图4-8-4（a）、（b）、（c）中有底部压力；当分布在各点上的力大小不等时，称作为非均布荷载，图4-8-4（c）中有侧壁压力。

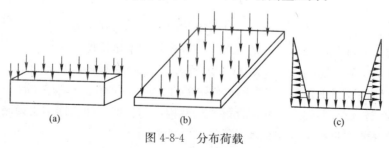

（a） （b） （c）

图4-8-4　分布荷载

均布荷载的单位：板上作用的均布荷载以每平方米计，如牛顿每平方米（N/m²）；千牛顿每平方米（kN/m²），称作为面荷载。梁上作用的均布荷载以每米长来计，如牛顿每米（N/m），千牛顿每米（kN/m），称作为线荷载。

（二）根据荷载作用时间长短

1. 永久荷载（恒荷载）

在建筑物（结构）使用期间，作用其上的荷载值不随时间变化，或变化与平均值相比可以忽略不计，或其变化是单调的并能趋于限值的荷载。如结构自重、土压力等，其大小是根据材料的单位自重、构件的几何尺寸、构造、支承情况等来计算的。现列举一些常用材料自重，见表 4-8-1 所示。

常用材料自重表　　　　　　　　　　　　　　　表 4-8-1

名　称	自重（kN/m³）	备注
木材	4～9	随含水率而不同
钢	78.5	
铝	27	
铝合金	28	
黏土	16	干，压实
黏土	18	湿，压实
砂土	16	干，压实
砂土	18	湿，压实
卵石	16～18	干
花岗岩、大理石	28	
普通砖	18	240mm×115mm×53mm（684 块/m³）
普通砖	19	机器制
灰砂砖	18	砂：白灰＝82：8
陶瓷锦砖	0.12kN/m²	厚 5mm
石灰砂浆、混合砂浆	17	
水泥砂浆	20	
熟石灰膏	13.5	
混凝土空心小砌块	11.8	390mm×190mm×190mm
素混凝土	22～24	
泡沫混凝土	4～6	
加气混凝土	5.5～7.5	根据相对密度
钢筋混凝土	24～25	
沥青混凝土	20	袋装压实
水泥	16	
石灰三合土	17.5	
石油沥青	10～11	
焦渣	10	
浆砌普通砖	18	
浆砌机砖	19	
油毡防水层（包括改性沥青防水卷材）	0.35～0.4	三粘四油上铺小石子
玻璃幕墙	1.0～1.5	

2. 可变荷载(活荷载)

在建筑物(结构)使用期间,作用其上的荷载值是随时间的变化而变化,其变化与平均值相比不可以忽略不计的荷载。如楼面活荷载,包括人群重量、家具重量等;积灰荷载、风荷载、雪荷载、地震荷载等都是活荷载。其基本数据都是通过长期的调查统计确定的,一般由规范查得,见表4-8-2、表4-8-3所示。

民用建筑楼面均布活荷载

表 4-8-2

项次	类 别	标准值(kN/m²)
1	(1) 住宅、宿舍、旅馆、办公楼、医院病房、托儿所、幼儿园 (2) 教室、实验室、阅览室、会议室、医院门诊室	2.0
2	食堂、餐厅、一般资料档案室	2.5
3	(1) 礼堂、剧场、影院、有固定座位的看台 (2) 公共洗衣房	3.0
4	(1) 商店、展览厅、车站、港口、机场大厅及其旅客等候室 (2) 无固定座位的看台	3.5
5	(1) 健身房、演出舞台 (2) 舞厅	4.0
6	(1) 书库、档案室、贮藏室 (2) 密集柜书库	5.0 12.0
7	通风机房、电梯机房	7.0
8	汽车通道及停车库 (1) 单向板楼盖(跨度不小于 2 m) 客车 消防车 (2) 双向板楼盖和无梁楼盖(柱网尺寸不小于 6 m ×6 m) 客车 消防车	 4.0 35.0 2.5 20.0
9	厨房 (1) 一般的 (2) 餐厅的	 2.0 4.0
10	浴室、厕所、盥洗室: (1) 第一项中的民用建筑 (2) 其他民用建筑	 2.0 2.5
11	走廊、门厅、楼梯: (1) 宿舍、旅馆、医院病房、托儿所、幼儿园、住宅 (2) 办公楼、教室、餐厅、医院门诊部 (3) 消防疏散楼梯,其他民用建筑	 2.0 2.5 3.5
12	阳台: (1) 一般情况 (2) 当人群有可能密集时	 2.5 3.5

屋面均布活荷载

表 4-8-3

项次	类 别	标准值(kN/m²)
1	不上人的屋面	0.5
2	上人的屋面	2.0
3	屋顶花园	3.0

3. 偶然荷载

在建筑物(结构)使用期间不一定出现，一旦出现，其值很大且持续时间很短的荷载，如爆炸力、撞击力等。

三、支座与支座反力

前述，构件相互连接构成结构。把结构构件与基础或其他支承件连接，用以固定构件位置，称之为支座。如柱子是通过基础来支承的，则基础即是柱子的支座；梁架在柱子上，则柱子是梁的支座。支座是限制构件在支座处发生相对移动或相对转动的一种约束。从力学角度来分析，构件与构件相连接，实质就是作用力与反作用力之间相互作用。构件受荷载作用后对支座就产生了一个作用力，此时支座对构件又产生了一个反作用力，只有这样构件或结构才能处于平衡状态。那么支座对构件的反作用力又称作为支座反力。如梁架于柱子上，梁给予柱子一个作用力，而柱则返回给梁一个反作用力。

四、支座形式

作用在结构或构件上的荷载是根据设计要求和实际情况预先给定的，如恒荷载通过计算得出，活荷载通过查规范得出，但是结构或构件所受的支座反力却不能预先给定。因此，它不但与作用在结构或构件上的荷载有关，而且还与构件之间的构造连接形式有关。在建筑结构中，构件之间的连接根据建筑结构类型的不同，其构造连接亦各异，则支座的形式也就不同，所产生的支座反力也不相同。支座形式一般按它对构件的约束情况可以抽象简化为下列三种情况：

1. 可动铰支座

能阻止构件在支座处的竖直方向移动，但不能阻止发生水平方向移动，也不能阻止其发生转动的支座，称作为可动铰支座。该支座可以用垂直于支承面的链杆来表示，它对构件产生一个竖向反力，见图4-8-5(a)所示。

2. 不可动铰支座

不可动铰支座能阻止构件在支座处发生水平方向和竖直方向的移动，但不能阻止构件在支座处发生转动，故有两个支座反力，一个水平方向反力，一个竖直方向反力，见图4-8-5(b)所示。

3. 固定支座

固定支座既能阻止构件在支座处发生移动，也能阻止其发生转动，所以应有三个支座反力，其表示形式见图4-8-5(c)所示。

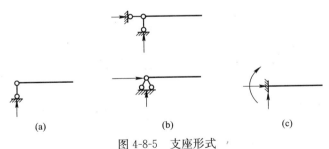

图4-8-5 支座形式
(a)可动铰支座；(b)不动铰支座；(c)固定支座

应该指出：支座的简化必须符合结构构件实际支承的约束情况。

第三节　结 构 计 算 简 图

在结构计算中，需要对实际工程结构进行力学分析。但是，由于实际结构的组成、受力、变形情况往往很复杂，影响分析的因素很多，如果要完全严格地按实际情况考虑是很困难的，甚至不可能。同时，在工程上要求计算过分精确，也是不必要的。因此，必须把实际情况抽象和简化为既能反映实际受力情况，而又便于计算的图形，这种简化的图形就是计算时用来代替实际结构的力学模型，一般称作为计算简图。计算简图就是以图示的方法表达构件、荷载、支座的关系。

由于计算简图是实际结构的简化图形，对实际结构的简化包括下列三个方面：

1. 结构的简化：杆件用其纵轴线来表示。

2. 支座的简化：按上述三种形式进行。

3. 荷载的简化：实际结构构件受到的荷载，一般是作用在构件内各处的体荷载（kN/m³）以及作用在某一面上的面荷载（kN/m²），但在计算简图中需要把它们简化为作用在构件纵轴线上的线荷载、集中荷载等。

梁、板等构件根据其支座形式可有下列类型：

1. 简支梁（或简支板）

如图 4-8-6(a)所示的两端搁置在墙上，当梁受到荷载作用而发生微小弯曲时，梁的两端可以作微小的自由转动；当温度发生变化时，梁可以自由伸缩。所以，梁的一端简化为不可动铰支座，另一端简化为可动铰支座，见图 4-8-6(b)所示，从而与实际情况相符了。这种梁称作为简支梁（板则称作为简支板）。

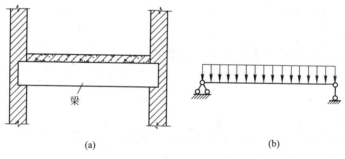

(a)　　　　　　　　　　(b)

图 4-8-6　简支梁（板）的形式

2. 悬臂板（或悬臂梁）

如图 4-8-7(a)所示的雨篷。雨篷的一端没有支承，称作为自由端；另一端嵌固在墙内，称作为固定端。固定端不但要阻止雨篷的竖直和水平移动，而且雨篷梁上部的墙体具有足够的自重，阻止了雨篷发生倾覆（转动）。所以，雨篷的固定端可以简化为固定支座，见图 4-8-7(b)所示，这种形式称作为悬臂板（梁称作为悬臂梁）。

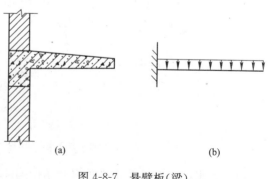

(a)　　　　　　　(b)

图 4-8-7　悬臂板（梁）

挑板式的阳台板属悬臂板；挑梁式的阳台底梁属悬臂梁。还有其他一些形式，如框架结构的计算简图见图 4-8-8 所示；屋架的计算简图见图 4-8-9 所示，其他就不一一介绍了。

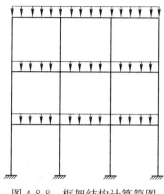

图 4-8-8　框架结构计算简图

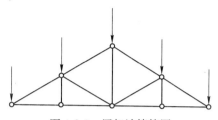

图 4-8-9　屋架计算简图

本 章 小 结

建筑物中用以支承荷载而起骨架作用的部分称作为结构。结构一般由多个构件组成，称之为承重构件。

梁、板是水平构件，受力后发生变曲变形，是一种"受弯构件"。

柱、墙是竖直方向构件，受荷后发生压缩变形，是一种"受压构件"。

荷载：建筑物在使用和施工过程中所受到的各种力。其分类：根据荷载分布的情况有集中荷载、分布荷载；根据荷载作用时间长短有永久荷载(恒荷载)、可变荷载(活荷载)、偶然荷载。

支座：把结构构件与基础或其他支承件连接，用以固定构件位置，是限制构件在支座处发生相对移动或相对转动的一种约束。

支座反力：支座对构件的反作用力。

支座形式：可动铰支座、不可动铰支座、固定支座。

结构计算简图：把实际情况抽象和简化为既能反映实际受力情况，而又便于计算的图形，以图示的方法表达构件、荷载、支座的关系。包括结构的简化、支座的简化、荷载的简化。

梁、板等构件根据其支座形式可有下列类型：简支梁(或简支板)、悬臂板(或悬臂梁)。

复 习 思 考 题

4-8-1　什么是结构？组成结构的基本构件的受力特点如何？

4-8-2　什么是荷载？如何划分？

4-8-3　何为支座？作用是什么？有哪几种形式？

4-8-4　什么是支座反力？不同形式的支座各有几个反力？

4-8-5　你能画出简支梁(板)、悬臂梁(板)的计算简图吗？

第九章 变 形 缝

第一节 变 形 缝 的 概 念

变形缝：防止建筑物在某些因素作用下引起开裂甚至破坏而预留的构造缝。这种缝隙也就是人们在房屋建造施工过程中，在建筑物的某一部位人为的预留出一条缝隙（竖直方向）。在什么情况下预留这种缝隙？建筑物在温度改变时会产生热胀冷缩现象，这种现象会导致建筑物发生胀缩变形；当建筑物建造在地耐力不同的地基上，或地耐力相同但建筑物本身形成不同的荷重时，地基就会产生不均匀的沉陷；当地震发生时建筑物随之震动，但如果建筑物本身的质量有很大的不同时，那么建筑物在震动过程中就会产生不同的震动周期；如此等等现象的发生，均会造成建筑物发生不规则的裂缝变形，甚至破坏。为了防止这种变形破坏，应在建筑物的适当部位预留出竖直的缝隙，将建筑物分成互不相连的单独部分，不管是温度的变化，地基不均匀的沉陷，还是地震作用等，各个独立部分自由变形，从而减少建筑物的裂缝或破坏。

设置变形缝应注意：①应该满足建筑物的变形需要，保证结构和构造要求。②做好缝隙表面的处理，从而满足缝隙处的美观及围护方面的要求。

第二节 变形缝的类型及构造要求

变形缝按其作用性质的不同可分为三种：伸缩缝、沉降缝、防震缝，亦即变形缝是伸缩缝、沉降缝和防震缝的总称。

一、伸缩缝

当建筑物的纵向长度很大，在温度变化时其胀缩变形尤为明显，这种变形可能引起建筑物在长向开裂，甚至破坏。为了防止这种破坏，应该在建筑物长度方向的适当位置上竖向做缝隙，以便将房屋建筑的各个部分限制在胀缩变形的允许范围之内，从而保证了建筑物在温度变化时各部分能自由胀缩，互不影响。这种缝隙称作为伸缩缝，也可称作为温度缝。表 4-9-1、表 4-9-2 列出了砌体房屋和钢筋混凝土房屋伸缩缝的最大间距的规定，其他有关注解见相关的《规范》说明。

砌体房屋温度伸缩缝的最大间距（m）　　　　　　　　　　　　　表 4-9-1

砌体类别	屋盖或楼盖类别		间距
各种砌体	整体式或装配整体式钢筋混凝土结构	有保温层或隔热层的屋盖、楼盖	50
		无保温层或隔热层的屋盖、楼盖	40
	装配式无檩体系钢筋混凝土结构	有保温层或隔热层的屋盖、楼盖	60
		无保温层或隔热层的屋盖、楼盖	50
	装配式有檩体系钢筋混凝土结构	有保温层或隔热层的屋盖、楼盖	75
		无保温层或隔热层的屋盖、楼盖	60

续表

砌体类别	屋盖或楼盖类别	间距
黏土砖、空心砌体砖		100
石砌体	黏土瓦或石棉水泥瓦屋盖 木屋盖或楼盖 砖石屋盖或楼盖	80
硅酸盐块体和 混凝土砌块砌体		75

钢筋混凝土结构伸缩缝最大间距(m) 表 4-9-2

结构类别		室内或土中	露天
排架结构	装配式	100	70
框架结构	装配式	75	50
	现浇式	55	35
剪力墙结构	装配式	65	40
	现浇式	45	30
挡土墙、地下室墙壁等结构	装配式	40	30
	现浇式	30	20

　　考虑到地面以上部分如屋顶、楼板、墙体等受温度变化影响较大，而地下部分基础受温度变化的影响不大，故伸缩缝的构造要求是：墙体、楼板、屋顶等构件都断开，而基础则不必断开。伸缩缝的宽度一般为 20～40mm。

二、沉降缝

　　当今的建筑物较过去单一、简单的建筑物而言，其使用功能多样化、造型新颖美观而复杂化；从而使得同一建筑物有不同的高度、荷载、结构形式。当房屋相邻部分的高度、荷载、结构形式有很大的差别，而地耐力又较低时，使得地基产生不同的压缩，致使房屋产生不均匀的沉降，从而导致房屋建筑某些薄弱部位发生错位开裂，甚至破坏。为避免这种破坏的发生，应该在建筑物适当位置上设置竖直的缝隙，将其分隔成为独立的结构单元，以保证各单元能自由沉降，互不干扰，这种缝隙称作为沉降缝。

　　沉降缝应设置在建筑物的下列部位，见图 4-9-1 所示。

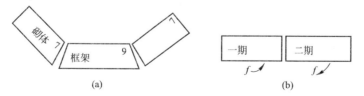

图 4-9-1 沉降缝设置部位

　　1. 当建筑物平面组合有转折时，需在转折处设置，见图 4-9-1(a)所示。

　　2. 当建筑物出现不同的高度、不同荷载、不同的结构时，则需在高度差异、荷载差异、结构差异处设置，见图 4-9-1(a)所示。

　　3. 当建筑物分期建造时，其交界处应设置，见图 4-9-1(b)所示。

　　4. 当建筑物建造在地耐力相差很大的地基上时，则在建筑物所在的地基交界处设置，见图 4-9-1(b)所示。

由于建筑物发生的沉降是竖直方向的，所以沉降缝的构造要求是：建筑物由上至下必须全部设置沉降缝，即屋顶、楼板、墙体、基础等构件全部断开。其宽度与房屋的高度、地基情况有关，具体规定见表4-9-3所示。

沉 降 缝 的 宽 度　　　　　　　　　　　　　　　　　　　　　　表 4-9-3

地基性质	房屋高度(m)	沉降缝宽(mm)
一般地基	<5 5～10 10～15	30 50 70
软弱地基	2～3 层 4～5 层 5 层以上	50～80 80～120 ≥120
湿陷性黄土地基		≥30～70

通过介绍伸缩缝和沉降缝可知，沉降缝的宽度一般情况下较伸缩缝宽，二者在构造要求上既有相同之处也有不同之处，沉降缝可以起伸缩缝的作用。所以当建筑物同时要求做伸缩缝和沉降缝时，应尽可能地把它们合并，那么，这个缝隙同时起伸缩缝、沉降缝的作用，构造上应满足二者的要求。但伸缩缝不能代替沉降缝，这是因为伸缩缝两侧只能左右伸缩而不能上下自由沉降。

三、防震缝

防震缝一般在有抗震设防的地区建造房屋建筑时需要考虑。

我国是一个多发地震的国家。什么是地震？地震就是由于地球内部在不停地运动使深部岩石层受到力的作用产生变形，当这种变形超过岩石层本身的允许值时，岩石层就会发生错动断裂而引发地面剧烈震动，这种震动就是地震(亦称作为构造地震)。强烈地震对地面上的建筑破坏性很大。地震烈度是指地震时在一定地点震动的强烈程度，它是衡量地面及建筑物遭遇地震的破坏程度。地震烈度分为 12 个等级，1～5 度地区建筑物遭到破坏的可能性很小，如 1 度地区人无感觉；2 度地区室内个别静止中的人有感觉；3 度地区室内多数人有感觉，室外少数人有感觉，少数人梦中惊醒，门窗轻微作响，悬挂物微动；4 度地区室内多数人有感觉，室外少数人有感觉，少数人梦中惊醒，门窗作响，悬挂物明显摆动；5 度地区室内普遍感觉，室外多数人有感觉，多数人梦中惊醒，门窗、屋架颤动作响，灰土掉落，抹灰出现微细裂缝，不稳定器物翻倒。1～5 度地区主要以地面上人的感觉为主。10 度以上地区一般不宜建造建筑物，如 10 度地区人处于不稳定状态，建筑物倒塌，不堪修复；11 度、12 度地区建筑物毁灭。在抗震设防烈度为 6 度～9 度地区建造的建筑，必须进行抗震设计。因为有抗震设防要求的建筑物的造价一般高于没有抗震设防要求的建筑物。抗震设防烈度是指按国家规定的权限批准作为一个地区抗震设防依据的地震烈度。一般情况，取 50 年内超越概率 10％的地震烈度。

我国抗震设防目标是：当遭受低于本地区抗震设防烈度的多遇地震影响时，主体结构不受损坏或不需修理可继续使用；当遭受相当于本地区抗震设防烈度的设防地震影响时，可能发生损坏，但经一般性修理仍可继续使用；当遭受高于本地区抗震设防烈度的罕遇地震影响时，不致倒塌或发生危及生命的严重破坏。简称三水准设防，即"小震不坏，中震可修，大震不倒。"

建筑根据其使用功能的重要性划分为甲类、乙类、丙类、丁类四个抗震设防类别。

甲类：重大建筑工程和地震时可能发生严重次生灾害的建筑。遇到地震会引起严重后果、经济上产生重大的损失，如国际卫星地球站、中央级的电信枢纽（含卫星地球站）等。

乙类：地震时使用功能不能中断或需尽快恢复的建筑。如城市生命线工程——消防、供电、供水等，大型的电影院、娱乐中心、结构单元内经常使用人数超过 10000 人的高层建筑等。

丙类：除甲、乙、丁类以外的一般建筑，如住宅、宿舍、公寓等。

丁类：属于抗震次要建筑。遇到地震破坏不易造成人员伤亡和较大的经济损失，如一般储存物品的价值低、人员活动少、无次生灾害的单层仓库等。

对有抗震设防要求的建筑应采取抗震措施，即除地震作用计算和抗力计算以外的抗震设计内容，包括抗震构造措施。抗震构造措施就是根据抗震概念设计原则，一般不需要计算而对结构和非结构各部分必须采取的各种细部要求。具体措施一般是设置圈梁、构造柱、防震缝等。圈梁、构造柱的构造设置要求已在墙体中介绍了，在此仅介绍防震缝。

在有抗震设防地区建造建筑物时应尽可能地使建筑体型简单，平面布置均匀对称，使其形心、重心等重合或接近。

当建造的建筑物有下列情况之一时宜设置防震缝，缝两侧均应设置墙体，缝宽应根据烈度和房屋高度确定，可采用 70～100mm。

1. 建筑物立面高差在 6m 以上，需在高差交界处设置；

2. 建筑物有错层，且楼板高差大于层高的 1/4，则在交界处设置；

3. 各部分结构刚度、质量截然不同处。

当地震发生时，上述情况组合的房屋在震动过程中会出现不同的振幅和运动周期，往往在其接合处可能发生裂缝、断裂等现象。为了防止这种破坏，在这些部分的接合处预留竖直的缝隙，将建筑物不同的刚度部分等相互分离而形成各个独立部分，这种缝隙称作为防震缝。

防震缝的构造要求是应沿建筑物全高设置，一般情况下基础可以不断开，但若与沉降缝结合设计时，基础必须断开。防震缝的宽度要大些，以免地震发生时缝隙两侧部分发生碰撞。缝宽一般为 50～70mm，随建筑物的增高、地震烈度的增大可适当加大。

当建筑物均需设置伸缩缝、沉降缝和防震缝时应尽量统一考虑，合三为一，并应符合防震缝、沉降缝的要求。三种缝隙的相同点是地面以上的建筑缝隙所在部位的构件均断开（墙体、楼板、屋顶），不同点是地面以下部分基础可断可不断，缝宽亦不同。

在设有变形缝的部位要进行细部处理，如屋面处的变形缝要防止渗漏、外墙处的变形缝要进行遮盖、保温等等。

本 章 小 结

变形缝：防止建筑物在某些因素作用下引起开裂甚至破坏而预留的构造缝。在建筑物的某一部位人为地预留出一条缝隙（竖直方向）。

变形缝按其作用性质的不同可分为：伸缩缝、沉降缝、防震缝，亦即变形缝是伸缩缝、沉降缝和防震缝的总称。

　　当温度改变、建筑物的长度很大时——伸缩缝（温度缝），其构造要求是：墙体、楼板、屋顶等构件都断开，而基础则不必断开。

　　当地基产生不均匀的沉陷时——沉降缝，其构造要求是：建筑物由上至下必须全部设置沉降缝，即屋顶、楼板、墙体、基础等构件全部断开。

　　防震缝一般在有抗震设防的地区建造房屋建筑时需要考虑，其构造要求是应沿建筑物全高设置，一般情况下基础可以不断开，但若与沉降缝结合设计时，基础必须断开。

　　当建筑物均需设置伸缩缝、沉降缝和防震缝时应尽量统一考虑，合三为一，并应符合防震缝、沉降缝的要求。三种缝隙的相同点是地面上的缝隙所在部位的构件均断开，不同点是地面以下部分基础可断可不断，缝宽亦不同。

　　我国抗震设防目标是：小震不坏，中震可修，大震不倒，即三水准设防。

复 习 思 考 题

4-9-1　建筑物中为什么设置变形缝？什么情况下设置？

4-9-2　变形缝有哪几种？

4-9-3　什么情况下需设置伸缩缝？作用是什么？

4-9-4　伸缩缝的构造要求是什么？缝宽一般为多少？

4-9-5　什么情况下需设置沉降缝？作用是什么？

4-9-6　沉降缝的构造要求是什么？缝宽与什么有关？

4-9-7　什么情况下需设置防震缝？作用是什么？

4-9-8　防震缝的构造要求是什么？缝宽一般是多少？宽度增加与什么有关？

4-9-9　伸缩缝、沉降缝、防震缝的异同点是什么？

4-9-10　伸缩缝、沉降缝、防震缝之间的互代关系如何？

4-9-11　什么是地震？什么是地震烈度？有几个等级？在哪几个烈度范围内需抗震设防？

4-9-12　我国提出的"三水准"抗震设防的目标是什么？

4-9-13　建筑物中抗震设防的构造措施是什么？

第十章　建筑物的防火要求

第一节　建筑防火的目标

建筑物耸立在地球表面，能够受到任何外界因素的作用，火灾就是其中因素之一。火灾的发生会给人类生活带来一定的经济损失，严重的甚至会造成人员伤亡，所以在建筑设计中应该考虑建筑物的防火要求。

建筑防火的目标是：

（1）保护人员的生命安全，减少伤亡；

（2）保证建筑结构的整体稳定性，控制火势蔓延，减少损失；

（3）保护环境，降低污染。

第二节　建筑防火体系

一、建筑物的可燃性及耐火等级

（一）建筑构件可燃性

建筑物是由不同的材料按照一定的方式方法组砌而成。而建筑材料由于其内部的组成成分的不同，其燃烧性能也各异，构件的燃烧性能系指不燃烧性、难燃烧性和燃烧性三种。

1. 不燃烧体

用不燃烧材料做成的建筑构件。不燃烧材料系指在空气中受到火烧或高温作用时不起火、不微燃、不碳化的材料，如建筑中采用的金属材料和天然或人工的矿物材料——砖、石、混凝土等。

2. 难燃烧体

用难燃烧材料做成的建筑构件或用燃烧材料做成而用不燃烧材料做保护层的建筑构件。难燃烧材料系指在空气中受到火烧或高温作用时难起火、难微燃、难碳化，当火源移走后燃烧或微燃立即停止的材料，如沥青混凝土、水泥刨花板等。

3. 燃烧体

用燃烧材料做成的建筑构件。燃烧材料系指在空气中受到火烧或高温作用时立即起火或微燃，且火源移走后仍继续燃烧或微燃的材料，如木材等。

（二）构件的耐火极限

耐火极限：在标准耐火实验条件下，建筑构件、配件或结构从受到火的作用时起，到失去支承能力或完整性被破坏或失去隔火作用时为止的这段时间，以小时表示。

失去支承能力是指构件自身解体或坍塌；梁、楼板等受弯承重构件，挠曲速率发生突变，是失去支持能力的象征。

完整性被破坏是指楼板、隔墙等具有分隔作用的构件，在试验中出现穿透裂缝或较大的孔隙。

失去隔火作用是指具有分隔作用的构件在试验中背火面测温点测得平均温升到达140℃(不包括背火面的起始温度);或背火面测温点中任意一点的温升到达180℃;或不考虑起始温度的情况下,背火面任一测点的温度到达220℃。

建筑物的耐火等级的划分由材料的燃烧性能和耐火极限决定,其建筑物构件的燃烧性和耐火极限不应低于表4-10-1、表4-10-2所示。

普通建筑物构件的燃烧性能和耐火极限(h)　　　　　　表 4-10-1

构件名称		耐火等级			
		一级	二级	三级	四级
墙	防火墙	不燃烧体 3.00	不燃烧体 3.00	不燃烧体 3.00	不燃烧体 3.00
	承重墙	不燃烧体 3.00	不燃烧体 2.50	不燃烧体 2.00	难燃烧体 0.50
	非承重外墙	不燃烧体 1.00	不燃烧体 1.00	不燃烧体 0.50	燃烧体
	楼梯间的墙 电梯井的墙 住宅单元之间的墙 住宅分户墙	不燃烧体 2.00	不燃烧体 2.00	不燃烧体 1.50	难燃烧体 0.50
	疏散走道两侧的隔墙	不燃烧体 1.00	不燃烧体 1.00	不燃烧体 0.50	难燃烧体 0.25
	房间隔墙	不燃烧体 0.75	不燃烧体 0.50	难燃烧体 0.50	难燃烧体 0.25
柱		不燃烧体 3.00	不燃烧体 2.50	不燃烧体 2.00	难燃烧体 0.50
梁		不燃烧体 2.00	不燃烧体 1.50	不燃烧体 1.00	难燃烧体 0.50
楼板		不燃烧体 1.50	不燃烧体 1.00	不燃烧体 0.50	燃烧体
屋顶承重构件		不燃烧体 1.50	不燃烧体 1.00	燃烧体	燃烧体
疏散楼梯		不燃烧体 1.50	不燃烧体 1.00	不燃烧体 0.50	燃烧体
吊顶(包括吊顶搁栅)		不燃烧体 0.25	难燃烧体 0.25	难燃烧体 0.15	燃烧体

高层建筑物构件的燃烧性能和耐火极限(h)　　　　　　表 4-10-2

构件名称		耐火等级	
		一级	二级
墙	防火墙	不燃烧体 3.00	不燃烧体 3.00
	承重墙、楼梯间的墙、电梯井的墙、住宅单元之间的墙、住宅分户墙	不燃烧体 2.00	不燃烧体 2.00
	非承重外墙、疏散走道两侧的隔墙	不燃烧体 1.00	不燃烧体 1.00
	房间隔墙	不燃烧体 0.75	不燃烧体 0.50
柱		不燃烧体 3.00	不燃烧体 2.50
梁		不燃烧体 2.00	不燃烧体 1.50
楼板、疏散楼梯、屋顶承重构件		不燃烧体 1.50	不燃烧体 1.00
吊顶		难燃烧体 0.25	难燃烧体 0.25

二、建筑防火体系

火灾发生时由于建筑本身材料的燃烧性能,如可燃材料;火势蔓延的途径,如外墙上的窗、内墙上的门、轻质隔墙、易燃装饰物等，都会使火情迅速发展。所以，一旦发生火灾就应该尽快地切断、封锁火势蔓延的途径，避免火情发展，亦即应该建立防火体系。建筑物防火体系主要由两个方面构成：一是被动防火体系，它是建筑物防火的基础；另一是主动防火体系；同时考虑建筑物内人员的安全疏散要求。

（一）建筑物被动防火体系

建筑物被动防火体系主要是根据燃烧的基本原理，采取措施防止燃烧条件的产生或削弱燃烧条件的发展、阻止火势蔓延，即控制建筑物内的火灾荷载密度、提高建筑物的耐火等级和材料的燃烧性能、控制和消除点火源、采取分隔措施以阻止火势蔓延。

（二）建筑物主动防火体系

建筑物主动防火体系主要采取措施及早探测火灾、破坏已形成的燃烧条件、终止燃烧的连锁反应，使火熄灭或把火灾控制在一定范围内，减少火灾损失。主要依靠设置火灾自动报警系统、灭火设施和防排烟系统来实现。

第三节　建筑物防火要求及措施

一、民用建筑之间的防火间距

当一幢建筑物发生火灾时，由于热气流的传导，很可能对周围建筑物产生一定的威胁，为了避免火灾的连锁反应，防止着火建筑的辐射热在一定时间内引燃相邻建筑，且便于消防扑救，各建筑物之间应有适当的间隔距离，称作为防火间距。防火间距既可以阻止起火源的蔓延，又可以作为人员安全疏散和消防通道之用。

《建筑设计防火规范》GB 50016 规定：民用建筑之间的防火间距不应小于表 4-10-3 中的规定。

民用建筑之间的防火间距（m）　　　　　　　　　　　表 4-10-3

耐火等级	一、二级	三级	四级
一、二级	6	7	9
三级	7	8	10
四级	9	10	12

高层建筑之间及高层建筑与其他民用建筑之间的防火间距，不应小于表 4-10-4 中的规定。

高层建筑之间及高层建筑与其他民用建筑之间的防火间距（m）　　　表 4-10-4

建筑类别	高层建筑	裙房	其他民用建筑		
			耐火等级		
			一、二级	三级	四级
高层建筑	13	9	9	11	14
裙房	9	6	6	7	9

注：裙房是指与高层建筑相连的建筑高度不超过 24m 的附属建筑。

二、防火(烟)的分区

防火分区：在建筑物内部采用防火墙、耐火楼板及其他防火分隔设施分隔而成，能在一定时间内防止火灾向同一建筑的其余部分蔓延的局部空间。

防烟分区：在建筑内部屋顶或顶板、吊板下采用具有挡烟功能的构配件进行分隔所形成的，具有一定蓄烟能力的空间。

当一幢建筑物的面积比较大的时候，应该对其进行防火和防烟的区域划分，防止火灾发生时其火势的蔓延。因此，火灾发生后火势蔓延的途径是划分建筑物防火(烟)区域的依据。《建筑设计防火规范》GB 50016规定：民用建筑防火分区应符合表4-10-5中的要求。

民用建筑的耐火等级、最多允许层数和防火分区最大允许建筑面积 表 4-10-5

耐火等级	最多允许层数	防火分区的最大允许建筑面积(m²)	备注
一、二级	按《规范》第1.0.2条规定	2500	1. 体育馆、剧院的观众厅、展览建筑的展厅，其防火分区最大允许建筑面积可适当放宽 2. 托儿所、幼儿园的儿童用房和儿童游乐厅等儿童活动场所不应超过3层或设置在四层及四层以上楼层或地下、半地下建筑(室)内
三级	5层	1200	1. 托儿所、幼儿园的儿童用房和儿童游乐厅等儿童活动场所、老年人建筑和医院、疗养院的住院部分不应超过2层或设置在三层及三层以上楼盖或地下、半地下建筑(室)内 2. 商店、学校、电影院、剧院、礼堂、食堂、菜市场不应超过2层或设置在三层及三层以上楼层
四级	2层	600	学校、食堂、菜市场、托儿所、幼儿园、老年人建筑、医院等不应设置在二层
地下、半地下建筑(室)		500	—

注：《建筑设计防火规范》1.0.2条规定：本规范适用于下列新建、扩建和改建的民用建筑：

1. 9层及9层以下的居住建筑(包括底层设置商业服务网点的住宅)；

2. 建筑高度小于等于24m的公共建筑；

3. 建筑高度大于24m的单层公共建筑；

4. 地下、半地下建筑(包括建筑附属的地下室、半地下室)等。

高层建筑内的防火分区不应超过表4-10-6中的规定，《高层民用建筑设计防火规范》GB 50045—95。

每个防火分区的允许最大建筑面积 表 4-10-6

建筑类别	每个防火分区建筑面积(m²)
一类建筑	1000
二类建筑	1500
地下室	500

三、设置分隔物

当防火分区大小确定之后，应在区域分割界线处设置分隔物。防火分隔物就是在火灾发生后一定时间内，能阻止火势蔓延，且能把建筑内部空间分隔成若干较小防火空间的物体。常用的防火分隔物有防火墙、防火门窗等。

防火墙应直接设置在建筑物的基础或钢筋混凝土框架、梁等承重结构上，其材料应为不燃烧性。防火墙上不应开设门窗洞口，当必须开设时，应设置固定的或火灾时能自动关闭的甲级防火门窗。

防火门（窗）：在火灾发生后一定时间内，连同框架能满足耐火稳定性、完整性和隔热性要求的门（窗）。

由于防火门窗是一种可活动的防火分隔物，所以防火门窗应能自行关闭，且关闭严紧。

四、民用建筑的安全疏散

当遇到火灾时，建筑物内的人员能够安全地撤离现场，这就需要安全疏散有足够的保证。其中包括房间门的设置数量、开启形式、通道、疏散楼梯、安全出入口等等。

（一）民用建筑的安全疏散距离

民用建筑的安全疏散距离应符合表 4-10-7 的规定。

直接通向疏散走道的房间疏散门至最近安全出口的最大距离(m)　表 4-10-7

名称	位于两个安全出口之间的疏散门			位于袋形走道两侧或尽端的疏散门		
	耐火等级			耐火等级		
	一、二级	三级	四级	一、二级	三级	四级
托儿所、幼儿园	25	20	—	20	15	—
医院、疗养院	35	30	—	20	15	—
学校	35	30	—	22	20	—
其他民用建筑	40	35	25	22	20	15

（二）疏散楼梯

民用建筑的安全出口应分散布置。

对于多层且人流量比较大的民用建筑，其楼梯的数量不应少于两部。当满足表 4-10-8、中的条件时可设置一个楼梯。

设置 1 个疏散楼梯的条件　表 4-10-8

耐火等级	最多层数	每层最大建筑面积(m²)	人数
一、二级	3 层	500	第二层和第三层的人数之和不超过 100 人
三级	3 层	200	第二层和第三层的人数之和不超过 50 人
四级	2 层	200	第二层人数不超过 30 人

九层及九层以下，建筑面积不超过 500m² 的塔式住宅，可设一个楼梯。

本 章 小 结

建筑物能够受到任何外界因素的作用，火灾就是其中因素之一。建筑防火的目标是：保护人员的生命安全，减少伤亡；保证建筑结构的整体稳定性，控制火势蔓延，减少损失；保护环境，降低污染。

建筑防火体系：被动防火体系、主动防火体系。

设置防火间距阻止起火源的蔓延，又可以作为人员安全疏散和消防通道之用。

当一幢建筑物的面积比较大的时候，应该对其进行防火和防烟的区域划分，防止火灾发生时其火势的蔓延。

设置分隔物在火灾发生后一定时间内，能阻止火势蔓延，且能把建筑内部空间分隔成若干较小防火空间的物体。常用的防火分隔物有防火墙、防火门窗等。

复 习 思 考 题

4-10-1　建筑物的防火目标是什么？

4-10-2　何为构件的耐火极限？

4-10-3　建筑防火体系由哪两个方面组成？什么是被动防火体系？什么是主动防火体系？

4-10-4　何谓防火间距？其作用是什么？

4-10-5　防火（烟）的区域如何划分？

4-10-6　了解一些民用建筑防火规范的要求。

第五篇　房　产　测　量

学习目标：通过本篇内容的学习，使学生了解房产测量基本知识，熟悉房产测量基本方法和房产图绘制。

房产测量是测量学中的一个专业分支，它是使用测绘仪器，运用相应的测绘技术、测绘手段来测量房屋、土地及其房地产的自然状况、权属状况、位置、数量、质量和利用状况的专业测绘，是房地产从业人员需掌握的技术基础科目。

第一章　房产测量基本知识

第一节　概　　述

一、测量学概念及分类

测量学是研究地球的形状和大小以及确定地球表面各种物体的形状、大小和空间位置的科学。按照其任务的不同，可分为大地测量学、地形测量学和工程测量学。

大地测量学的任务是研究和确定地球整体形状和大小，研究地球的重力场和按一定坐标系建立国家统一的点位控制网。地形测量学的任务是研究将地球表面的起伏形状和各种物体按一定比例尺测量制成地形图的理论和方法。地形图的应用广泛，往往根据不同的目的和用途，而包含不同的内容，这就构成了各种不同的专业用图，例如：用于土地管理的地形图，就包含土地的权属、面积和利用现状等信息，称为地籍图。工程测量学是研究各种工程，诸如市政建设、道路修建工程等，在勘察设计、施工放样、竣工验收等各阶段所需的测量工作。此外，摄影测量学是利用摄影相片来测定物体的形状、大小、空间位置和测绘地形图。

本篇重点介绍的房产测量是专业测绘中的一个很具特点的分支。它的研究对象是土地、房屋及与二者相关的构筑物和天然荷载物；对房屋以及与房屋相关的建筑物和构筑物进行测、量、调查、绘图；对土地及土地以上人为的和天然的荷载物进行测、量、调查、绘图；对房地产的权源、位置、质量、数量、利用状况进行测定、调查、绘图。

二、房产测量的目的和作用

房产测量可细分为房产基础测量和房产项目测量。房产基础测量是指在一个地域内或一个城市中，大范围整体的建立房地产的平面控制网，测绘房地产的基础图纸房产分幅平面图；房产项目测量则是指测绘房产分丘图，及测绘房产簿、册、房产数据、房产图集。

（一）房产测绘的目的

房产测绘其主要目的在于采集和表达房屋和房屋用地的有关信息，为房产产权、产籍管理，房地产开发利用、交易，征收税费以及城镇规划建设提供数据和资料。

（二）房产测量的作用

随着我国各项法律、法规及规章制度的建立完善，经济体制改革的日益深入，房地产业越来越蓬勃发展，房产测量的作用日益增大，在城市规划管理、城市经济发展和法律诸多方面发挥着不可或缺的作用。

首先，房产测量成果，包括房地产的各种数据、图册、质量使用和被利用现状等，是有关房地产经济活动不可缺少的依据，如：房地产价格评估，房地产契税征收，房地产租赁、交易，抵押贷款、保险服务等。

其次，房产测量所提供的房屋和房屋用地的权属界限，权属界址点，房地产面积、产别，以及有关权属、权源等的数据、卡、表、册资料，一经主管部门检查验收，即成为处理各种产权纠纷，恢复产权关系，确定产权的法定基础资料，同时也是房地产各种管理的重要依据。

再有，房产测量成果可派生出很多资料，如一个地区和城市的房产总量，住宅数量，人均建筑面积，所有权、使用权情况及发展速度等，为城市规划和管理提供了基础资料和可靠信息。

三、房产测量的特点

（一）测图比例尺大

房产测量是一种专业测绘，虽然其测量方法、手段与其他测量无多大区别，但由于它在图上表示的内容繁多，且必须准确清晰，所以图纸一般为 1∶500 或 1∶1000，而房屋分层分户平面图的比例尺可达到 1∶50。

（二）测绘的内容较多

房产测量的主要内容是房屋和房屋用地的位置、权属、质量、数量、用量等状况，以及房地产权属有关的地形要素，要对房屋及其用地定位、定性、定界、定量，即测定房地产位置，调整其所有权或使用权性质，测定其范围和界限，还要测定面积，调查测定评估质量等。所以房产测量较之地形测量或其他测量的内容均是较多的。

（三）精度要求高

一般测绘可从图上索取或量取，精度能满足要求，但房产测量精度要求较高，如界址点坐标、房屋的建筑面积量算等精度要求均比较高，一般不能直接从图上量取，而必须实地测、算。

（四）需及时变更测量

房产测量的复测周期不能以若干年来测算，城市建设的迅速发展，要求及时对房屋、土地进行补测；对房屋和用地，特别是权属发生变化需及时修测；对房屋和用地的非权属变化也需及时变更，以保持房地产测量成果的现势性、现状性，以及保持图、卡、册与实地情况一致，所以，房产测量中的修测、补测和变更测量工作量较大。

第二节 房 产 测 量 基 准

一、地面点平面坐标

测量工作中，无论是全国范围的大地测量、小范围的地形测量，还是房产测量，都是在地球表面施测的，而且只是整个地球的一部分，或是很小的一部分，但地球表面是不规则的，整体上是曲面。因而要科学地确定地球的形状和大小，才能用适宜的数学方法处理好测量数据和获得准确的成果。我国采用的坐标系是建立在 1975 年国际大地测量与地球物理联合会通过并推荐的椭球体上的，称之为"1980 年国家大地测量坐标系"。其原点在我国中部的陕西省泾阳县永乐镇，称为国家大地原点。

海洋或湖泊的水面在自由静止时的表面，称之为水准面。与水准面相切的平面称为水平面，地面点在大地水准面上的投影位置，以平面直角坐标系来表示，并根据范围大小选用不同的坐标系。

（一）高斯直角坐标系。该坐标系是将地球划分成若干带，然后进行分带投影。纵坐标的正负以赤道为界，面北为正，面南为负；横坐标以中央子午线为界，向东为正，向西为负。我国位于北半球，所有坐标 X 均为正，而各带的横坐标 Y 则有正有负，为使用方便，规定将横坐标轴向西移 500km，则我国所有点位纵坐标均成正值。表示时在横坐标前冠以带号。例如 A 点在 20 带，其横坐标 $Y_a = -123456$m，坐标轴西移并冠以带号后，$Y_a = 20376544$m。

（二）假定平面直角坐标系在小范围内进行测量工作（测区半径小于 10km）时可以将大地水准面当作水平面看待，即可直接在大地水准面上建立平面直角坐标系，沿铅垂线投影地面点位。

二、地面点高程

地面点沿铅垂线至大地水准面的距离称为该点的绝对高程或海拔，简称高程，用 H 表示。我国境内所测定的高程点是以青岛验潮站历年观测的黄海平均海水面为基准面，并在青岛市建立了水准原点，其高程为 72.260m，称为"1985 年国家高程基准"。房产测量一般不测高程，需测高程时，设计书中应另行规定。

第三节　测　量　仪　器

一、光学经纬仪

经纬仪是测角仪器，既可以测水平角，又可以测竖直角。我国按其精度指标将经纬仪划分为 DJ$_1$、DJ$_2$、DJ$_6$ 等数级，下标数字表示仪器精度指标，如 DJ$_6$ 表示水平角测量一测回方向中误差为 $6''$。

虽然经纬仪的精度不同、型号多样，但其基本构造是相同的，均包括对中整平装置、照准装置和读数装置三个主要部分。图 5-1-1 为 DJ$_6$ 光学经纬仪构造图。

下面以 DJ$_6$ 经纬仪为例，介绍经纬仪的读数方法和使用方法。

（一）微尺测微器读数方法

这种测微器是在显微镜读数窗与场镜上设置一个分划板，分划板上划分间隔相等的 60 个小格，称为微尺；度盘上的分划线经放大成像后与分微尺重合时，其分划 $1°$ 时间隔等于分微尺上 60 个小格的宽度。这样就将度盘上的 $1°$ 划分为 $60''$，分微尺上一个小格即为 $1°$。图 5-1-2 是从读数显微镜看到的水平度盘和竖直度盘及其分微尺的图像，上半部为水平度盘，下半部为竖向度盘，分别用 H 和 V 注明。图中水平度盘读数为 $5°54.6'$，竖盘读数为 $91°07.8'$。

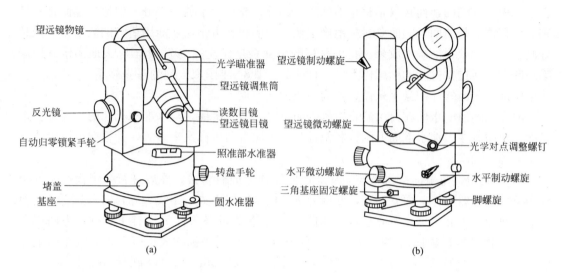

图 5-1-1　DJ₆ 光学经纬仪构造图

（二）平板玻璃测微器读数方法

　　这种测微器是将平板玻璃与测微分划尺连接在一起。由于平板玻璃的转动使通过它的光线产生平行移动，如果将这种移动反映到度盘分划上，并用测微分划尺量测其移动量的大小，即可精确读出度盘分划值。在仪器支架一侧装有平板玻璃测微器手轮，转动此手轮，从读数显微镜可观察到，随着测微轮的转动，度盘分划线的影像也在转动，当双指标线旁的度盘分划线准确位于双指标线的中央，即可读取度盘上的度数。如图 5-1-3 水平度盘读数为 $77°52'30''$，竖盘读数为 $91°27'56''$。

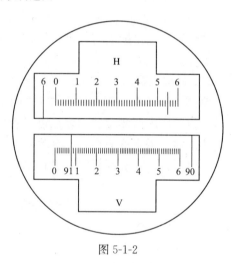

图 5-1-2

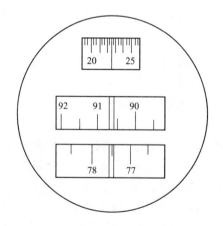

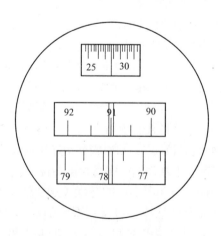

图 5-1-3

（三）经纬仪测角的基本操作

使用经纬仪需经过以下几个基本步骤：首先是使仪器中心和测站点标志中心位于同一垂线上；第二步是转动脚螺旋使圆水准器中的气泡居中后，调整照准部水准管使之转到任意位置气泡均居中，这一过程称为整平；第三步调节目镜使十字丝清晰后，用望远镜瞄准目标，并转动微动螺旋，精确瞄准目标（水平角观测时，十字丝单竖线的中心部分平分瞄准标志，或用双竖丝将标志夹在中央；竖直角观测时，用十字丝横丝中心部分和标志顶部相切）；第四步度盘读数。

二、水准仪

水准仪是能提供一条水平视线，用以测量高差的精密光学仪器，主要有望远镜、水准器和基座三部分组成。图 5-1-4 为我国生产的一种 DS₃ 级微倾式水准仪的外形和各部件名称。

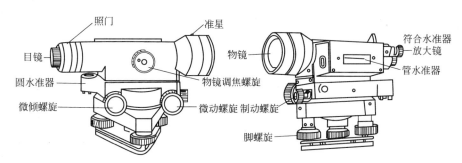

照门　准星　物镜　符合水准器　放大镜　管水准器　目镜　圆水准器　物镜调焦螺旋　微倾螺旋　微动螺旋　制动螺旋　脚螺旋

图 5-1-4　DS₃ 级微倾式水准仪外形和各部件名称

在水准测量中与水准仪配合使用的还有水准尺和尺垫。水准尺有杆式尺和塔式尺两种，杆式尺的尺长为 3m，尺的两面均以"cm"分划，一面的分划为黑白相间，称黑面尺，另一面红白相间，称红面尺。杆式尺多用于三、四等水准测量；塔式尺全长 5m，分为三节，可以伸缩，尺面分划为 1cm 或 0.5cm，也分红黑两面，多用于等外水准测量。尺垫一般由铸铁或铁板制成，多成三角状，其中央有一突出圆顶，下有三个尖脚，水准测量时用来支撑水准尺，防止沉降。

（一）水准仪的使用

水准仪使用一般经过如下步骤：首先三脚架支于地面，高度适当，架头大致水平后，用中心螺栓把水准仪固定在三脚架上，并使圆水准气泡大致居中。第二步转动脚螺旋，使圆水准气泡无论在任何位置总是居中。第三步先使望远镜对远方明亮背景，转动目镜对光螺旋，使十字丝清晰，再松开制动螺旋，转动望远镜瞄准水准尺后，拧紧制动螺旋。转动物镜调焦螺旋，使水准尺成像清晰。转动微动螺旋，使十字丝的竖丝紧贴水准尺的边缘或中央，然后让眼睛在目镜端上、下微动，直到眼睛上、下移动时读数不变为止。第四步让眼睛靠近气泡观察窗，同时缓慢地转动微倾螺旋，当气泡影像吻合并稳定不动时，及时用中丝在水准尺截取读数，此过程称为精平；如图 5-1-5 所示的读数应为 1.733m。读完数后，还需检查气泡影像是否仍然吻合，若发生了移动需再次精平，重新读数。

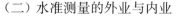

图 5-1-5

（二）水准测量的外业与内业

用水准测量方法测定的高程控制点称为水准点，以 BM 表示。水准点按其精度和作用的不同，可划分为国家等级水准点和普通水准点。前者为全国范围的高程控制点，需埋设规定形式的永久性标志；后者是从国家水准点引测的，埋设永久性或临时性标志。

要得到待定点的正确高程，保证测量成果的可靠性，水准测量时应根据作业的要求和条件拟定水准路线，以利于测量任务的顺利完成及对测量成果的检核。水准路线可采用附合水准路线，即从一个水准点出发，逐站进行水准测量，经过待定高程点1、2、3，最后附合到另一个水准点；或采用闭合水准路线，即从一水准点出发，沿环形线逐站进行水准测量，经过待定高程点1、2、3，最后回到原水准点；还有支水准路线：从一个水准点出发，逐站进行水准测量，经过待定高程点1、2、3后，又从3经2、1回到原水准点。

现以已知一点 A 高程，推算另一点 B 高程为例说明施测方法。首先在 AB 两点间安置水准仪，使水准仪到两点间距离基本相同，在 A、B 两点分别立水准尺，然后利用水准仪读出 A 点的水准尺读数 $a=1.852$m，称为后视读数，再读 B 点水准尺读数 $b=1.627$m，称为前视读数，则 B 点相对于 A 点的高差，$h=a-b=1.852-1.627=0.225$m，若已知 A 点的高程 $H_A=30.315$m，则 B 点高程 $H_B=30.315+0.225=30.540$m。

当 A、B 两点距离很远，高差又较大时，就需在 A、B 间分段进行测量，每安置一次仪器称为一个测站，这样就形成了如前所述的附合水准路线。野外观测数据应准确无误地记录于手簿上，内业计算成果应满足相应规范要求。

三、小平板仪

小平板仪是地形测量中同时进行测量和绘图的一种仪器。它的特点是根据相似形的原理，用图解的方法，将实地的水平角度、水平距离或图形，直接缩绘在图纸上的一种简便的方法。构造简单轻便，操作简易。主要由测图板、照准仪和三脚架组成，还配有长盒磁针、对点器等附件，如图 5-1-6 所示。照准仪由带比例的直尺和觇板组成，尺的一端装有接目觇板，另一端装有接物觇板，觇板中央装有一细丝，觇孔和细丝组成视准面，用以瞄准所测目标。水准管装在直尺中部，对点器由金属叉架和垂球组成，借助对点器可使地面点与图上相应点位于同一铅垂线上。小平板仪测得的距离和高差精度较低，一般与经纬仪或水准仪配合使用。

平板仪在一个测站上的安置，包括对点、整平和定向三项任务。第一步先目估，将图板定向、整平，然后尽量保持测图板原来方向水平，移动整个平板仪进行目估对点；第二步精确安置，与初步安置步骤相反，先对点，再整平，最后定向。对点是利用对点器使图上已知点与地面相应的测站在同一铅垂线上；整平是通过三脚架的脚和基座脚螺旋，以及照准仪上的水准管使测图板水平；定向是使测图板上的方向线与地面相应的方向一致。一个方法是用长盒磁针，将罗盘的一边紧靠图上已画好的图廓线，转动测图板，让磁针北端指向罗盘零刻划处，然后将图板固定；另一个方法是根据已知线定向，将照准仪的直尺边紧靠图上已画好的已知线的大致方向点，转动测图板，使照准仪瞄准已知线的另一点，并固定图板。

四、距离测量仪器

（一）钢尺

钢尺是最常用的量距工具，是钢制的带状尺，长度通常有 20m、30m、50m 等几种。

另外在距离测量中还用到测钎,用以标志尺段的端点位置和计算丈量过的尺段数,测钎一串为 6 根或 11 根。

(二)电磁波测距仪

电磁波测距包括微波测距和光波测距两种。微波测距是以微波波段的无线电波作载体,测程可达百公里。光波测距是以光波作载体,测程可达十几公里,精度达到 $\pm(0.5\sim1\text{cm})+D\times10^{-6}$($D$ 是被测距离),甚至更高。如图 5-1-7 所示的手持式激光测距仪是一种脉冲式激光测距仪。它不仅体积小、重量轻,而且还采用了数字测相脉冲展宽细分技术,无需合作目标即可达到毫米级精度(现已达到 $\pm1.5\text{mm}$),测程已超过 100m,且能快速准确地直接显示距离,是短程精密工程测量、房屋建筑面积测量中最新型的长度计量标准仪器。如将测距仪和电子经纬仪组成一个整体,并配有"电子手簿",则为全站型速测仪,是近代较先进的测量器具。

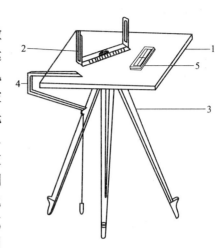

图 5-1-6 平板仪构造图

1—测图板;2—照准仪;3—三脚架;

4—对点器;5—长盒磁针

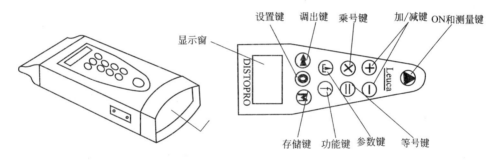

图 5-1-7 手持式激光测距仪构造图

第四节 测量误差基本知识

在测量工作中,观测的未知量是高程、角度和距离。用仪器测未知量而获得的数值叫观测值。实践证明,观测值会有不可避免的误差,例如观测一个三角形的三个内角,其结果三角和不等于 180°。对未知量在观测中所产生的误差称为测量误差。

测量误差产生的原因是多方面的,概括起来主要是:观测仪器的构造不十分完善,含有一定的误差;观测者感觉器官的鉴别能力有一定的局限性;观测者的操作技术水平、认真负责的态度有所不同;自然界的影响,如风力、温度、大气折光等因素,这些都会使观测值产生误差。仪器精度、观测者的技术水平和外界自然条件三方面综合起来,称为观测条件。

由于任何观测值都含有误差,因此对误差要加以研究,以便对不同的误差采取不同的措施,达到消除或减小误差对测量成果影响的目的。

一、测量误差分类

测量误差按其性质可分为系统误差和偶然误差两类。

(一)系统误差

在相同观测条件下,对某量进行的系列观测,如果误差出现的符号和大小均相同,或按一定规律变化,这种误差称为系统误差。例如:某钢尺名义长度 20m,与标准尺比较差 2mm,用该尺丈量 200m 的距离,就会产生 20mm 的误差。距离越长,误差积累越大。

又如水准仪的视准轴与水准管轴不平行,而使所测高差产生误差;经纬仪因校正不完善,而使所测角产生误差等等,这些都是由于仪器不完善,或在工作前未进行校正而产生的系统误差。

再如用钢尺量距时,因温度与检验钢尺时的温度不一致,所测的长度误差;测角时因大气折光导致的误差,这些都是外界条件所引起的系统误差。

观测者在用望远镜瞄准目标时,总是习惯于把十字丝对准目标中央的某一侧,也会使观测结果带来系统误差。

系统误差对观测结果的影响是具有累积性的,因此,对观测结果的影响也就特别明显。

为了消除系统误差,在观测前应对仪器进行校正,使仪器误差的影响消除或减小;在观测中应采用适当的观测方法和操作程序,使系统误差在观测结果中得以抵消;找出系统误差的规律,求出其大小,之后对观测结果进行改正。

(二)偶然误差

在相同的测量条件下,对某量进行一系列的观测,如果误差的符号和大小均不一致,表面上没有规律性,而实际上服从一定的统计规律的,这种误差称为偶然误差。偶然误差的产生是由于仪器的分辨力、观测者的感觉器官的限制以及自然界的温度、风力、大气折光等的影响。例如,水准仪在水准尺上读数时的估读误差,用经纬仪观测角时的照准误差等。

在测量工作中,除了上述两种性质的误差外,还可能由于测量员的粗心大意而造成错误。如读错、记错、算错等。为了避免错误,一方面要加强工作责任心,另一方面要有多余观测,以及时发现错误。多余观测在测量中是必不可少的。

二、衡量精度的指标

实际工作中常用以下几个精度指标衡量测绘成果质量和可靠度。

(一)中误差 m

设在相同条件下对某量进行了 n 次观测,得一组观测值 L_1、L_2、L_3、$\cdots L_n$。其真值 X 若已知,便可计算出一组真误差 Δ,$\Delta = X - L$。中误差定义为各观测真误差平方和的平均值的平方根。真误差平方和用 $[\Delta\Delta]$ 表示,则

$$m = \pm\sqrt{\frac{[\Delta\Delta]}{n}} \tag{5-1-1}$$

【例 5-1-1】　同一段距离用 30m 尺丈量 6 次,观测结果为 $L_1 = 29.988$m,$L_2 = 29.975$m,$L_3 = 29.981$m,$L_4 = 29.978$m,$L_5 = 29.987$m,$L_6 = 29.984$m。该段距离真值为 29.982m,试求中误差。

【解】　真误差计算结果列于表 5-1-1。

真误差及真误差平方 表 5-1-1

观测顺序	1	2	3	4	5	6
观测值	29.988	29.975	29.981	29.978	29.987	29.984
真误差 $\triangle$ (mm)	-6	$+7$	$+1$	$+4$	-5	-2
真误差平方 $\triangle\triangle$ (mm^2)	36	49	1	16	25	4

真误差平方之和：$[\triangle\triangle]=36+49+1+16+25+4=131\text{mm}^2$

则中误差：

$$m=\pm\sqrt{\frac{[\triangle\triangle]}{n}}=\pm\sqrt{\frac{131}{6}}=4.67\text{mm}$$

（二）观测值中误差

上述中误差计算中，需知道真值 X，而真值往往是不知道的。实际工作中，用算术平均值来代替真值，将算术平均值与各观测值之差，作为改正数代替真误差，推导出观测值中误差计算公式：

$$m=\pm\sqrt{\frac{[VV]}{n-1}} \tag{5-1-2}$$

式中 V——改正数，$V=X-L$，其中 X 是一组等精度观测值 L_1、L_2、L_3、$\cdots L_n$ 的算术平均值；

n——观测次数；

$[VV]$——改正数平方之和。

【例 5-1-2】 观测数据同上例，真值未知。试计算观测值中误差。

【解】 观测值的算术平均值

$$X=\frac{29.988+29.975+29.981+29.978+29.987+29.984}{6}=29.982\text{mm}$$

改正数及改正数平方见表 5-1-2

改正数及改正数平方 表 5-1-2

观测顺序	1	2	3	4	5	6
观测值	29.988	29.975	29.981	29.978	29.987	29.984
改正数(mm)	-6	$+7$	$+1$	$+4$	-5	-2
改正数平方（mm^2）	36	49	1	16	25	4

改正数平方之和： $[VV]=36+49+1+16+25+4=131\text{mm}^2$

则中误差： $m=\pm\sqrt{\dfrac{[VV]}{n-1}}=\pm\sqrt{\dfrac{131}{6-1}}=\pm5.1\text{mm}$

（三）容许误差

容许误差又称极限误差，用以衡量观测值是否达到精度要求的标准，也能判别观测值是否有错误。规范规定采用二倍中误差作为偶然误差的限差。

（四）相对误差

真误差、中误差、容许误差都是表示误差本身大小，称为绝对误差。对于衡量精度来说，有时用中误差很难判断观测结果的精度。例如，用钢尺丈量了 200m 和 400m 两条直线，其中误差均为 0.02m，因而用中误差反映不出哪个精度高些。现以中误差的绝对值与

相应测量结果之比，且以分子为1的形式表示相对误差 K，则

$$K = \frac{|M|}{D} = \frac{1}{D/|M|} \tag{5-1-3}$$

有一点说明，相对误差不能用来衡量测角精度，因为测角误差与角度本身无关。

三、误差传播定律及函数值中误差

在实际测量工作中，有些未知量的值是不能直接观测求得的，而是通过观测其他量值，利用数学关系式间接求出。例如：求圆周长 $C = 2\pi r$，半径 r 是直接观测值，C 是直接观测值的函数，显然 r 有误差必然使 C 产生误差，这就形成了误差的传播。误差传播定律是阐述观测值误差与其函数中误差之间的内在联系并通过具体分析建立两者间的数学关系式，从而求出函数值中误差。表 5-1-3 为误差传播定律的几个主要公式。

函数中误差 表 5-1-3

函数名称	函数关系	函数的中误差
倍数函数	$Z = kL$	$m_z = km$
和差函数	$Z = L_1 \pm L_2 \pm L_3 \cdots \pm L_n$	$m_z = \pm \sqrt{m_1^2 + m_2^2 + m_3^3 \cdots + m_n^n}$
线性函数	$Z = k_1 L_1 \pm k_2 L_2 \pm k_3 L_3 \cdots \pm k_n L_n$	$m_z = \pm \sqrt{k_1^2 m_1^2 + k_2^2 m_2^2 + k_3^2 m_3^3 \cdots + k_n^2 m_n^n}$
一般函数	$Z = f(L_1, L_2, L_3 \cdots L_n)$	$m_z = \pm \sqrt{\left(\frac{\partial f}{\partial L_1}\right)^2 m_1^2 + \left(\frac{\partial f}{\partial L_2}\right)^2 m_2^2 + \cdots + \left(\frac{\partial f}{\partial L_n}\right)^2 m_n^2}$

注：L 为观测值；k 为常数；m_z 为函数中误差；m 为观测值中误差。

【例 5-1-3】 测得一圆形半径 $r = 15$m，中误差 $m = 0.04$m，试求圆形周长的中误差。

【解】 周长 $C = 2\pi r$

根据倍函数 $Z = kL$，得出 $k = 2\pi$

又已知 $m = 0.04$m

所以函数中误差 $m_z = \pm km = \pm 2\pi \times 0.04 = \pm 0.25$m

【例 5-1-4】 操场的一条边长分三段丈量，观测值分别为 $L_1 = 20.47$m，$L_2 = 18.79$m，$L_3 = 19.51$m，观测值中误差为 $m = \pm 0.05$m，$m = \pm 0.04$m，$m = \pm 0.03$m。求该边长的中误差。

【解】 设边长为 L，则有 $L = L_1 + L_2 + L_3$

依表 5-1-3，中误差为：$m_z = \pm \sqrt{m_1^2 + m_2^2 + m_3^3 \cdots + m_n^n}$

$$= \pm \sqrt{0.05^2 + 0.04^2 + 0.03^2} = \pm 0.07\text{m}$$

【例 5-1-5】 一房屋为矩形，边长观测值为 L_1、L_2，中误差分别为 m_1、m_2，求面积中误差。

【解】 矩形面积 $\qquad S = L_1 \times L_2$

$$\frac{\partial S}{\partial L_1} = L_2, \qquad \frac{\partial S}{\partial L_2} = L_1$$

则依据表 5-1-3 有：

$$m_z = \pm \sqrt{\left(\frac{\partial f}{\partial L_1}\right)^2 m_1^2 + \left(\frac{\partial f}{\partial L_2}\right)^2 m_2^2} = \pm \sqrt{L_2^2 m_1^2 + L_1^2 m_2^2}$$

$$= \pm \sqrt{(L_2 m_1)^2 + (L_1 m_2)^2}$$

【例 5-1-6】 矩形房屋，两边长观测值分别为 $L_1 = 3.06$m，$L_2 = 5.76$m，中误差分别

为 $m_1 = \pm 0.02\text{m}$，$m_2 = \pm 0.04\text{m}$。求面积中误差。

【解】 根据上题 已推导出的公式

$$m = \pm\sqrt{(5.76\times0.02)^2 + (3.06\times0.04)^2}$$
$$= \pm 0.168\text{m}^2$$

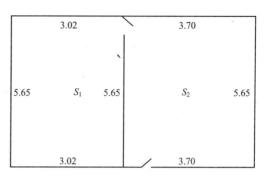

【例 5-1-7】 图 5-1-8 为一私产房屋，丈量各边长勘测数据列于表 5-1-4，房屋墙体厚度均为 24 墙，所测各边长均为内侧长度，试计算建筑面积和面积中误差。

图 5-1-8 房屋平面图

房屋边长及边长中误差 表 5-1-4

边长(m)	5.65	3.02	3.07
边长中误差(m)	±0.015	±0.011	±0.013

【解】 此房屋两块面积组成：

$$S = (5.65+0.24\times2)\times(3.02+0.24+0.12) = 20.72\text{m}^2$$
$$S = (5.65+0.24\times2)\times(3.70+0.24+0.12) = 24.89\text{m}^2$$

总面积 $S = S_1 + S_2 = 45.61\text{m}^2$，根据式(5-1-4)有：

S_1 的中误差：$m_z = \pm\sqrt{(6.13\times0.011)^2 + (3.38\times0.015)^2} = \pm 0.084\text{m}^2$

S_2 的中误差：$m_z = \pm\sqrt{(6.13\times0.013)^2 + (4.06\times0.015)^2} = \pm 0.100\text{m}^2$

根据和函数中误差计算公式：

$$m_z = \pm\sqrt{m_1^2 + m_2^2} = \pm\sqrt{0.084^2 + 0.100^2} = \pm 0.130\text{m}^2$$

若该题目房产面积的精度等级为二级，《房产测量规范》中误差限值公式为：

$$0.02\sqrt{S} + 0.001S = 0.02\sqrt{45.61} + 0.001\times45.61 = 0.180\text{m}^2$$

上述计算结果 $m_z = \pm 0.13\text{m}^2$ 符合要求。

本 章 小 结

测量学是研究地球的形状和大小以及确定地球表面各种物体的形状、大小和空间位置的科学。类型有大地测量学、地形测量学和工程测量学。

房产测绘的目的：房产测绘其主要目的在于采集和表达房屋和房屋用地的有关信息，为房产产权、产籍管理，房地产开发利用、交易，征收税费，以及城镇规划建设提供数据和资料。

房产测量的作用：①房产测量成果是有关房地产经济活动不可缺少的依据；②房产测量所提供的资料，一经主管部门检查验收，即成为处理各种产权纠纷、恢复产权关系、确定产权的法定基础资料，同时也是房地产各种管理的重要依据；③房产测量成果可派生出很多资料，为城市规划和管理提供了基础资料和可靠信息。

房产测量的特点：①测图比例尺大；②测绘的内容较多；③精度要求高；④需及时变更测量。

水准面：海洋或湖泊的水面在自由静止时的表面。

高程：地面点沿铅垂线至大地水准面的距离。

测量仪器：经纬仪、水准仪、小平板仪、钢尺、电磁波测距仪等。

误差：对未知量在观测中所产生的误差称为测量误差。测量误差分类：系统误差、偶然误差。衡量精度的指标：中误差 m、观测值中误差、容许误差等。

思考题及练习题

5-1-1 房产测量的作用是什么？

5-1-2 房产测量有哪些特点？

5-1-3 在什么条件下可选用假定的平面直角坐标系？

5-1-4 为使用方便将高斯直角坐标系横坐标轴平移的目的什么？

5-1-5 房产测量常用仪器有哪些？各自具有什么功能？

5-1-6 常用的衡量精度的指标有哪些

计 算 题

5-1-1 某段距离用 30m 尺丈量 5 次，测量结果方便为 $L_1 = 28.682m$，$L_2 = 28.71m$，$L_3 = 28.589m$，$L_4 = 28.620m$，$L_5 = 28.656m$。试计算观测值中误差。

5-1-2 独立私有房屋，如图 5-1-9 所示，墙厚 240mm，图上数字为所测内侧墙体的长度，各边长中误差见表 5-1-5，试计算面积中误差。

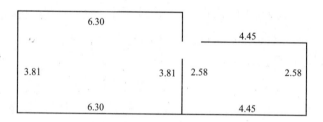

图 5-1-9 计算题 5-1-2 图

边 长 中 误 差
表 5-1-5

边长(m)	3.81	6.30	4.45	2.58
边长中误差(m)	±0.010	±0.016	±0.012	±0.011

第二章 房 产 测 量

测量工作遵循"先控制后碎部"的原则，即在测区内先建立控制网，然后根据各控制点进行碎部测量。按控制网的图形，通过观测角度、距离和高差，经平差计算出控制点的坐标和高程，这样既防止了测量误差的积累，又使控制点达到了同一精度，控制网分为高程控制网、平面控制网及重力控制网。测定点平面位置的工作称为平面控制测量。本章仅介绍平面控制网相关知识。

第一节 房产平面控制测量

一、控制测量概述

在全国范围内建立控制网，称为国家平面控制网，国家平面控制网是从高级到低级，按一、二、三、四四个等级建立，并逐级加密布设。即在一等网内布设二等，在二等网内布设三、四等。各级控制网是全国各种比例尺测图和工程建设的基本控制，并为研究地球的大小和形状提供重要资料。国家平面控制网的建立主要采用三角测量的方法。

城市控制网是在城市范围内建立的控制网，为城市大比例尺地形测量建立统一的坐标系统和高程系统，并作为城市规划、市政工程、工业与民用建筑设计、施工放样的依据。城市控制网一般应与国家控制网相联。

小地区控制网是为小区域的大比例尺地形测图或工程测量而建立的控制网。在建网时尽量与国家(或城市)控制网进行联测。远离国家控制网时，可建独立控制网。

对于每个城镇，在所辖房地产产权产籍管理区域内，必须测量具有必要精度的平面控制网，以作为房产平面图测绘和日常变更测量的基础。测量房产平面控制网的工作称为房产平面控制测量。

房产平面控制测量主要为测绘大比例尺的房产平面图、地籍平面图提供起始数据，为房产变更测量、面积测算、拨地规划和各种建设工程放线等日常工作提供测绘基础。

二、房产平面控制网

根据测区面积的大小，应建立首级控制网和图根控制网。在测区范围内为控制整个测区而建立的控制网，称为首级控制网。首级控制网的控制点比较稀少，满足不了测图需要，因此还要扩展测图用的图根网，称为图根控制网。当测区面积小于 $0.5km^2$ 时，图根控制网也可作为首级控制网。

(一)平面控制测量方法

平面控制测量通常采用三角测量、导线测量或三边测量以及 GPS 相对定位测量等方法。

三角测量是在地面上选定一系列互相通视的点，彼此构成一系列的三角形，测出这些三角形的内角，当已知一个起始点坐标和一条起始边边长及坐标方位角时，则可计算出三角形各边边长、方位角，以计算出各点坐标。

导线测量是在地面上选定相邻间互相通视的一系列点，连成一条折线，测量各边边长和转折角，若有一对起始坐标和一个起始坐标方位角已知，则可计算出各边的方位角和各点的平面坐标。

三边测量是在三角网中不观测三角形的各个内角，而直接用测距仪测定三角形的各条边长，利用余弦定理推算三角形各内角，最后推算出各边的方位角和各点坐标。

GPS 相对定位技术是依靠一组地面接收设备，接收美国全球定位系统分布在空间 6 个轨道平面的 18 颗卫星传播的信息，而测定两点间的几何要素，借助于起算点坐标，求出联测点坐标。GPS 相对定位是独立观测得出各点三维坐标，所以定位误差是独立的，不存在误差传递，与距离长短的相关性也很弱，同时两点间不需通视，也不需建觇标，仪器便于携带，易于操作，可全天候进行观测。这项技术已被广泛应用于各个领域。

以上 4 种平面控制测量方法，在施测过程和平差计算中各项技术指标均应满足《房产测量规范》GB/T 17986.1 的要求。

（二）房产控制网的布设原则

房产平面控制网的布设，应遵循从整体到局部，从高级到低级，分级布设的原则进行。房产平面控制网的布设范围应考虑城镇发展的远景规划，首网布设一个主控网作为骨干，然后视建设和管理要求，分区分期逐步有计划地进行加密，建筑物密集区的控制点平均间距应在 100m 左右，建筑物稀疏区的控制点平均间距应在 200m 左右。房产平面控制点包括二、三、四等级控制点和一、二、三级平面控制点，所有控制点均应埋设固定标志。

由于全国范围内已有一、二等平面控制网，大部分城市也已由城建勘察部门建成二、三、四等平面控制网，为避免重复布网、标石紊乱、资料混杂和资金浪费，在控制测量前，应充分收集测区已有控制成果和资料，进行必要的实地踏勘和检查后，对其精度综合评定，凡符合规范的控制点成果，应充分利用；不符合的应确定其利用程度，或利用平差成果，或利用观测成果，或利用觇标、标石等。

房产平面控制网要尽量利用原有点位，以测区内布网的最高精度联测附近高等级国家水平控制网点，联测点和重合点不得少于 2 个，以便于把地方坐标换算成国家统一坐标。

（三）房产平面控制网布设的一般过程

首先要了解测区的地理位置、形状大小，今后发展远景，测量成果使用精度要求，完成任务的期限以及生产上对控制点位置、密度的要求等，并根据上述资料及拥有的仪器设备、技术力量等条件，确定布设控制网方案。

方案确定后，编写技术说明书，说明书中应陈述设计的目的和任务；测区地理位置；地形地貌的基本特征；测区原有成果的作业情况；成果质量情况及利用的可能性和利用方案；平面控制网的等级、图形、密度；起算数据的确定；控制网的图上设计及精度估计；作业的原则、方法和要求等。并附上工作量综合进程表、需用主要物资一览表、控制网设计图以及其他各种辅助图表。

接下来要造标埋石。埋设的标石作为点的标志，建造的觇标为观测时照准的目标，一切观测成果和点的坐标都归算到标石中心上，待所建造的觇标和埋设的标石稳定后，开始外业观测、内业概算、平差和坐标计算。

最后编写技术总结。主要叙述的内容有：测区概况，任务概述，作业起止时间及完成工作量；布设的锁网或导线的名称及点位密度，边、角情况；重要技术依据；觇标规格和标石埋设；对已有成果资料的利用与联测情况；观测成果使用的坐标系统，投影系统，起算数据的精度；平差计算方法，成果精度统计，重合点统计说明；质量评估，存在问题及处理等。

三、水平角观测

测量水平角通常采用测回法和方向观测法。前者多用于观测两个方向水平角；后者多在观测三个方向以上时采用。

（一）测回法

A、B、O 是地面上的三个点，欲测 OB 和 OA 的水平角，测回法观测步骤如下：

（1）盘左位置（竖盘在望远镜的左边），瞄准目标 A，读取水平度盘读数 α_1，记入手簿表 5-2-1 中。

水平角观测手簿（测回法） 表 5-2-1

测站	竖盘位置	目标	水平度盘读数 ° ′	半测回角值 ° ′	一测回角值 ° ′ ″	平均角值 ° ′	备注
O	左	A	α_1	$\beta_1 - \alpha_1$	$[(\beta_1 - \alpha_1) + (\beta_2 - \alpha_2)]/2$		
		B	β_1				
	右	A	α_2	$\beta_2 - \alpha_2$			
		B	β_2				

（2）顺时针转动仪器照准部，瞄准目标 B，读水平度盘读数 β，记入手簿，则盘左所测角值 $\angle AOB = \beta_1 - \alpha_1$，称为前半测回。

（3）纵转望远镜，使竖直度盘位于观测者的右方，称为盘右。松开水平制动螺栓，瞄准目标 B，读水平度盘读数 β_2，记入手簿。

（4）逆时针转动仪器瞄准目标 A，读水平度盘的读数 α_2 记入手簿，完成后半测回。所测 $\angle AOB = \beta_2 - \alpha_2$。前、后两个半测回合起来叫一个测回。可取两个角值的平均值为观测角值。

（二）方向观测法

方向观测法简称方向法。现以在 O 点安置仪器，观测 A、B、C、D 四个方向间的水平角如图 5-2-1 为例，说明方向法的操作步骤、记录和计算。

（1）盘左，将度盘读数安置在稍大于 0°，如 0°05′00″位置，以此方向值瞄准选定的第一个方向 A（称起始方向或零方向），并将此方向值 α_1 记入表 5-2-1 中。

（2）顺时针转动照准部，依次观测 B、C、D 各方向并读取度盘读数 d_1、c_1、b_1 依次记入表 5-2-2 中。

（3）继续旋转照准部，再次观测目标 A，称为归零。如读数为 0°05′10″，记入表中相应栏内。由于观测时转了一圈，所以又称全圆方向法。其目的是检查观测过程中仪器是否发生了变动，以上观测过程称为上半测回。

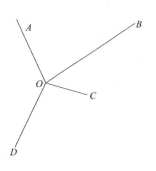

图 5-2-1

方向观测法手簿　　　　　　　　　　　　　　　　表 5-2-2

测回数	测站	照准点名称	盘左读数(° ′ ″)	盘右读数(° ′ ″)	2C(° ′ ″)	平均读数(° ′ ″)	一测回归零方向值(° ′ ″)	各测回归零方向平均值(° ′ ″)	角值(° ′ ″)
I		A	a_1	a_2					
		B	b_1	b_2					
		C	c_1	c_2					
		D	d_1	d_2					
		A	a_1'	a_2'					
II		A	a						
		B	b						
		C	c						
		D	d						
		A	a						

（4）纵转望远镜成盘右，立即瞄准 A 点，读数为 a_2；然后逆时针方向旋转照准部，依次观测 B、C、D 各方向，读数依次为 d_2、c_2、b_2，再次归零到 A 点，称为下半测回。上、下两个半测回称为一个测回。

如果观测两个以上测回，仍需按 $\dfrac{180°}{n}$ 变换各测回的起始方向值。在完成上述步骤后，各项限差必须满足表 5-2-3 中的要求。

水平角观测限差　　　　　　　　　　　　　　　　表 5-2-3

经纬仪型号	半测回归零差(″)	一测回内 2C 互差(″)	同一方向值测回互差(″)
DJ$_1$	6	9	6
DJ$_2$	8	13	9
DJ$_6$	18	30	24

① 半测回归零差。这项计算在归零观测时即可进行。如前上半测回起始读数为 $0°05'00''$，归零读数为 $0°05'10''$，则半测回归零差为 $10''$。如为 DJ$_6$ 经纬仪所做观测，则满足要求；但如为 DJ$_2$ 经纬仪所测，从表中看出不符合要求，应立即检查原因重测。

② 一测回内 2C 误差。2C 是对同一观测目标盘左和盘右读数的差，两次方向值理论上应差 $180°$，计算 2C 可发现仪器结构上的偏差和观测中的误差。2C＝盘左读数－（盘右读数±180°）。

③ 同一方向值各测回互差。指对同一方向角，例如 $\angle AOB$，在两个或两个以上测回中所观测角值相互差值。

在上述三项限差均满足规范要求后，计算各角值。首先根据记录算出一测回中盘左或盘右两读数平均值，平均读数＝[盘左读数＋（盘右读数－180°）]×$\dfrac{1}{2}$，然后将起始方向的两个平均读数减起始方向平均读数记作一测回归零方向值。若为多测回，再算出各测回归零方向值的平均值即为最后角值。

四、距离测量

测量地面上两点间距离，是测量的基本工作。两点间距离，指该两点投影到水平面上的水平距离。如果测量的是倾斜距离，还必须改算为水平距离。根据不同的精度要求应采取不同的仪器和方法测距。

（一）钢尺量距

钢尺量距一般方法是：当丈量地面上 A、B 两点间水平距离时，先在 A、B 两点打入木桩，桩顶钉小钉表示点位，清除直线上障碍物，并在直线端点 A、B 外侧各立一标杆，以标定直线方位。丈量工作一般两人协同作业，一为后尺员，持钢尺的零端站在 A 处，一为前尺员，持钢尺的末端，携带标杆和测钎沿丈量方向前进，行至一整尺处停下，立上标杆，同时后尺员通过 AB 直线上的标杆以手势指挥前尺员移动标杆，使标杆立在直线上，称为目视定线。然后两人拉紧钢尺，后尺员以尺零点对准 A 点，前尺员在尺的末端刻划处垂直插下一测钎，定出点 1，即量出了第一尺段。接着继续向前量第二、第三…尺段。量毕每一尺段时，后尺员将插在地面上的测钎拔出收好，用来计算丈量过的尺段数。最后丈量到 B 点，量取不足一尺的距离。如图 5-2-2 所示，则 A、B 两点间的距离就可得出为后尺员搜集的测钎数乘钢尺长，再加上最后的不足一尺的距离。

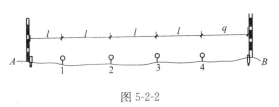

图 5-2-2

为了防止丈量错误和检核量测精度，一般要往返各量一次。返测时要重新定线，取往返测距结果的平均值为最终结果。在平坦地区钢尺量距的相对误差一般不应大于 $\frac{1}{3000}$；在量距困难地区，也不应大于 $\frac{1}{1000}$。

当量距精度较高时，应采取较精密的量距方法，其精度可达 $\frac{1}{40000} \sim \frac{1}{10000}$，方法如下：AB 直线为待定精密量距的水平距离，首先清除直线上的障碍物，用经纬仪进行定线，即在 A 点安置经纬仪，瞄准 B 点标志，在经纬仪视线上用钢尺概量出略短于一整尺的位置 1、2…，各点位均用大木桩标定，桩顶十字中心为丈量标志；第二步量距，量距小组一般由五人组成，两人拉尺，两人读数，一人记录、测温兼指挥，先量 A、1 两桩间距离，后尺员将弹簧秤挂在尺的零端，前尺员持尺末端，并使尺的同一侧贴近两桩顶标志，前、后尺员同时用力拉尺，拉力采用标准拉力（30m 钢尺加拉力 100N，50m 钢尺加拉力 150N）。前尺员以尺上某一整分划线对准十字线交点时，发出读数口令"预备"，后尺员看弹簧秤在刻划时回答"好"，此时两端读尺员同时根据钢尺与十字交点相切的分划值，分别读数，估读到 0.5mm，记录员记录读数。两端读数差为该尺段长度。每一尺段按上述方法丈量三次，直到终点。上述所测距离若为倾斜距离，应用水准测量方法测出桩顶之间的高差，进行倾斜改正，同时考虑尺长改正和温度改正，便可依实测距离求出该段改正后的水平距离。

（二）光电测距仪测距

使用各种电磁波测距仪，要认真阅读使用说明，严格执行操作程序。光电测距仪按精度分为两个等级，1km 测距中误差绝对值小于等于 5mm 时为Ⅰ级；大于 5mm、小于或等于 10mm 时为Ⅱ级。各级测距仪的测距成果均不能超过表 5-2-4 的限值。

光电测距仪限差   表 5-2-4

仪器精度等级	一测回读数较差(mm)	单程读数差(mm)	往返测或不同时段观测结果较差
I	5	7	$2(a+b \times D)$
II	10	15	

注：a、b 为光电测距仪的标称精度指标；a 为固定误差，mm；b 为比例误差；D 为测距边长，m。

五、GPS 全球定位系统

GPS 全球定位系统，即导航卫星测时和测距全球定位系统。该系统可向全球用户提供连续、快速定时的、高精度的三维坐标、三维速度和时间信息；可保证用户在任何时候和地点能同时观测到 4 颗卫星。

GPS 卫星发送的信号能够进行厘米级甚至是毫米级的静态定位。除了能进行精密的水准测量外，还可取代三角测量、三边测量和导线测量等常规大地测量技术。GPS 卫星定位和低空摄影相结合，可成为一种大比例尺快速测图系统；与卫星摄影测量相结合，可成为一种动态地图自动测绘系统。它在测量上可用于建立全国性的大地控制网，建立陆地和海洋的大地测量基准；可用于地壳变形监测，包括局部变形监测；也可用于测定航空摄影的动态参数，进行城市控制测量或其他控制测量；还可用于工程测量、地籍测量、房产测量等领域。

GPS 卫星网由 18 颗卫星（计划为 24 颗）分布在 6 个轨道平面上组成，两个轨道之间的夹角 60°，对赤道的倾角 55°，每个轨道平面上布设 3 颗卫星，彼此间隔相等，相距 120°，从一个轨道面的卫星到下一个轨道面的卫星错动 40°。GPS 卫星地面监控系统由一个主控站，3 个注入站和 5 个监控站构成，主控站拥有以大型计算机为主体的数据收集、计算、传输、诊断等设备。它将监控站提供的每颗可见卫星的伪距、距离差和气象要素及监控站自身状态等数据收集起来，及时计算每颗卫星的星历、时钟改正、状态数据以及信号的大气传播改正，传递到注入站，同时监控整个地面控制系统的工作状态，检验注入卫星的导航电文的正确性，监测导航卫星是否发出，调整卫星轨道，调动备用卫星。

GPS 卫星系统的用户设备叫做接收机，或称卫星定位仪。由天线单元和接收单元两大部分组成。

GPS 测量的外业观测阶段，一定要严格遵守作业纲要和操作规程。静态定位的工作程序是首先进行天线的设置，在墩标上设置天线，应将天线装置固定在一个特制的基座上，基座上的三个脚尖应分别落在标志盘上互呈 120° 的三个槽内，并调节圆水准泡使其居中；若在脚架上设置天线，则应进行对中、整平，与传统测量操作方法相同。由于测量是测定天线的相位中心坐标，而我们需要的是地面标志点坐标，所以第二步工作是量仪器高，仪器高由两部分组成，一是由仪器一方检定并提供的相位中心到天线装置底面的高差；一是底面到标石顶面的高差。当不得已进行偏心观测时，第三步需测定归心元素，进行归心计算。

利用 GPS 进行控制测量，GPS 网应布设成三角网形或导线网形，或构成其他独立检核条件可以检核的图形。GPS 网点与原有控制网的高级点重合应不少于 3 个。当重合点不足 3 个时，应与原控制网的高级点进行联测，重合点与联测点的总数不得少于 3 个。

六、平差计算

在导线测量中，由于测角、测距不可避免地带有误差，因此就会产生方位角闭合差和纵横坐标增量的闭合差。平差就是要合理的消除这些闭合差，使导线各边长、方位角和各点坐标增量之间无矛盾，符合已知值或理论上的几何条件，求得观测结果的最或然值，并评定其精度。

五等一、二级导线网，一般采用近似平差，就是将导线中的角度和纵横坐标分别进行平差。平差的基本原则是采用带权平均分配闭合差的方法，最后求得各导线点的最或然坐标，而且不做严格的精度评定。

根据导线图形布设情况，可采用不同的平差方法。单一附合导线可按带权平均配赋法平差；单节点导线网，采用加权平均法；节点少、图形简单的导线网，采用等权代替法；构成若干环形导线网可用多边形平差法；节点较多图形复杂的导线网采用逐渐趋近平差。这些平差计算均可利用平差程序软件完成。

第二节　房　产　调　查

房产调查是根据房产测量的目的和任务，结合房产行政管理和经营管理的需要，对房屋和房屋用地两方面进行调查，包括每个权属单元的位置、权属、属性、数字等基本情况及地理名称和行政界限进行调查。

一、房产调查

房产调查的目的在于获取房产各要素资料，通过确权审查、实物定质定量，认定房产权界及归属，最终完善房产测量的各种资料，为房地产管理提供可靠并能直接服务的基础资料。因此房产调查的内容应包括：房屋用地权属调查；房屋状况调查；房产数量调查及示意图绘制；房产权属状况调查；地理名称和行政境界调查。

房产调查是房产测量的一个重要环节，它贯穿于整个房产测量过程的始终。在分幅平面图绘制阶段，通过房产调查以获得各用地单元的范围、坐落及相互关系，并按房产管理要求对各用地单元编"丘号"；在分丘图绘制阶段，房产调查是为了确定各用地单元的权属界限，对界址点进行等级划分和编号，了解丘内房屋情况并编"幢号"；在分幢测绘阶段，房产调查着重于房屋权源、别及房屋基本情况调查，并确定房屋中各部分功能和结构，为合理测算房屋面积做好准备；在多元产权分户测量阶段，通过房产调查，确定各分户自用范围、公共面积范围及公共共有面积等情况，并搜集公共面积分摊协议或文件。

房产调查一般应经过政府公告、资料准备、实地调查、确权定界、成果归整五个阶段。在实施房产调查前，要对房产权属单元的有关权属文件，结合产籍档案按房地产法规、政策、办法等对照审阅，明确其权属是否合法属实。实地调查中，不允许将产权产籍资料原件带至现场，必须携带工作用图、房屋产权产籍资料复印件、调查表、审阅记录及房产调查用具，应会同房产各方权利人代表到现场共同指界认定，如其中一方因故不能到场，必要时应按法律程序完善委托代理手续，必须现场如实记录权属单元房产调查情况，对房屋产权纠纷一客观记录，调查者不能越权仲裁。

房产调查成果应按表 5-2-5 房屋调查表和表 5-2-6 房屋用地调查表如实填写记录。

房屋调查表

表 5-2-5

市区名称或代码＿＿＿＿　房产区号＿＿＿＿　房产分区号＿＿＿＿　丘号＿＿＿＿　序号＿＿＿＿

坐落	区(县)	街道(镇)	胡同(街巷)	
产权主	住址		邮政编码	
用途	产别		电话	

房屋状况										墙体归属				产权来源
幢号	权号	产号	总层数	所在层数	建筑结构	建成年份	占地面积(m²)	使用面积(m²)	建筑面积(m²)	东	南	西	北	

| 房屋权界线示意图 | | 附加说明 | |
| | | 调查意见 | |

调查者:　　　　　　　　　　　　年　月　日

表 5-2-6

房 屋 用 地 调 查 表

市区名称或代码＿＿＿＿ 房产区号＿＿＿＿ 房产分区号＿＿＿＿ 丘号＿＿＿＿ 序号＿＿＿＿

坐　落	区（县）	街道（镇）	胡同（街巷）	号	邮政编码	
产权性质	产权主	土地等级		税费	电话	
使 用 人	住　址		所有制性质			
用地来源			用地用途分类			
用地状况	四至	东	南	西	北	东	南	西	北	附加说明
	面积（m²）	合计用地面积	房屋占地面积	院地面积	分摊面积	
用地略图						

调查者：　　　　　　　　　　　年　　月　　日

二、房产单元划分

（一）丘

房屋权属用地最小单元是丘。丘是地表上一块有界空间的地块。一个地块只属于一个产权单元时称为独立丘；一个地块属于几个产权单元时称组合丘。

丘在划分时，有固定界标的按固定界标划分，没有固定界标的按自然界线划分。能清楚划分出权属单元的用地范围（如一个单位、一个院落、一个门牌号），将其划分为独立丘。一个产权单元的用地由不相连的若干地块组成时，则每个地块均应划分为独立丘。当一个地块内多个权属单元的用地范围相互渗透，权属界限相互交错难以划分时，或各权属单元用地范围小，在分幅图上难以逐一表示各自范围时，将地块划分为组合丘。

丘是按市、市辖区（县）、房产区、房产分区、丘五级编号。丘号是房产测量和产权产籍管理中的重要编码，也是房地产档案管理的重要索引。丘的编号格式为：

市代码＋市辖区（县）代码＋房产区代码＋房产分区代码＋丘号
（2位）　　　（2位）　　　　（2位）　　　　（2位）　　　（2位）

其中市代码和市辖区（县）代码采用《中华人民共和国行政区划代码》GB/T 2260规定的代码。所谓房产区是以市行政建制区的街道办事处或镇（乡）的行政辖区，或房地产管理划分的区域为基础规定的，根据实际情况，可以将房产区内主要街道围成的一片再划分成若干房产分区。房产区和房产分区均以两位自然数字从01至99依次编列；当未划分房产分区时，相应的房产分区号用01表示。丘的编号以房产分区为编号区，采用4位自然数字从0001至9999编列，新增丘接原顺序号连续编立。丘号编立顺序，在一个房产区或房产分区内，从北到南，从西向东以反"S"顺序编列。如果为组合丘，需编立支丘号，表示方法为在丘号后以小一号字级表示。支丘号编排顺序为面向主丘大门从左至右以反"S"形式顺序编列。

在任何情况下，丘的编号在编号单元中皆应具有唯一性；丘的编号一经确定，就不得更改。只有当变更发生时，才能按规范规定对丘号调整。

（二）幢

幢是指一座独立的房屋。它可以是由不同层数的主楼和群房组成为一幢，也可是原建和扩建的甚至是不同结构的两部分组成，只要是紧密相连、不可分割的独立房屋即可为一幢。

幢号的编立是以丘为单位，自进大门起，从左到右，从前到后，用数字1、2…顺序按"S"形编号。幢号注在房屋轮廓线内的左下角，并加括号表示。在一丘内，各房屋的编号是唯一的。

三、房屋用地调查

房屋用地调查的内容包括用地坐落、产权性质、等级、税费、用地人、用地单位所有制性质、使用权来源、四至、界标、用地用途分类、用地面积和用地纠纷等基本情况以及绘制用地范围略图。

（一）房屋用地坐落

房屋用地坐落是指房屋用地所在街道的名称和门牌号。房屋用地坐落在小的里弄、胡同和小巷时，应加注附近主要街道名称；缺门牌号时应借用毗连房屋门牌号并加注东、南、西、北方位；房屋用地坐落在两个以上街道或有两个以上门牌号时，应全部注明。

房屋用地坐落调查中，还应清楚房屋用地主门牌号所在的分幅图号以及房屋用地所在的房产分区编码。

（二）房屋用地产权性质

《中华人民共和国土地管理法》规定，城市市区的土地属国家所有，农村和城市郊区的土地，除由法律规定属于国家所有的以外，均属集体所有。土地所有权性质不受土地使用权人性质和土地上的附着物产权性质的限制。即在我国房屋用地产权性质仅有国家和集体两种。

在房屋用地产权性质调查中，若为集体所有，应注明土地所有单位的全称。

（三）房屋用地等级

房屋用地等级应按照当地有关部门制定的土地等级标准执行。

城市用地等级划分是根据城市基础设施、交通通达度、繁华度、社会服务设施、环境质量、自然条件、城市规划、建设条件等因素综合评估而得，是根据国家土地等级划分总原则，结合本地区具体情况，制定土地等级评估标准，并按该标准划分城市土地各等级区域的，房屋用地等级根据其所在区域土地等级填写。

（四）房屋用地使用权主、使用人

房屋用地使用权主是指房屋用地的产权主的姓名或单位名称。

房屋用地使用人是指房屋用地的使用人的姓名或单位名称。

（五）用地来源

房屋用地来源是指取得土地使用权的时间和方式。该项调查称为权源调查。取得土地使用权的时间，指获得土地使用权正式文件的日期。取得土地使用权的方式有转让、出让、征用和划拨等。在该项调查中还应包含土地使用权文件中规定的土地范围面积。

（六）用地四至

用地四至是指用地范围与四邻接壤的情况，一般按东、南、西、北方向注明邻接丘号或街道名称。该项调查应查清与该用地相邻的房屋用地的使用人的姓名等主要情况，还应查清与之相邻的街道名称，沟、渠名称或空地植被名称等。

（七）用地范围的界标、界线

用地范围的界标是指用地界线上的各种标志，包括道路、河流等自然界线；房屋墙体、围墙、栅栏等围护物体，以及界碑、界柱等埋石标志。有明显的和固定的线状地物做界称为"硬界"，把无明显地物的界线称为"软界"。

无论界址线上有无明显的界址标志，当界址线有明确位置时，这个位置既可以是实地的明确位置，也可以是资料中明确的界址线定位点坐标，均称之为实界，无明显位置的称为虚界。虚界在房屋用地与公共事业用地相邻或以里弄划分丘时，出现机会较多，此时界址内房屋用地面积为概略值。

房屋用地界线是指房屋用地范围的界线，包括公用院落的界线，由产权人（用地人）指界与邻户认证来确定。提供不出证据或有争议的应根据实际使用范围标出争议部位，按未定界处理。

线性地物作用地界线，它自身是有一定面积的，房屋用地调查中，一定明确界址线与硬界界标的位置关系，图 5-2-3 表示的是围墙界不同位置的表示方法。图 5-2-3(a)表示以围墙一侧为界，粗线为界线位置；图 5-2-3(b)表示围墙中心为界。

图 5-2-3

(a)以围墙一侧为界；(b)以围墙中心为界

（八）用地用途分类

房屋用地按大类、小类二级进行划分，共分为 10 大类，24 小类。10 大类中第一为商业金融用地，包括商业服务业用地，旅游用地，金融保险业用地；第二是工业、仓储用地，分为工业用地，仓储用地；第三是市政用地，包括市政公共设施用地，绿化用地；第四是公共建筑用地，有文化、体育、娱乐用地，机关、宣传用地，科研、设计用地，教育用地，医药卫生用地；第五是住宅用地；第六是交通用地，包括铁路、民用机场、码头港口用地、其他交通用地；第七是特殊用地，包括军事设施用地、涉外用地、宗教用地，监狱用地；第八是水域用地；第九是农业用地，分为水田、菜地、旱地、园地；第十是其他用地。

四、房屋调查

房屋调查的内容包括房屋坐落、产权人、产别、层数、所在层次、建筑结构、建成年份、用途、墙体归属、权源、产权纠纷和他项权利等基本情况以及绘制房屋权界线示意图。

（一）房屋坐落

该项调查的内容和要求与房屋用地坐落调查相同。对于多元产权房屋的各权属单元，应分别按其实际占有的建筑部位，调查单元号、层次、户号和室号。该项调查内容中所记录图号为房屋所在分幅平面图的图号，册、页号是按房屋图卡整饰装订成册时，房屋所在册、页所编定的序号。

（二）房屋产权人

房屋产权人是指依法享有房屋所有权和该房屋占用范围内的土地使用权、房地产他项权利的法人、其他组织和自然人。

私人所有房屋，一般按产权证件上的姓名记录。产权人已死亡的，应注明代理人的姓名；产权是共有的，应注明全体共有人的姓名；房屋为典当的，应注明典当人姓名及典当情况；产权人已死亡又无代理人，产权归属不清或无主房产，以"已亡"、"不清"、"无主"记录。没有产权证的私有房屋，其产权人应为依法建房或取得房屋的户主的户籍姓名，并应调查未办理产权的原因。

单位所有的房屋，应注明单位全称。两个以上共有的，应注明全体共有单位名称。不具有法人资格的单位不能作为房屋的所有权人。主管部门作为所有权人，但房产为其下属单位实际使用时，除注记主管部门全称外，还应注明实际使用房产的单位全称。

房地产管理部门直接管理的房屋，包括公产、代管产、托管产、拨用产等 4 种产别。公产应注明房地产管理部门的全称。代管产应注明代管及原产权人姓名。托管产应注明托管及委托人的姓名或单位名称。拨用产应注明房地产管理部门的全称及拨借单位名称。

（三）房屋产别

房屋产别是指根据产权占有不同而划分的类别。按两级分类，共分 8 大类。

1. 国有房产

指归国家所有的房产。包括由政府接管、国家经租、收购、新建以及由国有单位用自筹资金建设或购买的房产。可细分为直管产，即由政府接管、国家经租、收购、新建、扩建的房屋；自管产是指国家划拨给全民所有制单位所有以及全民所有制单位自筹资金构建的房产；军产是指中国人民解放军部队所有的房产。

2. 集体所有房产

指城市集体所有制单位所有的房产。即集体所有制单位投资建造、购买的房产。

3. 私有房产

指私人所有的房产。包括中国公民、港澳台同胞、海外侨胞，在华外国侨民、外国人所投资建造、购买的房产，以及中国公民投资的私营企业（私营独资企业、私营合伙企业和私营有限责任公司）所建造、购买的房产。按房改政策，职工个人以标准价格购买的住房，拥有部分产权。

4. 联营企业房产

指不同所有制性质的单位之间共同组成新的法人型经济实体所投资建造、购买的房产：

5. 股份制企业房产

指股份制企业所投资建造或购买的房产。

6. 港澳台投资房产

指港澳台地区投资者，以合资、合作或独资形式在祖国大陆举办的企业所投资建造或购买的房产。

7. 涉外房产

指中外合资经营企业，中外合作经营企业，外国政府、社会团体、国际性机构所投资建造或购买的房产。

8. 其他房产

凡不属于以上各类的房产，都归在这一类。包括因所有权不明，由政府房地产管理部门、全民所有制单位、军队代为管理的房屋以及宗教、寺庙等房屋。

（四）房屋产权来源

房屋产权来源是指产权人取得房屋产权的时间和方式。时间指房屋所有权人取得该幢房屋所有权的有关文件上规定的日期。取得房屋产权的方式依房屋所有权的分类不同，其表现形式也不尽相同。直管公产，权源有接管、没收、捐献、抵账、移交、收购、交换、新建等；单位自管产，其权源有新建、调拨、价拨、交换等；私产，其权源有继承、买受、受赠、自建、翻建等。

产权来源有两种以上的，应全部注明。

（五）房屋层数与所在层次

房屋层数指自然层数。即供人们正常生产、生活、工作与学习的楼层。总层数为房屋地面上层数与地下层数之和。所在层次指本权属单元的房屋在该幢楼房中的第几层，一般室内地坪±0.000 为首层，地下层次以负数表示。

在调查中应注意采光窗在室外地坪以上的半地下室，其室内层高超过 2.2m 时应计入层数，而假层、附层(夹层)、插层、阁楼、装饰性塔楼以及突出屋面的楼梯间、水箱间不计入层数。假层是房屋的最上一层，四面外墙的高度一般低于自然层外墙高度，内部房间利用部分屋架空间构成的非正式层，其净空高度大于 1.7m，且面积不足下层 1/2 的部分。夹层或叫附层，是建筑设计时，安插在上下两正式层之间的房屋。如果是建成后在上下两正式层间添加房屋，则称为暗楼或阁楼。此外，横跨里巷两边房屋建造的悬空房屋，即过街楼和一边依附于相邻房屋，一边支柱支撑的吊楼，两者其上层均计入正式层，下面空间不计为层。

（六）房屋建筑结构

房屋建筑结构指根据房屋的梁、柱、墙等主要承重构件的建筑材料划分类别，共分为 6 类，即：钢结构；钢、钢筋混凝土结构，简称钢、钢混结构；钢筋混凝土结构，简称钢混结构；混合结构；砖木结构及其他结构。

在调查中会发现，房屋主要承重构件的材料往往被装饰所掩盖，有时还会产生错觉，因此要仔细勘察确认，必要时应参考结构设计资料。

（七）房屋建成年份

房屋建成年份指房屋实际竣工年份。一幢房屋如果有两个以上建成年份，应分别注明；如果房屋为拆除原有房屋后，在原基础上翻修重建的，应以翻建竣工年份为准。

（八）房屋用途

指房屋的实际用途。一级分类分为 8 类：

（1）住宅。住宅在二级分类中又分为编号 11 成套住宅，12 非成套住宅，13 集体宿舍。

（2）工业、交通、仓储。二级分类编号 21 工业，22 公用设施，23 铁路，24 民航，25 航运，26 公交运输，27 仓储。

（3）商业、金融、信息。二级分类编号 31 商业服务，32 经营，33 旅游，34 金融保险，35 电讯信息。

（4）教育、医疗卫生、科研。二级分类编号 41 教育，42 医疗卫生，43 科研。

（5）文化、娱乐、体育。二级分类编号 51 文化，52 新闻，53 娱乐，54 园林绿化，55 体育。

（6）办公。

（7）军事。

（8）其他。包括 81 涉外，82 宗教，83 监狱。

房屋调查中，如果一幢房屋具有两种以上用途，应分别注明，并同时划分出各用途部分房屋的面积。

（九）房屋墙体归属

它是房屋四面墙体所有权的归属。房屋的墙体是房屋的主要结构，严格讲墙体和其他结构本身是整幢房屋所公共的，墙体所有权归属主要是指墙体投影面积的产权归属，其产权归属涉及产权人的权利范围。墙体归属调查是以权属单元为单位，根据具体情况可分为自有墙、共有墙和借墙三类。

（十）他项权利

指房屋所有权上设置有其他权利，如典当权，抵押权等。

典当权是房屋产权人将其房地产以商定的典价典给承典人，承典人取得使用房屋的权利。抵押权是房屋产权人为清偿自身或他人债务，通过事先约定将自己所有的房地产作为担保物，抵押给抵押权人的权利。调查中，当房屋所有权发生他项权利时，应根据产权产籍资料记载事实，结合实际情况加以记录。

（十一）房屋权界线示意图

房屋权界线是房屋权属范围的界线。房屋权界线示意图是以权属单元为单位绘制的略图，表示房屋及其相关位置、权界线、共有共用房屋权界线，以及与邻户相连墙体的归属，并注记房屋边长。图 5-2-4 为房屋权界线的 4 种不同情况的表征方式。

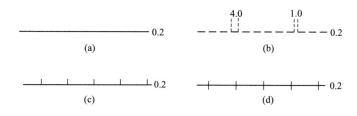

图 5-2-4

（a）房屋所有权界；（b）未定房屋权界；（c）以墙体一侧为界；（d）以墙体中心为界

在该项调查中，对共有共用房屋的权界线，应以产权人的指界与邻户认定来确定，对有争议的权界线应标注部位，做好相应的记录。

五、行政境界与地理名称调查

行政境界调查，应依照各级人民政府规定的行政境界位置，调查区、县、镇以上的行政区划范围，并标绘在图上。对于区、县、镇以下各行政区划如街、乡，可根据需要进行。

地理名称简称地名，包括居民点、道路、河流、广场等的自然名称。自然名称应根据各地人民政府地名管理机构公布的标准名或公安机关编定的地名进行，凡在测区范围内所有的地名及重要名胜古迹，均应调查。

除上述以外，还应对镇以上行政机构的名称进行调注，对实际使用房屋及其用地的企业事业单位的全称进行调注。

第三节　房产要素测量

房产要素测量是在房产平面控制测量和房产调查完后，进行的对房屋和房屋用地状况的细部测量。它的测量成果以房产图和地籍图的形式表现，或者说是以绘制房产图和地籍图为目的。测定界址点位置，得以制作基本地籍图；求算宗地面积，制作宗地图；测定房屋平面位置，绘制房产分幅图；测定房屋四至关系，丈量房屋边长，计算面积，为的是绘制房产分丘图；测定权属单元面积，以绘制房产分户图。

一、点位测量方法

点的测量方法有很多，需根据不同情况选择不同的测量方法。

（一）极坐标法

极坐标法是根据极坐标原理确定一点平面位置的一种方法。如图 5-2-5 中 A、B 两点为房屋平面控制测量中控制点，其坐标和方向角已知，$A(x_A, y_A)$、$B(x_B, y_B)$，方向角 α_{AB}，需测未知点 P 的坐标。做法是将经纬仪立于点 A，测出 AB 与 AP 的夹角 β 用钢尺丈量出 AP 的长度 d，则有 P 点坐标为：

$$x_P = x_A + d\cos(\alpha_{AB} + \beta) \tag{5-2-1}$$

$$y_P = y_A + d\sin(\alpha_{AB} + \beta) \tag{5-2-2}$$

极坐标测量可用全站型电子速测仪完成，也可用经纬仪配以光电测距仪来完成。采用此法时，对于间距很短的相邻界址点应由同一条线路的控制点进行测量，可通过此法增设辅助房产控制点，即为常用的支导线法（支导线只允许发展两次）和自由设站法，补充现有控制点的不足。

（二）正交法

正交法又称直角坐标法，它是借助测线和短边支距测定目标点。支距长度不得超过 50m，使用钢尺量距配以直角棱镜作业，如图 5-2-6 所示。A、B 两点为已知点，坐标分别为 $A(x_A, y_A)$、$B(x_B, y_B)$，方向角 α_{AB}。现以 α_{AB} 方向为新坐标轴 T，方位 $\alpha_{AB} + \frac{\pi}{2}$ 指向为横轴 U，B 点为坐标原点。未知点 P 在新坐标系上的坐标为 $P(\tau, \mu)$，用钢尺量测出距离 τ、μ。则 P 点坐标为：

$$x_P = x_B + \tau\cos\alpha_{AB} + \mu\sin\alpha_{AB} \tag{5-2-3}$$

$$y_P = y_B + \tau\sin\alpha_{AB} + \mu\cos\alpha_{AB} \tag{5-2-4}$$

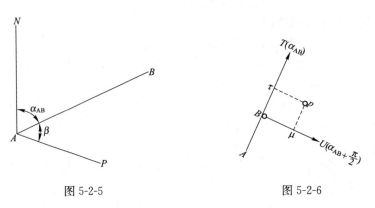

图 5-2-5　　　　　　　　　　　　图 5-2-6

（三）线交会法

线交会法又称距离交会法，它是指控制点、界址点和房角点的解析坐标值，按三边测量，测出测站点坐标，从而测出目标点的方法。该方法广泛用于测定二类界址点。如图 5-2-7 所示，A、B 两点已知点，坐标为 $A(x_A, y_A)$、$B(x_B, y_B)$，方位角 α_{AB}，未知点 P。用测距仪或钢尺测量出 BP，则由下列计算，得出 P 点坐标 $P(x_P, y_P)$：

A、B 两点距离：

$$AB = \sqrt{(x_B - x_A)^2 + (y_B - y_A)^2} \tag{5-2-5}$$

由三角关系得出：

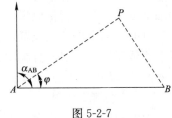

图 5-2-7

$$\varphi = \cos^{-1}\left(\frac{AP^2 + AB^2 - BP^2}{2AB \times AP}\right) \tag{5-2-6}$$

直线 AP 的方位角： $\qquad\qquad \alpha_{AB} = \alpha_{AB} - \varphi \tag{5-2-7}$

P 点坐标： $\qquad\qquad\qquad x_P = x_A + AP\cos\alpha_{AP} \tag{5-2-8}$

$$y_P = y_A + AP\sin\alpha_{AP} \tag{5-2-9}$$

二、界址点及界址测量

（一）界址点

房产界址点简称界址点，是权属界线上的特征点，房屋及房屋用地的范围、位置是由界址点来确定的。

界址点按精度分为三级，各级界址点相对邻近控制点的点位误差和间距超过 50m 的，相邻界址点的间距误差不应超过表 5-2-7 的规定。

相邻界址点间距误差（m）　　　　　　　　　　　　　表 5-2-7

界址点等级	限差	中误差
一	±0.04	±0.02
二	±0.10	±0.05
三	±0.20	±0.10

间距未超过 50m 的界址点间的误差不应超过下式的计算结果：

$$\Delta D = \pm(m_j + 0.02m_j D) \tag{5-2-10}$$

式中 ΔD——界址点坐标计算的边长与实量边长较差的限差（m）；

$\qquad\quad D$——相邻界址点的距离（m）；

$\qquad\quad m_j$——相应等级界址点的点位中误差（m）。

对城镇的繁华地段，通常选用一、二级界址点，其他地区选用三级界址点。比三级界址点的精度更低的界址点，可视为等外界址点，等外界址点不能作为实测房产面积的资料。对于一个房屋用地地块的界址点，原则上应选用同一等级的界址点，但当测量的野外条件从技术上限制了界址点的施测时，允许选用两个等级的界址点。

一、二级界址点必须设立固定的标志，界址点的标志分为两种，一种是定位标志，其中心表示界址点点位，一般埋设在空旷地区或埋设有固定界标处，也可以埋在固定的坎、坡及道路沿上。通常采用混凝土或石灰做基础，埋入地下 0.5m 以上，凸出地面的界址点标志为金属材料制作，直径在 30mm 左右，埋于基础上，或用直径为 12mm 的钢钉直接钉于地面上；另一种是标识标志，标志指示出界址点所在位置，一般设立在永久性建筑物或构筑物的转角处，即硬界上。可用钢棍标志，在离地面 300~1000mm 的位置上钉入墙中，或在墙体上刻划喷涂标志。

界址点的编号，以高斯投影的一个整公里格网为编号区，每个编号区的代码以该公里格网西南角的横纵坐标公里值表示。点的完整编号有编号区代码（9位）、点的类别代码（1位）、点号（5位）三部分组成。类别代码 3 表示界址点号，从 1~9999 连续编号，同一编号单元内，按从北到南，从西到东逐丘顺序编号，同一丘内界址点则按顺时针顺序编号，各界址点的编号前冠以字母"J"注记。

（二）界址测量

界址测量包含有三部分内容，即界址点测量、丘界线测量和界标地物测量。

界址点的测量从邻近基本控制点或高级界址点起算，以极坐标法、支导线法或正交法等野外解析法测定，也可在全野外数据采集时，和其他房地产要素同时测定。界址点的坐标，一般应该有两个从不同测站点测定的结果，取两结果的中数作为该点的最后结果。

丘界线测量中，丘界线边长的测量应用预先检验合格了的钢尺丈量，也可由相邻界址点的解析坐标计算丘界线长度。对不规则的弧形丘界线，可按折线分段丈量，结果标注于分丘图上，供计算丘面积和复丈检测之用。

界标地物测量，应依设立的界标类别、权属界址位置选择不同的测量方法，结果标注于分丘图上。界标上邻近的较永久性地物宜进行联测。

三、房屋及附属设施测量

房屋测量主要是测定房屋平面位置和墙体所有权范围界定及边长丈量，为房屋面积测定、房产分丘图和分层分户图的绘制提供可靠数据。房屋测量应该逐幢测绘，同时不同产别、不同建筑结构、不同层数的房屋均应分别测量；独立房屋以房屋四面墙体外侧为界，以勒脚以上墙角为准，测绘水平投影；当所测房屋与其他房屋毗连时，应在确定了墙体类别，即自有墙、共有墙和借墙之后，以墙体所有权范围为界测量。

房屋附属设施一般指阳台、室外楼梯及户外走廊（包括檐廊、柱廊、挑廊、门廊等）顶棚、天井。除阳台以底板投影为准测量外，其余均以外围水平投影为准测量。

房屋角点是指建筑物墙角点，房屋角点测量的位置，一般在外墙勒角以上 100 ± 20cm 处，可采用极坐标法和正交法。对于正规矩形房屋角点，可只测三点，另一点通过解析计算求得。房屋角点完整编号与界址点编号方法相同，只是在类别代码上变更为4。

四、关于航空摄影测量

摄影即照相，景物通过摄影迅速而完整地将其外观形状记录在相片上。应用航空摄影的地表面相片测绘地形图、房地产图和各种专业用图的工作，称为航空摄影测量，简称航测成图。航测成图又分综合法和立体测图法。综合法是采用航空摄影测量和平板仪测量相结合的成图方法。立体测图法可分为微分法：即利用航空摄影相片进行外业控制的区域网或全野外布点，并进行相片调绘，然后转至内业作控制点加密和投影转绘，最后作原图绘制；全能法，它是利用航空摄影进行外业控制的区域网或全野外布点的同时调绘，然后在全能型立体测图仪上利用摄影的反转原理，建立与地面相似的光学模型，再量测几何模型得到垂直投影的地物，绘制出各种地图。

第四节　房产面积测算

房产面积测算包括房屋面积测算和用地面积测算两部分，面积测算指的均是水平面积的测算。

房产面积测算是房产测量工作中非常重要的组成部分，它为房地产产权产籍管理、核发权证提供可靠的数据资料；为房地产开发、房地产权属单位提供重要、翔实的信息资料;是房地产税费征收城镇规划的重要依据。

一、面积测算方法和精度要求

面积测算方法有很多,根据数据资料来源不同可分为坐标解析法、实地量距法和图解法,在实际房产面积测算工作中,用地面积测算大多采用坐标解析法,房屋面积测算一般采用实地量距和图解法。

(一)坐标解析法

坐标解析法就是根据已测出的界址点坐标,利用公式算出水平面积。计算公式为:

$$S = \frac{1}{2}\sum_{i=1}^{n} X_i(Y_{i+1} - Y_{i-1}) \tag{5-2-11}$$

$$S = \frac{1}{2}\sum_{i=1}^{n} Y_i(X_{i-1} - X_{i+1}) \tag{5-2-12}$$

式中　S——面积(m);

Y_i,X_i——界址点纵横坐标(m);

n——界址点个数;

i——界址点序号,按顺时针方向顺编。

面积中误差计算公式:

$$m_s = \pm m_j\sqrt{\frac{1}{8}\sum_{i=1}^{n} D_{i-1,i+1}^2} \tag{5-2-13}$$

式中　m_s——面积中误差(m²);

m_j——相应等级界址点的点位中误差(m);

$D_{i-1,i+1}$——多边形对角线长度(m)。

【例5-2-1】 某房屋用地界线为四边形,4个界址点坐标如表5-2-8所示,用解析计算公式计算该用地面积。

界 址 点 坐 标　　　　　　　　　　　　　　　表5-2-8

界址点序号	1	2	3	4
X 坐标	1083.056	1133.705	1133.567	1083.215
Y 坐标	1380.301	1380.478	1480.304	1480.679

【解】 利用公式:

$$S = \frac{1}{2}\times[1083.056\times(1380.478-1480.679)+1133.705\times(1480.304-1380.301)$$

$$+1133.567\times(1480.679-1380.478)+1083.215\times(1380.301-1480.304)]$$

$$= 5055.202\text{m}^2$$

或:$S = \frac{1}{2}\times[1380.301\times(1083.215-1133.705)+1380.478\times(1083.056-1133.567)$

$$+1480.304(1133.705-1083.215)+1480.679(1133.567-1083.056)]$$

$$= 5055.202\text{m}^2$$

（二）实地量距法

房屋和用地平面形状都是由几何图形构成的，当可直接量取各边边长时，便可计算出它们的面积，如矩形、三角形，甚至是梯形、平行四边形。但有很多房屋和用地形状是不规则的，则可将不规则图形分割成若干个简单图形来量测，分别计算面积再求和。如图 5-2-8 所示的多边形，可分割成 4 个三角形来测算。

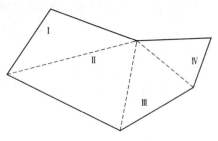

（三）图解法

图解法就是根据已有的房地产图采用不同的测量仪器，从图上量算面积，有求积仪法、模片法等。

图 5-2-8　不规则图形分割

求积仪是一种在图纸上量算面积的专用仪器，有机械求积仪和电子求积仪两大类，操作方便，量测速度快，能测量各种不规则图形的面积。

模片法是利用各种透明材料如塑料、玻璃等制成模片，在模片上建立一组按单位面积标注的方格、网点和平行线，利用这些方格、平行线逼近被测量的面积，求得图上面积值。并根据所测图纸比例尺，算出实际面积值。这种方法工具简单，容易掌握，也能保证一定的精度。但劳动强度大，容易有粗差，所以要求必须独立进行两次，两次量算的面积较差不得超过下式规定：

$$\Delta S = \pm 0.0003 M \sqrt{S} \tag{5-2-14}$$

式中　ΔS——两次量算面积较差（m^2）；

　　　M——图纸比例尺分母；

　　　S——所测算面积（m^2）。

【例 5-2-2】　某图纸比例尺为 1：200，首次测算面积为 2405.50m^2，第二次测算面积为 2403.85m^2。分析限差。

【解】　规定限差：

$$\Delta S = \pm 0.0003 M \sqrt{S} = \pm 0.0003 \times 200 \times \sqrt{2404.675} = 2.942 \mathrm{m}^2$$

两次测算面积较差：2405.50－2403.85＝1.65m^2＜ΔS

满足规范要求。

除了上述介绍的两种从图上量测面积的方法外，还有称重法，即用精密仪器测出单位面积图纸重，再称出所测图形图纸重，用重量比算出面积；再有就是用光电面积量算仪测算面积，该仪器量测误差可控制在 0.5‰～1‰ 范围内。

无论用何种方法从图中量算面积，所量算面积也不论比例，图上面积均不应小于 5cm^2，图上量距应量至 0.2mm。

（四）精度要求

面积量算精度分为三级，具体要求如表 5-2-9。精度等级的使用范围，由城市房地产行政主管部门规定。各类面积测算必须独立测算两次，其较差应在规定的限差内，取中数作为最后结果；量距应使用经检定合格的卷尺或其他能达到相应精度的仪器和工具；面积以平方米为单位，取至 0.01m^2。

房屋面积精度要求 表 5-2-9

房屋面积精度等级	限差	中误差
一	$0.02\sqrt{S}+0.0006S$	$0.08\sqrt{S}+0.006S$
二	$0.04\sqrt{S}+0.002S$	$0.02\sqrt{S}+0.001S$
三	$0.08\sqrt{S}+0.006S$	$0.04\sqrt{S}+0.003S$

二、房屋面积测算

在进行房屋面积测算前应先明确各种面积的定义和在进行各种面积计算时的种种规定。

（一）各种房屋面积定义

1. 建筑面积

房屋外墙（柱）勒脚以上各层的外围水平投影面积。包括阳台、挑廊、地下室、室外楼梯等，且具备上盖，结构牢固，层高在 2.2m 以上（含 2.2m）的永久性建筑。

2. 使用面积

房屋户内全部可供使用的空间面积，按房屋的内墙面水平投影面积计算。

3. 产权面积

产权主依法拥有房屋所有权的房屋建筑面积。房屋产权面积由直辖市、市、县房地产行政主管部门登记确权认定。

4. 共有建筑面积

各产权主共同占有或共同使用的建筑面积。

（二）房屋建筑面积测算的有关规定

1. 计算全部建筑面积的范围

（1）永久性结构的单层房屋，按一层计算建筑面积；多层房屋按各层建筑面积总和计算。

（2）房屋内的夹层、插层、技术层及其楼梯间、电梯间等高度在 2.20m 以上部位计算建筑面积。

（3）穿过房屋的通道；房屋内的门厅、大厅，均按一层计算面积。门厅、大厅内的回廊部分，层高在 2.20m 以上的，按其水平投影面积计算。

（4）楼梯间、电梯（观光梯）井、提物井、垃圾道、管道井等均按房屋自然层计算面积。

（5）房屋天面上，属永久性建筑，层高在 2.20m 以上的楼梯间、水箱间、电梯机房及斜面结构屋顶高度在 2.20m 以上的部位，按外围水平投影面积计算。

（6）挑楼、全封闭的阳台按其外围水平投影面积计算。

（7）属永久性结构，有上盖的室外楼梯，按各层水平投影面积计算。

（8）与房屋相连的有柱走廊，两房屋间有上盖和柱的走廊，均按其柱的外围水平投影面积计算。

（9）房屋间永久性的封闭的架空通廊，按外围水平投影面积计算。

（10）地下室、半地下室及其相应出入口，层高在 2.20m 以上的，按其外墙（不包括采光井、防潮层及保护墙）外围水平投影面积计算。

（11）有柱或有围护结构的门廊、门斗，按其柱或围护结构的外围水平投影面积计算。

（12）玻璃幕墙等作为房屋外墙的，按其外围水平投影面积计算。

（13）属永久性建筑，有柱的车棚、货棚等按柱的外围水平投影面积计算。

（14）依坡地建筑的房屋，利用吊脚做架空层，有围护结构的，按其高度在2.20m以上部位的外围水平投影面积计算。

（15）有伸缩缝的房屋，若其与室内相通，伸缩缝计算建筑面积。

2. 计算一半建筑面积的范围

（1）与房屋相连有上盖无柱的走廊、檐廊，按其围护结构外围水平投影面积的一半计算。

（2）独立柱、单排柱的门廊、车棚、货棚等属永久性建筑的，按其上盖水平投影面积的一半计算。

（3）未封闭的阳台、挑廊，按其围护结构外围水平投影面积的一半计算。

（4）无顶盖的室外楼梯按各层水平投影面积的一半计算。

（5）有顶盖不封闭的永久性架空通廊，按外围水平投影面积的一半计算。

3. 不计算建筑面积的范围

（1）层高小于2.20m的夹层、插层、技术层和层高小于2.20m的地下室和半地下室。

（2）突出房屋墙面的构件、配件、装饰柱、装饰性的玻璃幕墙、垛、勒脚、台阶、无柱雨篷等。

（3）房屋之间无上盖的架空通廊。

（4）房屋的天面、挑台、天面上的花园、泳池。

（5）建筑物内的操作平台、上料平台以及利用建筑物的空间安置箱、罐的平台。

（6）骑楼、过街楼的底层用作道路街巷通行的部分。

（7）利用引桥、高架路、高架桥路面作为顶盖建造的房屋。

（8）活动房屋、临时房屋、简易房屋。

（9）独立烟筒、亭、塔、罐、池、地下人防干、支线。

（10）与房屋室内不相通的房屋间伸缩缝。

（三）多单元产权房屋中建筑面积测算

对于整幢建筑物为单一权属人的房屋，房屋建筑面积按照前述的规定，以幢为单位进行测算即可；而随着房地产业的发展，在一幢房屋中有多个权属人，即多元产权房屋越来越多，如商住楼、综合楼，在这类房屋建筑面积测算中，需对分户权属建筑面积进行测算。分户权属建筑面积是房屋所有人拥有的房地产权益的量化指标，它是商品房销售活动中结算的依据之一，它与房屋单价共同构成房屋价值。分户权属建筑面积由套内建筑面积和分摊共有公用建筑面积（简称分摊面积）两部分组成。

1. 成套房屋的套内建筑面积

成套房屋的套内建筑面积由三部分组成：套内房屋的使用面积、套内墙体面积和套内阳台建筑面积。在商品房销售活动中称为实得建筑面积，在房地产管理中称为户内建筑面积。

套内房屋使用面积指卧室、起居室、过厅、过道、厨房、卫生间、厕所、贮藏室、壁柜等的水平投影面积，同时也应包括内墙面装饰厚度，应注意的是套内自用楼梯按自然层的面积总和计入面积，而在结构中的套内烟筒、通风道、管道井不应计入面积。

　　套内墙体面积是套内使用空间周围的围护或承重墙体或其他承重支撑体所占面积，其中各套之间的分隔墙和套与公共建筑空间的分隔墙以及外墙（包括山墙）等共有墙，均按水平投影面积的一半计入套内墙体面积。套内自有墙体按水平投影面积全部计入。

　　套内阳台建筑面积按阳台外围与房屋外墙之间水平投影面积计算，其中封闭的阳台按水平投影全部计入建筑面积；未封闭的阳台按水平投影面积的一半计入建筑面积。

　　2. 共有共用建筑面积

　　共有共用建筑面积包含两层含义，一是指共有的房屋建筑面积，二是指共用的房屋建筑面积。

　　共有建筑面积包括：电梯井、管道井、楼梯间、垃圾道、变电室、设备间、公共门厅、过道、地下室、值班警卫室等，以及为整幢房屋服务的公共用房和管理用房的建筑面积，以水平投影面积计算。共有建筑面积还有套与公共建筑之间的分隔墙，以及外墙（包括山墙）以水平投影面积一半计算。

　　共有共用建筑面积的分摊原则是首先应按产权各方合法权属分割文件或协议执行，无协议的应按相关房屋的建筑面积比例分摊。计算公式如下：

$$\delta S_i = k \times S_i \tag{5-2-15}$$

$$k = \frac{\Sigma \delta S_i}{\Sigma S_i} \tag{5-2-16}$$

式中　k——面积的分摊系数；

　　　S_i——各单元参加分摊的建筑面积（m^2）；

　　　δS_i——各单元参加分摊所得的分摊面积（m^2）；

　$\Sigma \delta S_i$——需分摊的分摊面积总和（m^2）；

　ΣS_i——参加分摊的各单元建筑面积总和（m^2）。

　　【**例 5-2-3**】　如图 5-2-9 所示为一幢独立单元二层楼，一、二层平面相同，阳台已封闭。试计算套内建筑面积，共有共用建筑面积和分摊面积。

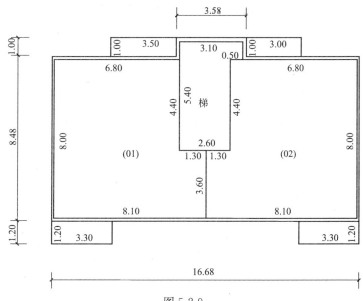

图 5-2-9

【解】 由于一、二层平面相同，所以以一层计算为例。

01 单元套内面积 S_1：

阳台面积： $\qquad 1.00 \times 3.50 + 1.20 \times 3.30 = 7.46\text{m}^2$

使用面积与墙体面积：$(6.8 + 0.12) \times (8.00 + 0.24) + 1.30 \times (3.60 + 0.12) = 61.86\text{m}^2$

则 $\qquad\qquad S_1 = 7.46 + 61.86 = 69.32\text{m}^2$

02 单元套内面积 S_2：

阳台面积： $\qquad 1.00 \times 3.00 + 1.20 \times 3.30 = 6.96\text{m}^2$

使用面积与墙体面积：$(6.8 + 0.12) \times (8.00 + 0.24) + 1.30 \times (3.60 + 0.12) = 61.86\text{m}^2$

则 $\qquad\qquad S_2 = 6.96 + 61.86 = 68.82\text{m}^2$

整幢房屋首层建筑面积：

$16.68 \times 8.48 + 3.58 \times 1.00 + 1.00 \times 3.50 + 1.00 \times 3.00 + 1.20 \times 3.30 \times 2 = 159.45\text{m}^2$

共有共用建筑面积 = 总建筑面积 - 套内面积

即： $\qquad\qquad \Sigma \delta S_i = 159.45 - (68.82 + 69.32) = 21.31\text{m}^2$

分摊系数 k： $\qquad k = \dfrac{\Sigma \delta S_i}{\Sigma S_i} = \dfrac{21.31}{68.82 + 69.32} = 0.154$

01 单元的分摊面积：$\delta S_1 = k \times S_1 = 0.154 \times 69.32 = 10.68\text{m}^2$

02 单元的分摊面积：$\delta S_2 = k \times S_2 = 0.154 \times 68.82 = 10.60\text{m}^2$

若该房无合法的共有共用建筑面积分摊文件，则各单元权属面积为：

01 单元： $\qquad\qquad S_1 + \delta S_1 = 69.32 + 10.68 = 80.00\text{m}^2$

02 单元： $\qquad\qquad S_2 + \delta S_2 = 68.82 + 10.10.60 = 79.42\text{m}^2$

多元产权房屋共有共用建筑面积的分摊计算繁杂，同时原则性很强，必须严格按规范规定执行，在计算过程中，应采用多级分摊，按"谁使用谁分摊"，从整体到局部，从大到小的方法，逐级进行分摊。例如某商住楼，一、二层为商场，三层以上为住宅，分摊面积计算时，首先应分成两个功能区，商业和住宅，将两个功能区共同拥有使用的，如配电室、水泵房等，按两个功能区面积分摊，称为一级分摊；之后，一级分摊面积连同各功能区各自拥有使用的共有共用建筑面积，如住宅部分仅供住宅使用的电梯井、楼梯等，再次二级分摊；功能区越多，条块划分越多，分摊级数也越多，直至分摊到各个权属单元为止。

三、用地面积测算

用地面积测算以丘为单位进行，包括房屋占地面积测算、其他用途土地面积测算和各项地类面积测算。测算方法可采用坐标解析法、实地量距法或图解法。量算中应注意无明确使用权属的冷巷、巷道或间隙地；市政管辖的道路、街道、巷道等公共用地；公共使用的河滩、水沟、排污沟；已征用、划拨或者属于原房地产证记载范围，经规划部门核定需做市政建设的用地；以及其他按规定不计入面积的用地，均不得计入用地面积。对于共有共用土地，其分摊原则和方法与共有共用范围建筑面积的分摊原则方法相同。

第五节 变 更 测 量

房产变更测量是房地产产权管理工作中经常性工作内容之一，是区别于其他测量工作的最具有特色的一点，它将对房屋和用地的现状、权属进行及时的修测、补测，使房产测量成果具有极强的现势性和现状性，保证房产资料和地籍资料的准确完整。

房产变更测量包括现状变更测量和权属变更测量。现状变更测量为产权变更创造条件，属修测、补测；而权属变更测量则直接为房地产产权变更提供测量保证，是产权证明测量，是产权的几何证明。

一、变更测量的内容

（一）现状变更测量内容

现状变更测量包括如下 6 个方面内容：

（1）房屋的新建、拆迁、改建、扩建、房屋建筑结构、层数的变化；

（2）房屋损坏和灭失，包括全部拆除或部分拆除、倒塌和烧毁；

（3）围墙、栅栏、篱笆、钢丝网等围护物以及房屋附属设施的变化；

（4）道路、广场、河流的拓宽、改造，河、湖、沟、渠、水塘等边界变化；

（5）地名、门牌号的更改；

（6）房屋及其用地分类面积增减变化。

（二）权属变更测量的内容

权属变更测量包括以下 4 个方面：

（1）房屋买卖、交换、继承、分割、赠与、兼并等引起的权属转移；

（2）土地使用权界的调整，包括合并、分割、塌没和截弯取直；

（3）征拨、出让、转让土地引起的土地权属界线的变化；

（4）他项权利范围的变化和注销。

二、变更测量工作程序

首先要多方收集与房产变更相关的资料，进行整理、归类、列表，调用已登记在案的资料和地籍图。

其次是根据房地产变更登记申请书，结合已登记资料，按照变更测量内容，进行现状调查，即房屋及其用地自然状况变化调查；权属调查，即房屋及其用地的权利调查。

然后，按平面控制点的分布情况，选择恰当的测量方法。若为房地产的合并或分割，应根据变更登记文件，在当事人或关系人到场指界下（必须得到邻户认可签章），坚持房屋所有权和房屋占有范围内土地使用权权利主体一致的原则，实地测定变更后的房地产界址和面积。

最后，按修测成果，对现有房产资料和地籍资料进行修正与处理。

三、变更测量的要求

变更测量的基准以变更范围内平面控制点和房产界址点作为测量基准点，变更范围内和邻近的符合精度要求的房角点，也可作为修测的依据，但应注意所有已修测过的地物点不得作为变更测量的依据。

变更测量的精度，要求房产分割后各户房屋建筑面积之和与原有房屋建筑面积的不符值应符合表 5-2-9 的要求；用地分割后各丘面积之和与原丘面积的不符值也应符合表 5-2-9 的要求；房产合并后的建筑面积，取被合并房屋建筑面积之和；用地合并后的面积，取被合并的各丘面积之和；变更后的分幅、分丘图图上精度以及新补测的界址点的精度均应符合规定。

变更测量时，应做到变更有合法依据，对原已登记发证而确认的权界位置和面积等合法数据和附图不得随意更改；房地产分割应先进行房地产登记，且明确无禁止分割文件，分割处必须有固定界标，亦即不可为软界；位置为毗连且权属相同的房屋及其用地可以合并，应先进行房地产登记；房屋所有权发生变更或转移，其房屋用地必须随之变更转移，即房屋所有权和房屋占有范围内土地使用权权利主体必须一致。

四、变更测量后房产资料处理

房产资料主要由房地产平面图、房地产产权登记档案和房地产卡片三部分组成。变更后的房地产资料处理，是产权产籍管理的一项连续性的工作，保持房地产现状与房地产资料一致，对变更的房地产资料及时收集、整理、补充、修正，是房产变更测量的重要内容，只有这样，房地产资料才具有使用价值。

（一）房地产编号的变更处理原则

丘号：用地的合并和分割都应重新编丘号，新编丘号按编号区内的最大丘号续编；组合丘内，新丘支号按丘内最大丘支号续编。

界址点号、房角点号：新增的界址点或房角点的点号，分别按编号区内界址点和房角点的最大点号续编。

幢号：房产合并或分割应重新编号，原幢号作废，新幢号按丘内最大幢号续编；房屋部分拆除，剩余部分仍可保留原幢号；整幢房屋发生产权转移，也仍可保留其原有幢号，已有房屋角点号不变；当整幢房屋灭失，其幢号、房角点号及依附于该房屋的权利符号应注销。

（二）房产资料变更处理

为了房地产经营管理和分类统计的需要，将房产资料编造成各种账册、报表，简称图、档、卡、册，以丘号为检索编号。当变更测量发生时，图、档、卡、册应进行如下处理：

图：在房产现状变更修、补测中，应实地修正房地产分幅图，同时作出现状变更记录，以便修正房产分丘图；在房地产权属变更测量时，应绘测草图，经审核确权标注于分丘图上权属变更测量记录和房地产编号调整记录，修正分幅图，重绘分户图。

档：变更后的图件（测量草图、分户图）和产权证明文件应分户归档，对按丘号建档的单位，丘内再分户立卷。房屋及用地权界线的调整说明，房地产编号调整记录及房地产面积增减等资料也必须并入相应档卷备查。

卡：卡是按丘而建，房卡按丘分幢建卡，多元产权单元的同幢房屋，幢内再分户建卡，地卡按丘分户而建。房产变更测量发生后，应根据变更测量记录修正卡，或重新制卡、消卡，但必须作出改卡记录，同时更改索引卡，若为计算机管理系统，应通过内部资料的联系工作规则，由房地产信息管理中心进行修正、删改。

册：指发证记录簿，房屋总册，房地产登记簿册，房地产交易清册，经营公房手册，档案清册，移动台账和统计报表等，均应随房地产变更作相应的动态变更。

第六节　房产测量成果资料的检查与验收

房产测量成果资料的检查和验收在我国采用二级检查，一级验收制。即由作业组的专职或兼职人员，在全面自查、互查的基础上，进行全过程检查，称为一级检查；之后，由施测单位的质量检查机构和专职检查人员在一级检查的基础上做二级检查；验收则是在二级检查合格后，由房产测绘单位的主管机关实施。全部工作完成后，应分别写出检查、验收报告。成果质量等级按三级评定：优级品，良级品和合格品。

一、上交成果资料内容

房产测量成果资料包括房产测绘技术设计书；成果资料索引及说明；控制测量成果资料；房屋及房屋用地调查表；界址点坐标成果表；图形数据成果和房产原图；技术总结；检查验收报告。

二、检查、验收项目与内容

成果检查和验收应从 6 个方面进行：

（一）控制测量方面

检查和验收控制测量网的布设和标志埋设；各种观测记录和计算；各类控制点的测定方法、扩展次数；各种限差、成果精度；起算数据和计算方法；平差成果精度。

（二）房产调查方面

检查验收房产要素调查的内容与填写是否齐全、正确；调查表中的用地略图和房屋权界线示意图上的用地范围线、房屋权界线、房屋四面墙体归属，以及有关说明、符号和房产图是否一致。

（三）房产要素测量方面

检查验收测量方法、记录和计算的正确性；限差和成果精度；测量要素是否齐全、准确，有关地物取舍的合理性。

（四）房产图的检查验收方面

图的规格尺寸；技术要求；表达内容；图廓整饰；房产要素的表达，有关地形要素的取舍；图面精度和图边处理。

（五）面积测算方面

检查验收房产和用地面积的计算方法、精度；共有共用建筑面积的测定和分摊。

（六）变更与修测成果方面

检查验收变更与修测的方法；测量基准；测绘精度；变更与修测后房地产要素编号的调整与检查。

本 章 小 结

国家平面控制网从高级到低级，按 一、二、三、四四个等级建立。

平面控制测量方法：三角测量、导线测量或三边测量以及 GPS 相对定位测量等方法。

房产控制网的布设原则：从整体到局部，从高级到低级，分级布设的原则进行。

房产平面控制网布设的一般过程：确定布设控制网方案；编写技术说明书；造标埋石；编写技术总结。

房产调查一般应经过政府公告、资料准备、实地调查、确权定界、成果归整五个阶段。房产单元划分为：丘、幢。

房屋用地调查的内容包括用地坐落、产权性质、等级、税费、用地人、用地单位所有制性质、使用权来源、四至、界标、用地用途分类、用地面积和用地纠纷等基本情况以及绘制用地范围略图。

　　房屋调查的内容包括房屋坐落、产权人、产别、层数、所在层次、建筑结构、建成年份、用途、墙体归属、权源、产权纠纷和他项权利等基本情况以及绘制房屋权界线示意图。

　　房产要素测量：测定界址点位置，得以制作基本地籍图；求算宗地面积，制作宗地图；测定房屋平面位置，绘制房产分幅图；测定房屋四至关系，丈量房屋边长，计算面积。

　　房产面积测算包括房屋面积测算和用地面积测算两部分。

　　建筑面积、使用面积、产权面积、共有建筑面积。

　　分户权属建筑面积由套内建筑面积(套内房屋的使用面积、套内墙体面积和套内阳台建筑面积)和分摊共有公用建筑面积(简称分摊面积)两部分组成。

　　房产变更测量包括现状变更测量和权属变更测量。

复 习 思 考 题

5-2-1　房产平面控制测量常用方法有哪些？

5-2-2　简述测回法观测步骤。

5-2-3　简述钢尺量距的一般方法。

5-2-4　房产调查的内容有哪些？

5-2-5　房屋用地调查包含哪些内容？

5-2-6　房屋调查的内容有哪些？

5-2-7　什么是房产要素测量？

5-2-8　界址测量包含哪些内容？

5-2-9　什么是成套房屋套内建筑面积？

5-2-10　什么是共有共用建筑面积？

5-2-11　变更测量包含哪些内容？

5-2-12　房产测量成果资料的检查与验收制度是什么？检查验收哪几方面内容？

第三章 房产图绘制

房产图是房屋产权、产籍管理的重要资料。按房产管理的需要可分为房产分幅图（简称分幅图）、房产分丘平面图（简称分丘图）、房产分户平面图（简称分户图）。

分幅图是全面反映房屋及其用地的位置和权属等情况的基本图，是测绘分丘图和分户图的基础资料，它的绘图范围包括城市、县城、建制镇的建成区和建成区以外的工矿企业单位及其毗连居民点，以分幅绘制。

分丘图是分幅图的局部图，是绘制房产权证件附图的基本图，以丘为单位绘制。

分户图是在分丘图基础上绘制的细部图，以一户产权人为单位，表示房屋权属范围的细部图，以明确房产毗连房屋的权利界线，供核发房屋所有权证的附图使用。分户图以产权登记户为单位绘制。

此外，还有在房产测量时，根据项目内容用铅笔绘制的测量草图，它是地块、建筑物位置关系和房屋及房屋用地调查的实地记录，是展绘地块界址、房屋，计算面积和填写房产登记表的原始依据。

本章着重介绍房产图的基本知识、基本内容和绘图的方法要求。

第一节 房产图基本知识

一、房产图的测图比例尺和图纸规格

房产图的比例尺，特别是图纸规格与建筑制图有较大差异，具体比例尺和规格如表5-3-1 所示。

房产图比例和规格　　　　　　　　　　　　　　　　　　　表 5-3-1

图纸名称	常用比例	图纸规格
分幅图	建筑物密集区 1：500，其他区域 1：1000	幅面 50cm×50cm 正方形，厚 0.07～0.1mm 经定型处理，变形率小于 0.02% 的聚酯薄膜
分丘图	1：100～1：1000	幅面 787mm×1092mm 的 1/32 ～ 1/4 之间，聚酯薄膜或其他材料
分户图	1：200	幅面 787mm×1092mm 的 1/32 或 1/16
测量草图	概略比例尺	幅面 787mm×1092mm 的 1/8、1/16、1/32

注：测量草图应选择合适的概略比例尺，使其内容清晰易读为宜。

二、注记

注记是房地产平面图的主要内容之一，它是对图形符号的说明和补充，也是反映房屋及其用地各种信息的手段。房地产平面图上的注记有文字注记和数字注记两种。

文字注记主要有两项内容，一是注记地理名称、行政名称和单位名称；二是对图形符号进行补充说明，如房屋附属设施，道路路面材料、经济作物或植被等。注记字体一般采用等线体。等线体的特征是笔画等粗，横平竖直，笔端统一，结构匀称。分为粗等线体、中等线体、细等线体，斜等线体、正等线体、长等线体。字号与字体的选用应按规范执

行。注记的字向排列一般为正向字头朝向北图廓，但街道名称、河流名称、道路名称等注记方向和字续按图 5-3-1 所示注记。

数字注记是在房地产平面图上对房屋及其用地进行说明，如控制点号、房地产编号、房地产要素等，以至对边长、面积等数量进行注记。注记的数字采用等线体，字的大小应按规范执行。数字标注的尺寸，均以"mm"为单位；用地边长注在用地界线一侧的中间；房屋边长注在房屋轮廓一侧的中间；用地面积注在丘号和房屋用地用途分类下方正中，下加两道横线；房屋建筑面积以幢为单位分别注在房屋产别、结构、层数、建成年份等综合代码下方正中，下加一道横线。

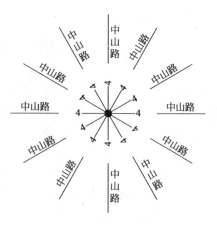

图 5-3-1 注记字向排列

三、符号

房产图上常用的符号包括界址点、控制点、房角点，各种境、界线，房屋、房屋附属物、围护物；道路、水域、绿地等，如图 5-3-2 所示。

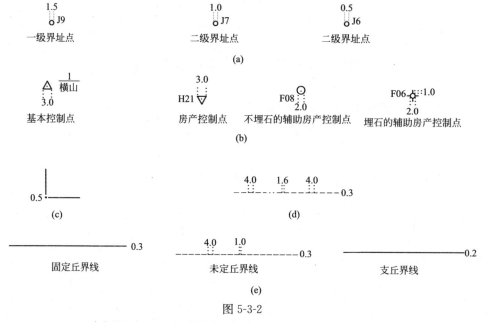

图 5-3-2

(a)房产界址点；(b)平面控制点；(c)房角点；(d)房产区界线；(e)丘界线

四、分幅图编号

分幅图编号以高斯—克吕格坐标的整公里格网为编号区，由编号区代码加分幅图代码组成。分幅图的分幅和代码如图 5-3-3 所示。从图中看出分幅图比例尺代码由 2 位数字组成，并按图示规定执行。编号区代码以该公里格网西南角的横纵坐标公里值表示。编号形式为：

30	40
10	20

1:1000

33	34	43	44
31	32	41	42
13	14	23	14
11	12	21	22

1:500

图 5-3-3 分幅图分幅和代码

完整编号：编号区代码（9位）＋分幅图代码（2位）

简略编号：编号区代码（4位）＋分幅图代码（2位）

编号区代码9位含义如下：第1、2位数为高斯坐标投影带号或代号；第3位数为横坐标百公里数；第4、5位数为纵坐标千公里和百公里数，第6、7位数和第8、9位数分别为横坐标和纵坐标的十公里和整公里数。简略编号是略去了编号区代码中的百公里和百公里以前的数值。

五、房产图坐标系统

房产分幅图采用国家坐标系统，或沿用该地区已有坐标系统，地方坐标系统应与国家坐标系统联测。房产分丘图的坐标系统应和分幅图的坐标系统一致。

六、房产图精度要求

房产图精度要求主要针对分幅图，要求：模拟方法测绘的房产分幅图上的地物点，相对于邻近控制点的点位中误差不超过图上±0.5mm；利用已有地籍图、地形图编绘时，地物点相对于邻近控制点的点位中误差不超过图上±0.6mm；采用已有坐标或已有图件，展绘分幅图时，展绘中误差不超过图上±0.1mm；图幅的接边误差不超过地物点点位中误差的$2\sqrt{2}$倍，并应保持相关位置的正确和避免局部变形。

七、地籍图

地籍图是基本地籍图和宗地图的统称。基本地籍图是全面反映房屋及其用地的位置和权属状况的基本图，它是测绘宗地图的基础，它的测绘范围主要包括城镇地区和独立工矿区，也包括村镇居民区。宗地图只表示特定的宗地及四至关系，它以宗地为单位进行测绘。

此外，还有地籍测量草图，它是地块和建筑物位置关系的实地记录；宗地草图，它是描绘宗地位置、界址点、界址线和相邻宗地关系的实地记录，是处理土地权属、宗地档案的重要原始资料，必须长期保存。

（一）地籍图的坐标系统和测图比例尺

地籍图的坐标系统应采用国家坐标系或独立坐标系，采用独立坐标系时，应与国家坐标系联测。

地籍图比例尺，城镇地区采用1：1000，郊区采用1：2000，复杂地区采用1：500。

（二）地籍图的分幅与编号

地籍图采用正方形分幅，幅面规格50cm×50cm。地籍图的图廓以高斯—克吕格坐标网线为界，1：2000图幅是以整公里格网线为图廓；1：1000和1：500地籍图在1：2000地籍图中划分，划分方法（地籍的分幅与代码）如图5-3-4所示。

地籍图的完整编号和简略编号方法与房产分幅图的编号方法完全相同。

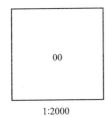

图5-3-4　地籍图的分幅与代码

第二节 房产图与地籍图的主要内容和要求

房产图中各种图除表现的范围有所不同外，所表现的内容侧重点也均有所不同。

一、房产分幅图中各要素的绘图取舍与表现方法

（1）行政境界一般只表示区、县和镇的境界线，境界线重合时，用高一级表现，境界线与丘界线重合时，用丘界线表示。

（2）丘界线与房屋轮廓线或单线地物重合时，用丘界线表示。

（3）房屋包括一般房屋、架空房屋、窑洞等。房屋分幢，绘图，以外墙勒脚以上外围轮廓的水平投影为准，装饰性柱和加固墙等不表示；临时性的过渡房屋及活动房屋不表示；同幢房屋层数不同的应绘出分层线，房屋图形内注产别、结构、层次。如图 5-3-5 所示，类别为集体所有房产；

　　图中　2——表示产别为集体所有房产；

　　　　　3——表示结构为钢筋混凝土结构；

　　05、04——表示层数为 5 层、4 层；

　　（3）——表示本幢。

架空房屋以房屋外围轮廓投影为准，用虚线表示，虚线内角加绘小圆圈表示支柱，如图 5-3-6 所示。其他各种房屋的表示方法按规范第二单元房产图图式 7 执行。

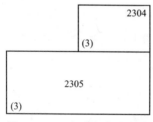

图 5-3-5 一般房屋及分层线

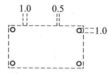

图 5-3-6 架空房屋

（4）房屋的附属设施：柱廊以柱的外围为准，图上只表示四角或转折处的支柱；底层阳台以底板投影为准；门廊以柱或围护物外围为准，独立柱的门廊以顶盖投影为准；门顶以顶盖投影为准；门墩以墩的外围投影为准；室外楼梯以水平投影为准，宽度小于图上1mm 的不表示；与房屋相连的台阶按水平投影表示，不足三阶的不表示。

（5）界标围护物，如围墙、栅栏、栏杆、篱笆和钢丝网等均应表示；临时性或残缺不全的及单位内部的围护物不表示。

（6）房产要素和房产编号包括丘号、房产区号、房产分区号、丘支号、幢号、房产权号、门牌号、房屋产别、结构、层数、房屋用途和用地分类均应以数字、符号或文字注记。当注记内容过多过密，容纳不下时，除丘号、丘支号、幢号和房产权号必须注记外，门牌号首末两端注记，中间跳号；其他注记按上述顺序从后往前省略。

（7）有关地形要素包括铁路、道路、桥梁、水系和城墙等地物均应表示，其他可根据需要注记或简注。

（8）地理名称：地名的总名和分名应用不同字级注记；同一地名被线状物和图廓分割，或不能概括大面积，以及延伸较长的地域、地物，应分别标注；单位名称只注记区、县级以上和使用面积大于图上 $100cm^2$ 的单位。

二、房产分丘图

分丘图上除表示分幅图的内容外，还应表示房屋权界线、界址点点号；窑洞使用范围；挑廊、阳台；建成年份；用地面积；建筑面积；墙体归属和四至关系等各项房产要素。应分别注明所有相邻产权所有权单位（或人）的名称。注记中的字头应朝北或朝西。房屋权界线与丘界线重合时，表示丘界线；房屋轮廓与房屋权界线重合时，表示房屋权界线。

三、房产分户图

分户图应表示房屋权属的细部，其方位应使房屋的主要边线与图框边线平行，按房屋的方向横放或竖放，并在适当位置加绘指北方向符号。主要表示的内容包括房屋权界线、四面墙体的归属和楼梯、走道的部位以及门牌号、所在层次、户号、室号；房屋建筑面积和房屋边长等。房屋产权面积是套内面积和共有分摊面积之和，标注在分户图框内。本户所在的丘号、户号、幢号、结构、层数、层次标注在图框内；楼梯、走道等共有部位，需在范围内加简注。

四、房产分幅图测量草图

草图内容应包括：平面控制点和控制点点号；界址点和房角点；道路、水域；有关地理名称、门牌号；观测手簿中所有未记录的测定参数；为检查校核而量测的线长和辅助线长；测量草图的必要说明；测绘比例尺；精度等级；指北方向线；测量日期；作业员签名。

五、地籍图

（一）基本地籍图

基本地籍图中要表现的内容有：地籍要素；宗地界址点与界址线；土地等级界线；地籍平面控制点位。地籍要素指行政界线、地籍号、地类号、坐落、土地使用单位；路、街、巷名称。

（二）宗地测量草图

宗地测量草图的内容有：本宗地和邻宗地的宗地号、门牌号；本宗地和邻宗地的土地使用者的全称；本宗地界址点、界址点号及界址线；相邻宗地间的分隔界址线段及主要邻近地物；在相应位置注记本宗地的界址边长、界址点与邻近固定地物点的关系距离和条件距离；注明界址点位于围墙等线状物为界址线时的"内、外、中"位置；共用宗地应注出独立使用和共用地段的周围边长，并在相应位置注记；一宗地内有几种地类的地块，分别注记边长；指北针、比例尺、丈量者签名和注记日期。

第三节　房产图成图方法

房产图作为一种专业用图，有严格的精度要求，同时有多种测绘手段，根据所采用的绘图手段不同，房产图绘制方法可分为如下 5 种。

一、全野外采集数据成图

利用全站仪或经纬仪、电子平板、电子记簿等设备在野外采集的数据，通过计算机屏幕编辑，生成图形数据文件，经检查修改，准确无误后，通过绘图仪绘出所需成图比例尺的房产图。这种成图方法的点位测量多采用极坐标法、支导线法和自由测站法等，在困难地区，可采用距离交汇法、延长线法、方向法、支距法等辅助测量手段。

二、航摄像片采集数据成图

这种方法是将各种航测仪器量测的测图数据，通过计算机处理，生成图形数据文件，在屏幕上对照调绘并进行检查修改而成图的方法。对于影像模糊的地物，被阴影和树林遮盖的地物及摄影后新增的地物应到实地检查补测，待准确无误后，可通过绘图仪按所需成图比例尺绘出规定规格的房产图。

三、野外解析测量数据成图

利用正交法、交汇法等采集的测图数据，通过计算机处理，编辑成图形文件，在屏幕上对照野外记录的草图检查修改，准确无误后，用绘图仪绘出所需规格的房产图，或计算出坐标，展绘出所需规格的房产图。

四、平板仪测绘房产图

平板仪测绘是指大平板仪(或小平板仪)配合皮尺量距测绘的方法。测量方法有极坐标法、前方交汇法等，困难地区还常用支距法、距离交汇法、延长线法等。测量要求应满足《房产测量规范》GB/T 17986.1 中 7.4.4 条的各项要求。

五、编绘法编绘房产图

房产图根据需要可利用已有地形图和地籍图进行编绘。作为编绘的已有资料，必须符合规范实测图的精度要求，比例尺应等于或大于绘制图的比例尺。编绘工作可在地形原图复制或地籍原图复制的等精度图(二底图)上进行，其图廓边长、方格尺寸与理论尺寸之差不超过表 5-3-2 的规定。补测应在二底图上进行，补测后的地物点精度应符合《房产测量规范》中 3.2.3 条的规定，补测结束后，将调查成果准确转绘到二底图上，对房产图所需的内容经过清绘整饰，加注房产要素的编码和注记后，编成分幅图底图。

图廓线、方格网、控制点的展绘限差　　　　　　　　　　表 5-3-2

仪器	方格网与理论长度之差(mm)	图廓对角线长度与理论长度之差(mm)	控制点间图上长度与坐标反算长度之差(mm)
仪器展点	0.16	0.2	0.2
格网尺展点	0.2	0.3	0.3

第四节　房产图清绘整饰

一、清绘的任务

将房产原图严格按照房产图图示的规定和要求，在图中用专用墨水绘出，并加注说明和整饰等技术加工工作，称为房产图清绘。

清绘的主要任务是为了制作印刷原图。房产原图由于受到工作性质和条件的限制，在符号规则、线划质量、注记和整饰等方面，一般都比较粗糙、简略，不符合印刷原图的要求或者不便作为资料保存。必须将房产原图按照图示有关规定和印刷的要求，在原图上原则上按铅笔位置重新进行描绘以求达到统一要求，提高线划质量，保持各元素之间的关系，增强房产图的清晰性和易读性。

房产图清绘，除按原图上的线条、符号位置，依照图式的规定，进行描绘整饰外，同时要对原图上存在的问题进行必要的处理，如符号使用不当，符号与说明之间有矛盾，各要素之间处理不合理，以及其他问题等。

经过清绘的房产图，不仅提高了绘图工艺质量，而且还统一了符号规格，保证了各要素之间的正确关系，同时满足印制工作要求。

二、原图检查

外业测绘或编绘的铅笔原图，虽已经检查，但清绘时还需再查，否则一经上墨，难以修改。

首先应检查原图中的展绘图廓线、方格网和控制点是否符合表 5-3-2 的要求。

其次要检查图面的整洁和质量情况；检查原图接边差是否大于规范规定的界址点、地物点位中误差的倍数；以及检查房屋轮廓线、丘界线和主要地物的相互位置及走向的正确性。

三、房产图清绘

房产图一般采用单色清绘，但也可根据条件和需要采用着色法或刻绘法。单色清绘是用墨水对实测的铅笔原图或编绘原图进行工艺质量加工；着色法是将外业所测的铅笔原图或编绘原因，用不同的颜色进行工艺加工，各种要素分别用不同的与概念中自然景色相近似的颜色绘出；刻绘法是一种刻绘地图的方法，是在透明的片基上涂布遮光感光墨层，在感光膜上晒出蓝图，再利用刻图仪器和工具依所晒的图形刻出透明的线划和符号，从而得到可供制版印刷的出版原图。

清绘中各种房屋及其用地情况和房产要素的注记和符号严格按规范执行。

四、房产图整饰

房产图整饰不仅是为了美观，更重要的是为了使用方便。整饰包括图廓整饰和图外整饰。图廓整饰包括内外图廓和图廓间修饰、整理和上墨等；图外整饰是指图廓以外内容的着墨和修饰、整理。各种房产图整饰样式如图 5-3-7、图 5-3-8 所示。

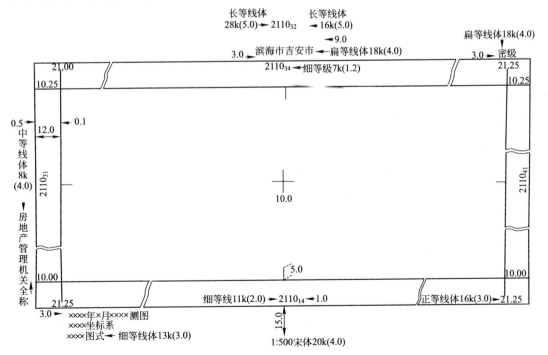

图 5-3-7 房产分幅图图廓整饰样式

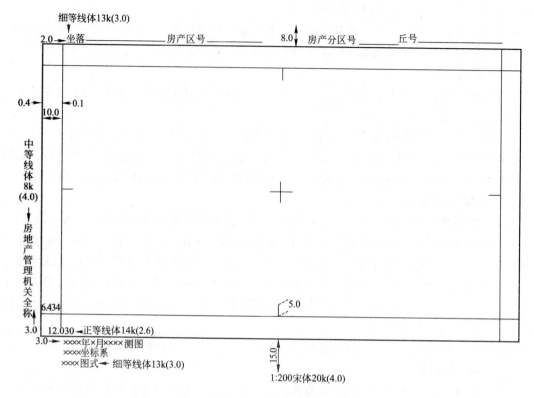

图 5-3-8 房产分丘图图廓整饰样式

本 章 小 结

　　房产图是房屋产权、产籍管理的重要资料。按房产管理的需要可分为分幅图、分丘图、分户图。
　　房产图绘制方法：全野外采集数据成图、航摄像片采集数据成图、野外解析测量数据成图、平板仪测绘房产图、编绘法编绘房产图。

复 习 思 考 题

5-3-1　分述房产分幅图、分丘图、分户图所表现内容。

5-3-2　房产图有哪几种成图方法？

5-3-3　你知道房产图图纸的规格和常用比例吗？

参 考 文 献

[1] 中华人民共和国国家标准. 房屋建筑制图统一标准 GB/T 50001. 北京：中国计划出版社，2010.

[2] 朱福熙，何斌主编. 南华理工大学，湖南大学等五院校《建筑制图》编写组编. 建筑制图. 第三版. 北京：高等教育出版社，1992.

[3] 中华人民共和国国家标准. 总图制图标准 GB/T 50103. 北京：中国计划出版社，2010.

[4] 中华人民共和国国家标准. 建筑制图标准 GB/T 50104. 北京：中国计划出版社，2010.

[5] 中华人民共和国国家标准. 建筑结构制图标准 GB/T 50105. 北京：中国计划出版社，2010.

[6] 普通混凝土配合比设计规程 JGJ 55. J 64. 北京：中国建筑工业出版社，2011.

[7] 砌筑砂浆配合比设计规程 JGJ 98. J 65. 北京：中国建筑工业出版社，2000.

[8] 中华人民共和国国家标准. 砌体结构设计规范 GB 50003. 北京：中国建筑工业出版社，2011.

[9] 唐岱新，龚绍熙，周炳章编著. 砌体结构设计规范理解与应用. 北京：中国建筑工业出版社，2003.

[10] 中华人民共和国国家标准. 混凝土结构设计规范 GB 50010. 北京：中国建筑工业出版社，2010.

[11] 徐有邻，周氏编著. 程志军校核. 混凝土结构设计规范理解与应用. 北京：中国建筑工业出版社，2002.

[12] 湖南大学，天津大学，同济大学，东南大学合编. 建筑材料. 第三版. 北京：中国建筑工业出版社，2011.

[13] 李伟，蔡中辉主编. 建筑施工材料速查手册. 北京：中国宇航出版社，2004.

[14] 马眷荣主编. 建筑材料词典. 北京：化学工业出版社，2003.

[15] 中华人民共和国国家标准. 建筑结构荷载规范 GB 50009. 北京：中国建筑工业出版社，2012.

[16] 中华人民共和国国家标准. 建筑地基基础设计规范 GB 50007. 北京：中国建筑工业出版社，2011.

[17] 中华人民共和国国家标准. 建筑设计防火规范 GBJ 50016. 北京：中国计划出版社，2005.

[18] 中华人民共和国国家标准. 建筑抗震设计规范. GB 50011. 北京：中国建筑工业出版社，2010.

[19] 高小旺，龚思礼，苏经宇，易方民编. 建筑抗震设计规范理解与应用. 北京：中国建筑工业出版社，2002.

[20] 郭继武编著. 建筑抗震设计. 北京：中国建筑工业出版社，2010.

[21] GB/T 17986. 1《房产测量规范》

[22] 汤浚淇主编. 测量学. 北京：中央广播电视大学出版社，2000.

[23] 李和气主编. 房地产测绘. 北京：中国物价出版社，1994.

[24] 中华人民共和国国家标准. 高层民用建筑设计防火规范. GB 50045. 北京：中国计划出版社，2005.

[25] 国家建筑标准设计图集 11G101-1. 混凝土结构施工图平面整体表示方法制图规则和构造详图（现浇混凝土框架、剪力墙、梁、板）中国建筑标准设计研究院，2011.

[26] 中华人民共和国国家标准. 绿色建筑评价标准 GB/T 50378. 北京：中国建筑工业出版社，2006.

[27] 国家住宅与居住环境工程中心. 健康住宅建设技术要点. 北京：中国建筑工业出版社，2004.